Frank Trommler

Transatlantische Rivalitäten

Deutsche und amerikanische Einstellungen
zu Technik, Kultur und Moderne

BÖHLAU

Bibliografische Information der Deutschen Bibliothek:
Die Deutsche Nationalbibliothek verzeichnet diese Publikation in der
Deutschen Nationalbibliografie; detaillierte bibliografische Daten sind
im Internet über https://dnb.de abrufbar.

© 2024 Böhlau, Lindenstraße 14, D-50674 Köln, ein Imprint der Brill-Gruppe
(Koninklijke Brill NV, Leiden, Niederlande; Brill USA Inc., Boston MA, USA;
Brill Asia Pte Ltd, Singapore; Brill Deutschland GmbH, Paderborn, Deutschland;
Brill Österreich GmbH, Wien, Österreich)
Koninklijke Brill NV umfasst die Imprints Brill, Brill Nijhoff, Brill Schöningh, Brill Fink,
Brill mentis, Brill Wageningen Academic, Vandenhoeck & Ruprecht, Böhlau und
V&R unipress.

Alle Rechte vorbehalten. Das Werk und seine Teile sind urheberrechtlich geschützt.
Jede Verwertung in anderen als den gesetzlich zugelassenen Fällen bedarf der vorherigen
schriftlichen Einwilligung des Verlages.

Umschlagabbildung: Technische Leistungen öffnen die Tore zur Welt: Luftschiff
Zeppelin und Dampfschiff Bremen in New York. Farbdruck nach unbez. Original.
Schulwandbild. Aus der Serie: Zeitgeschichte / 1918–1932; München (Lehrmittelanst.
Köster & Co.) o. J. (um 1950/60). Dortmund, Westfälisches Schulmuseum. © akg-images

Umschlaggestaltung: Michael Haderer, Wien
Korrektorat: Rainer Landvogt, Hanau
Satz: le-tex publishing services, Leipzig
Druck und Bindung: Hubert & Co, Göttingen
Printed in the EU

Vandenhoeck & Ruprecht Verlage | www.vandenhoeck-ruprecht-verlage.com
ISBN 978-3-412-52981-9

Inhalt

1. Einleitung 7
2. Von knickrigen Bauern und romantischen Träumern zum Industriestaat Deutschland 15
3. Amerika und deutsche Wissenschaft 27
4. *Kultur* als Aufholprozess. *Technology* und *efficiency* als Garanten der Nation 37
5. Technik und Kultur. Transatlantische Distanzen und Herausforderungen 49
6. Französische Technikbegeisterung und die Erwägungen über amerikanische Kultur 63
7. Der Kaiser, Ingenieure und die Wurzeln moderner Sachlichkeit 75
8. Deutsche Gewerbekunst und amerikanische Konsumkultur 91
9. Die Technikbegegnung der Architekten. Distanzen und Befruchtungen 103
10. Von der Moderne zu *modernism*. Eine transatlantische Unternehmung 117
11. Militärs, Ingenieure und die Abgründe der Sachlichkeit im Krieg 131
12. *Weimar Culture*. Abschied von der alten Sachlichkeit 151
13. Weimar. Fünfmal Technik in verschiedenen Zusammenhängen 163
14. *American modernism* mit und ohne Europa 185
15. Auswahlbibliografie 205

16. Abbildungsnachweis 210

17. Personenregister 211

1. Einleitung

In den ersten Jahrzehnten des 20. Jahrhunderts gewann das Wort von Amerika und Deutschland als Konkurrenten breite Resonanz. Man sprach von den beiden Aufsteigernationen, den Vereinigten Staaten von Amerika und dem Deutschen Reich, als seien sie frisch dem Nebel der Geschichte entstiegen und wetteiferten nun miteinander. Sie wetteiferten weniger um Kolonien, wie es zwischen europäischen Mächten in den vergangenen Jahrzehnten zum politischen Alltag gehört hatte, vielmehr um etwas anderes, was sich weniger griffig auf der Weltkarte abbildete. Was es genau war, ließ sich nicht so einfach definieren. Die politischen Beobachter wiesen auf das beiderseitige Streben nach der Weltherrschaft hin, die weniger politischen darauf, dass es ein Wettlauf um die Zukunft sei, das heißt darum, wer die Moderne bestimmen und mit seinen Mitteln gestalten würde. Die Moderne war schon um die Wende des 19. zum 20. Jahrhundert ein Allerweltswort geworden, jedoch eines, dass es in sich hatte, weil es so etwas wie einen Neubeginn versprach, sich jedoch wie ein Fisch jedem festen Zugriff entzog.

Eigentlich zielten die meisten Feststellungen über die Konkurrenzsituation, in der sich das Deutsche Reich befinde, auf Großbritannien oder England, wie man damals sagte, den Schöpfer und Inbegriff der industriellen Revolution. Das hatte gute Gründe, insofern die beiden Länder wirtschaftlich und kulturell viel enger miteinander verflochten waren, sich gegenseitig viel aufmerksamer beobachteten, mit mehr Kenntnis kommentierten, aber daraus größeres Unbehagen über die Stärke des anderen entwickelten. Obwohl die Geschäfte zwischen beiden Ländern zum beiderseitigen Vorteil ausgezeichnet liefen und sie untereinander die wichtigsten europäischen Handelspartner darstellten, verstärkten sich um die Jahrhundertwende die Stimmen, die im anderen mehr Gefahren als Vorteile für die eigene Stellung in der Welt erkannten.[1] Dabei entwickelte man in Deutschland gegenüber dem Pionier der industriellen Moderne ein zunehmend aggressiv formuliertes Nachholpotenzial an industriellen und weltpolitischen Ambitionen. Im Wort vom „Handelsneid" der Engländer suchte man gegenüber dem Beherrscher der Weltmeere und der Handelsbeziehungen ein immer noch spürbares Unterlegenheitsgefühl zu kompensieren. Hatte sich mit dem preußisch-deutschen Sieg über Frankreich

---

1 Hartmut Berghoff, Großbritannien und Deutschland 1880–1914. Wirtschaftliche Rivalität oder internationale Arbeitsteilung? In: Die ungleichen Partner. Deutsch-britische Beziehungen im 19. und 20. Jahrhundert, hg. von Wolfgang J. Mommsen. Stuttgart: Deutsche Verlags-Anstalt, 1999, 82–97. Grundsätzlich zum Vergleich von Kulturen Jürgen Osterhammel, Die Vielfalt der Kulturen und die Methoden des Kulturvergleichs. In: Handbuch der Kulturwissenschaften, Bd. 2, hg. von Friedrich Jaeger und Jürgen Straub. Stuttgart/Weimar: Metzler, 2004, 50–65.

1871 das Konkurrenzverhältnis mit den Franzosen stärker auf die kulturelle Ebene verlagert, ergab sich aus der weltweit wachsenden Anerkennung der industriellen Produktion Deutschlands die Ansicht, als weltpolitischer Konkurrent Englands ernst genommen zu werden, obgleich sich dafür eher in Berlin als anderswo Beweise auffinden ließen.

Wenn die Konkurrenz mit Amerika am Ende des 19. Jahrhunderts vor allem im deutschen Wirtschaftsbürgertum an Bedeutung gewann, so bezog sich das vorwiegend auf eine Leistungskraft, die sich gegenüber der ökonomischen Führungsmacht England in einem eher begrenzten Bereich profilierte, jedoch im anschwellenden Diskurs über die Moderne zunehmend Gewicht erhielt: die der Technik. In Amerikas schnellem Aufstieg zur technischen Führungsmacht mit Erfindung und Entwicklung von Telefon, Glühbirne, Flugzeug, Radio und Schallplatte, seit Längerem auch im Bereich der Werkzeugmaschinen, manifestierte sich eine neue Form internationaler Führungsqualität, für welche Diplomaten und Politiker keine Verantwortlichkeiten in Anspruch nehmen konnten und die zugleich über die eingefahrenen Hierarchien des Handelsverkehrs hinauswies.

Seit der Berliner Professor Franz Reuleaux in seinem Bericht von der Weltausstellung 1876 in Philadelphia die deutsche Industrieproduktion im Vergleich mit der amerikanischen vernichtend beurteilt hatte, war für Techniker und Produzenten der Blick auf Amerika ins Zentrum gerückt. Amerika, diese gewaltige Landmasse, die Deutschen jahrhundertelang als Einwanderungsland par excellence galt, hatte den Nimbus eines technischen Vorreiters entwickelt und gewann – am eindrucksvollsten mit der Elektrifizierung der Weltausstellung in Chicago 1893 – ein neuartiges Prestige als Land nicht nur technischer Erfindungen, sondern der Zukunft überhaupt.

Spätestens seit dem Ende des 19. Jahrhunderts hat man dieser Konkurrenz eine wichtige Rolle im Selbstverständnis europäischer Nationen zugeschrieben, hat seitdem mit dem damals geprägten und immer breiter ausgemalten Begriff *Amerikanismus* eine früher eher vom Osten erwartete Bedrohung Europas in seinem Selbstverständnis als Mittelpunkt der Welt illustriert. Unter den Stimmen, die diese Konkurrenz nach einigen Jahrzehnten auf einige Kernsätze zu konzentrieren vermochten, ragt die des international bekannten niederländischen Theologen Visser 't Hooft heraus, der 1931 unter dem Titel „Europe looks at America" den Amerikamythos untersuchte, den die Europäer kultivierten und der für diese eine viel größere psychologische Realität annehme als die Wahrheit über Amerika. Denn Europa, schrieb Visser 't Hooft, „wird von seinem eigenen Bild von Amerika viel stärker beeinflusst als von Amerika selbst". Zwar hat sich in den seitdem vergangenen Jahrzehnten neben dieser Feststellung das Wissen darüber eingestellt, dass Amerika mit den modernen Kommunikationsmedien wie Film und Fernsehen und seiner physischen, meist militärischen Präsenz für Europäer so real und greifbar wie nie zuvor ist, doch behielt die von Visser 't Hooft getroffene Unterscheidung zwischen der „technischen" und der „kulturellen" Perspektive auf Amerika ihren Aussagewert. Mit ihr lässt sich in der Tat ein Großteil der Aussagen über die Vereinigten Staaten im 20. Jahrhundert zusammenfassen:

> Es gibt zwei verschiedene europäische Reaktionen gegenüber Amerika; sie entstammen zwei verschiedenen Einstellungen: einerseits die technische und wirtschaftliche gleicherweise von Unternehmern und Arbeitnehmern vertretene Einstellung, mit der diese die amerikanischen Arbeitsmethoden untersuchen und Rationalisierung empfehlen; andererseits die kulturelle Einstellung, die von denen vertreten wird, die der Amerikanisierung widerstehen würden, da sie darin einen Angriff auf diejenigen Werte europäischen Lebens sehen, die sie am meisten schätzen.[2]

Diese Gegenüberstellung hat inzwischen einige Patina angesetzt, bleibt aber immer noch erhellend für die unzähligen, häufig akademisch unterbauten Traktate und Stellungnahmen der europäischen Beobachter. Volle Zustimmung gebührt Visser 't Hooft auf jeden Fall, wenn er erklärt: „Das tragische Paradox der europäisch-amerikanischen Beziehungen ist, dass, je näher wir in oberflächlicher Weise zusammenkommen, wir umso weiter voneinander in den tieferen Dingen des Lebens abrücken." In der Nähe so fern. Das ist geblieben. Daraus entspringen immer noch Funken.

So geschehen vor einigen Jahren, als ein deutsch-amerikanisches Projekt konzipiert und finanziert wurde, bei dem deutsche und amerikanische Historiker einen Schnitt durch die überquellende Amerikaliteratur machten und sich auf eine oft geforderte, jedoch wenig erprobte Herangehensweise einigten: den Vergleich in verschiedenen zentralen Gesellschaftsbereichen. Sie fanden sich in Paaren zusammen, die aus korrespondierenden Perspektiven folgende Gebiete behandelten: Imperium, Religion, Umwelt, Einwanderung, Recht, Markt, Disziplin, Geschlecht, Massen, Unterhaltung, Sozialstaat, Wissen und Medien. Eine schwer zu übertrumpfende Kollektion von Schlüsselthemen, mit denen der „Wettlauf um die Moderne", wie der übergreifende Titel lautet, nebeneinandergestellt und ausgemessen wurde. Verantwortlich zeichneten die Historiker Christof Mauch, zunächst Direktor des German Historical Institute in Washington, D.C., seitdem Professor für Amerikanische Geschichte an der Universität München, und Kiran Klaus Patel, der als Professor für Europäische Geschichte zunächst in Florenz und Maastricht, seit 2020 als Professor für Europäische Geschichte ebenfalls an der Universität München lehrt. Zusam-

---

2 Zitiert in William T. Spoerri, The Old World and the New. A Synopsis of Current European Views on American Civilization. Zürich/Leipzig: Niehans, 1936, 232. *Die Übersetzungen stammen, wenn nicht anders angegeben, vom Autor.* – Als Überblick siehe C. Vann Woodward, The Old World's New World. New York: Oxford University Press, 1991.

men mit anerkannten Experten in den verschiedenen Gebieten eine eindrucksvolle Vertretung der Historikerzunft, in deren Händen die Vergleiche eine Vielzahl neuer Einsichten in Parallelitäten, Kontraste und gegenseitige Beeinflussungen eröffnet und zugleich wichtige Argumente zur Definition von Modernität geliefert haben. Wettlauf um die Moderne, von den Herausgebern als Motto formuliert und metaphorisch gemeint, lässt tatsächlich Funken springen, insofern jeweilige Traditionen und Innovationen miteinander in Beziehung gesetzt werden, sich gegenseitig erhellen und ungewohnte Schlussfolgerungen über Entwicklungen im 20. Jahrhundert befördern – ungewohnt etwa im Vergleich von gesellschaftlicher Disziplin, Grundlegungen der Sozialpolitik, Mechanismen der Steuerung von Massen und Konsum. Mauch und Patel beanspruchten, mit diesem Projekt den Wettlauf um die Moderne historiografisch weitgehend eingefangen zu haben, und stellten fest: „Nach Jahrzehnten der Detailforschung ist es an der Zeit, sich über die großen Linien Gedanken zu machen. Diese Aufgabe hat die Geschichtswissenschaft zu lange anderen Disziplinen, vor allem der Soziologie und der Politikwissenschaft, überlassen, um sich dann über deren mangelnde empirische Sättigung zu beschweren."[3]

Dafür ist der etwas früher erschienene Band *Transatlantic Divide. Comparing American and European Society* (2007), den der Politologe und Soziologe an der Universität Mailand, Alberto Martinelli, herausgegeben hat, ein treffendes Beispiel.[4] Er stellt amerikanische und europäische Entwicklungen in der zweiten Hälfte des 20. Jahrhunderts in den Themenbereichen Wirtschaft, Ungleichheit, Familie, politische Institutionen, Sozialpolitik, Wertewandel, Religion und Städte nebeneinander und beschließt den Vergleich amerikanischer und europäischer Gesellschaftsmodelle mit der Feststellung, dass sie insgesamt gar nicht so verschieden seien. Ganz offensichtlich glänzen Soziologen hier mit ihrem zentralen Instrumentarium, dem Vergleich, in großen und erkenntnisfördernden Kapiteln, die sich über nationale Verengungen hinausheben. Jedoch bleiben sie für die Kritik der Historiker erreichbar, die die „empirische Sättigung", vor allem die Analyse historischer, regionaler und intellektueller Faktoren vermissen.

Der Vergleichsmodus hat bestimmte Narrative geschaffen, die neue Einsichten eingängig gemacht haben, und das gilt für beide Bände, wenn sie auf Industrialisierung, Einwanderung und Gesellschaftspolitik früherer Jahrzehnte zurückgreifen, ihre Einsichten in der Zwischenkriegsperiode des 20. Jahrhunderts verankern und dann der gewaltig vergrößerten Präsenz der Amerikaner nach dem Zweiten Weltkrieg Raum verschaffen.

---

3 Wettlauf um die Moderne. Die USA und Deutschland 1890 bis heute, hg. von Christof Mauch und Kiran Klaus Patel. München: Pantheon, 2008, 24 f.

4 Transatlantic Divide. Comparing American and European Society, hg. von Alberto Martinelli. Oxford: Oxford University Press, 2007.

So viel in diesen Bänden, die zu weiteren Erwägungen Anlass gaben, von den (nicht immer) verschiedenartigen Prozessen eingefangen wird, so wenig kann man allerdings die Frage umgehen, wie sich der Wettlauf um die Moderne vergleichend erschließen lässt, wenn zentrale Bereiche, in denen sich die Moderne artikulierte, nicht einbezogen werden: vor allem Technik und Kultur, jene Bereiche, die bereits Visser 't Hooft als signifikant für die Perspektiven auf Amerika genannt hat. Wie unterschiedlich war etwa den Umgang mit der Technik, für den sich die Vereinigten Staaten seit der zweiten Hälfte des 19. Jahrhunderts und ganz besonders in den ersten Jahrzehnten des 20. Jahrhunderts als Weltmacht konstituierten, obwohl das Land politisch und kulturell hinter den europäischen Nationen platziert wurde? Was machte den Umgang der Deutschen mit der Technik so anders, bei dem sich das Deutsche Reich zu Beginn des 20. Jahrhunderts beachtliches Renommee verschaffte, das, von viel Kritik durchzogen, nicht nur von der Weltstellung der chemischen Industrie, sondern auch von einer die Alltagswelt verändernden Reformkultur herrührte? Was unterschied die amerikanischen und die europäischen Einstellungen zu Kultur und Fortschritt, wenn man in Europa, angeführt von Frankreich, die Gestaltung der Zukunft auf jenes Konzept, genannt *modernité*, Moderne, *modernity*, *modernism* projizierte, das ästhetische Komponenten einschloss, welche den Amerikanern in ihrem Verständnis von Fortschritt, das sich vornehmlich auf die Identifikation mit *technology* stützte, fremd vorkamen?

Besonders befremdend war, wenn europäische Eliten, die aus der Veranstaltung von Kultur mit Schlössern, Opernhäusern, Museen, Maler-, Musiker- und Dichterverehrung eine höhere Form von Identitätsstiftung gewonnen hatten, in den Reformen und Revolten der Jahrhundertwende etwas als Moderne fabrizierten, das für Amerikaner eher wie eine Kulturverunstaltung aussah, nachdem sie sich mühsam mit der Kanonisierung dieser Kultur eingerichtet hatten. Das geschah in der Periode zwischen den achtziger Jahren des 19. Jahrhunderts und dem Einbruch der Weltwirtschaftskrise um 1930 und prägte die amerikanischen Debatten darüber, inwiefern Europa neben der Technik für die Entwicklung einer genuin amerikanischen Kultur unabdingbar sei.

Dies ist die Periode, der sich vorliegende Studie widmet. Sie erfährt besondere Antriebe aus der Tatsache, dass die seit den 1940er Jahren entstandene Bezugnahme auf die Machtstellung der Vereinigten Staaten in Politik, Wirtschaft und zunehmend auch Kultur die Entwicklungen in der vorangehenden Periode stark überschattet. Damit werden jene Rivalitäten verdrängt, die für das Verständnis der transatlantischen Moderne zumeist viel aufschlussreicher sind als die spätestens im Kalten Krieg festgefahrenen und von den USA privilegierten Sichtweisen.

Vor allem ist damit die Eigendynamik der kulturellen und technischen Entwicklungen, die sich in Europa und Amerika eine Zeit lang stark unterschieden und gerade damit herausforderten und befruchteten, unterbelichtet geblieben. Auf diese Dynamik, die eben auch in den genannten Vergleichswerken ausgespart wird, ist die vorliegende Studie gerichtet. Auch sie ist vergleichend angelegt, holt damit andere, bisher vernachlässigte Narrative der verschiedenen, jedoch ständig miteinander kommunizierenden Modernisierungsprozesse ans Licht. In ihrem Vergleichsmodus weicht sie Generalisierungen nicht aus, hofft aber, einleuchtende Argumente dafür zu aktivieren, wie sich in diesem Zeitraum der Umgang der Amerikaner mit Technik und Kultur von dem der Deutschen unterschied, und darüber hinaus, wie diese Unterschiede in der zunehmenden kulturellen Verflechtung wahrgenommen, kreativ genutzt und von beiden Seiten in der Formung der Moderne fruchtbar gemacht worden sind. Anlass gibt dafür nicht zuletzt der Umstand, dass in dieser Periode die Rivalitäten auf beiden Seiten ständig thematisiert worden sind – viel mehr als nach dem Zweiten Weltkrieg, als die USA zur westlichen Vormacht wurden und ihre Rivalität mit der Sowjetunion im Vordergrund stand.

Diese Studie über transatlantische Rivalitäten ist von den Funken der genannten Fragen inspiriert. Sie widmet sich den deutschen und amerikanischen Denkweisen über Kultur, Technik und Wissenschaft in den ersten Jahrzehnten des 20. Jahrhunderts, als Transfer und Wechselwirkung zwischen beiden Ländern von vergleichenden, oft auch konkurrierenden Motivationen geprägt wurden. Dabei bestimmte in Amerika vor allem das Konzept *technology* den Modernitätsdiskurs, während im deutschen Modernitätsdiskurs *Technik* neben – und oftmals mit – kulturellen und ästhetischen Faktoren reflektiert wurde.

Vorausgeschickt sei, dass bei der überquellenden Fülle der Erfindungen, Entdeckungen, Prognosen, Realitätsentwürfe und Nachahmungen, mit denen sich beide Länder in dieser Phase internationales Interesse erwarben, kaum ausführliche und abschließende Einsichten präsentiert werden können. In den folgenden Kapiteln geht es vor allem darum, die Bedeutung von Technik, Wissenschaft, Kunst und Kultur für die Entwicklung sowohl des Modernitäts- wie des Identitätsbewusstseins von Amerikanern und Deutschen vergleichend herauszustellen und am Verhalten und seinen Veränderungen festzumachen. Mit dieser Methodologie kommen Aspekte zum Vorschein, die von Historikern, vornehmlich an Politik-, Wirtschafts- und Gesellschaftsgeschichte orientiert, zumeist unbeachtet gelassen werden. Prägend sind hier Forschungen zu Technik, Kultur und Habitus, die seit den achtziger Jahren des 20. Jahrhunderts eine neue kritische Qualität erlangt haben, als nicht nur die Modernismus-Postmodernismus-Debatte neues Interesse weckte, sondern Technikgeschichte als intellektuelle Herausforderung inbesondere der Geschichtswissenschaft neu entworfen wurde. Die meisten Anregungen gingen von amerikanischen Forschern aus, unter denen der Technikhistoriker Thomas

Hughes mit dem Konzept *social construction of technology* den zentralen Diskurs bestimmt hat – mit bedeutsamen Nachwirkungen auch in Deutschland.[5]

Dass der Autor der vorliegenden Studie als Kulturhistoriker an diesem interdisziplinären Aufkommen der Technikgeschichte in jenen Jahren teilnahm, gab den ersten Anstoß, diese Thematik im Blick auf die transatlantischen Rivalitäten aufzuarbeiten.[6] Die neue Beschäftigung mit der Technikgeschichte weckte die Faszination für die verdrängten Ambitionen in Kultur und Technik, lenkte den Blick auf die verschiedenen Verhaltensformen im Umgang mit der Moderne. Dass die Auseinandersetzungen in den achtziger und neunziger Jahren inzwischen selbst in die Historie gerückt sind, verändert keineswegs den kritischen Blick auf das Untersuchungsfeld zu Beginn des 20. Jahrhunderts, verstärkt vielmehr das Bemühen, mit den Funken aus dem einstigen Wettlauf um die Moderne auch die Funken der historischen Neubewertung am Ende des vorigen Jahrhunderts einzufangen.

---

5 Thomas P. Hughes, Networks of Power. Electrification in Western Society, 1880–1930. Baltimore/London: Johns Hopkins University Press, 1983, 461–465; The Social Construction of Technological Systems. New Directions in the Sociology and History of Technology, hg. von Wiebe E. Bijker, Thomas P. Hughes und Trevor Pinch. Cambridge, MA/London: Cambridge University Press, 1987; Hughes, American Genesis. A Century of Invention and Technological Enthusiasm, 1870–1970. New York: Viking Penguin, 1989. Über Hughes siehe Technologies of Power. Essays in Honor of Thomas Parke Hughes and Agatha Hughes, hg. von Michael Thad Allen und Gabrielle Hecht. Cambridge, MA: MIT Press, 2001.

6 Einige der Ergebnisse und neuen Fragestellungen jener Jahre bei Frank Trommler, Technik, Avantgarde, Sachlichkeit. Versuch einer historischen Zuordnung. In: Literatur in einer industriellen Kultur, hg. von Götz Großklaus und Eberhard Lämmert. Stuttgart: Cotta, 1989, 46–71; ders., Vom Bauhausstuhl zur Kulturpolitik. Die Auseinandersetzungen um die moderne Produktkultur. In: Kultur. Bestimmungen im 20. Jahrhundert, hg. von Helmut Brackert und Fritz Wefelmeyer. Frankfurt: Suhrkamp, 1990, 86–110; ders., The Avant-Garde and Technology. Toward Technological Fundamentalism in Turn-of-the-Century Europe, In: Science in Context 8 (1995), 397–416; ders., The Creation of a Culture of Sachlichkeit. In: Society, Culture, and the State in Germany, 1870–1930, hg. von Geoff Eley. Ann Arbor: University of Michigan Press, 1996, 465–485.

2. Von knickrigen Bauern und romantischen Träumern zum Industriestaat Deutschland

Technik und Industrie international zu vergleichen, stand für die deutsche Öffentlichkeit bis zur Vereinigung der deutschen Regionen in der Reichsgründung kaum zur Debatte, es sei denn, es handelte sich um England, das führende Land der Industrialisierung, von dem man eine Vielzahl moderner technischer Produkte importierte. Ohnehin hatte die dezentralisierte Entwicklung der deutschen Industrialisierung zur Folge, dass man übersah, wie weit sie sich bereits entwickelt hatte, als die Regionen in eine nationale Struktur eingebunden wurden. Umso mehr wurde die Öffentlichkeit aufgewühlt, als sie durch die Berichte eines Berliner Technikprofessors von der Weltausstellung in Philadelphia 1876 erfuhr, dass die Produkte der deutschen Technik und Industrie im internationalen Maßstab mit „billig und schlecht" bewertet wurden. Hatte diese Abwertung zunächst ein amerikanischer Besucher der deutschen Ausstellung mit den Worten *„cheap and nasty"* geäußert, war man doch besonders empört, dass dieser Berliner Professor voll zustimmte und darüber zehn Berichte in der angesehenen Zeitung *Die Nation* veröffentlichte. Die Weltausstellung in Amerika wurde für viele Deutsche zum Markstein der nationalen Beurteilung der Technik und zum Weckruf an die Industriellen, es schleunigst besser zu machen.

Die Industriellen, die nach der Wirtschaftskrise von 1873 mit schnell entwickelten oder erborgten Konzepten den Markt zurückerobern wollten, empfanden es als Ohrfeige, wenn sie hörten, dass Deutschland auf der Ausstellung „eine schwere Niederlage erlitten" habe.[1] Nicht weniger entrüsteten sich die politischen Gruppierungen, die in Bismarcks militärischer Reichsgründung und dem Boom der darauffolgenden Gründerzeit den Vorschuss auf eine glorreiche nationale Zukunft sahen. Für diejenigen Schichten der Bevölkerung, die die Reichsgründung eher als Störung ihrer seit Generationen eingefahrenen Lebensformen empfanden, bestätigte eine solche Attacke auf dem zunehmend relevanten Gebiet der Technik die Gefahren der modernen Zeit. Reuleaux' Berichte hatten Anteil daran, dass es sich Presse und Öffentlichkeit auf dem hohen Ross des Einigungsstolzes nicht allzu bequem machten. Sie lenkten den Blick nach draußen, vor allem aber darauf, dass es bei dem immer wichtigeren Umgang mit Technik nicht mit bloßer Massenproduktion getan sei.

---

1 F. Reuleaux, Briefe aus Philadelphia. Braunschweig: Vieweg, 1877, 3. Ausführlich über die Reaktionen Wolfgang König, Der Gelehrte und der Manager. Franz Reuleaux (1829–1905) und Alois Riedler (1850–1936) in Technik, Wissenschaft und Gesellschaft. Stuttgart: Steiner, 2014, 248–251.

Abb. 1 Besuch des Präsidenten Ulysses Grant an der Carliss Maschine auf der Weltausstellung Philadelphia 1976

Einen Teil des großen Presseechos, das die Weltausstellung 1876 hervorbrachte, bildete die Überraschung über das phänomenal gute Abschneiden der amerikanischen Industrie. Hier ging die Rechnung auf, die die Veranstalter der Ausstellung, an erster Stelle Präsident Ulysses Grant, für die Selbstdarstellung der aus Nord und Süd neu geeinten Nation aufgemacht hatten: das Land als Vorreiter der modernen Technik so eindrucksvoll zu vertreten, dass Europa aufhorchte und ihm, was sich bereits anlässlich seiner Präsentation auf den Pariser und Wiener Weltausstellungen 1866 und 1873 abgezeichnet hatte, im Reigen der Nationen zumindest in der Technik einen prominenten Platz zuwies. Auf diesem Terrain ließ sich die gewandelte Rolle von Amerika nicht übersehen, dem Land, das den Europäern jahrhundertelang als Inbegriff der unberührten Natur und ungetrübten Menschheitshoffnungen gegolten hatte. Als Träger moderner Industrie wurden die Vereinigten Staaten mit erstaunlicher Vehemenz, wenngleich nicht ohne harte und andauernde Kritik, akzeptiert. Es ist nicht ohne Ironie, dass einer der klarsichtigsten Beobachter dieser Entwicklung ein deutscher Wissenschaftler war, der über die Ausstellung in Philadelphia eine höchst lebendige Reportage schrieb und Reuleaux' Vorstoß in seinem kurz darauf erschienenen Buch über Amerikas Industrie voll unterstützte.

Der Titel des 1877 erschienenen Buches von Hermann Grothe, der ersten derart umfassend recherchierten Industriegeschichte der USA, fasst in seiner Ausführlichkeit bereits den Inhalt zusammen: *Die Industrie Amerika's (Vereinigte Staaten von Nordamerika), ihre Geschichte, Entwicklung und Lage unter besonderer Berücksichtigung der Volkswirthschaft und Handelspolitik, der Erfindungen und Fortschritte des Maschinenwesens etc. und der Weltausstellung zu Philadelphia.* Mit der Ausstellung in Philadelphia zum hundertsten Jahrestag der Unabhängigkeitserklärung habe Amerika, so Grothe, sein Ziel erreicht, sich als technische Vormacht zu etablieren und zu beweisen, dass seine protektionistische – in Europa scharf kritisierte – Handelspolitik der Entwicklung der einheimischen Technik helfe, wozu die Einrichtung einer weitreichenden Patentpolitik beitrage. Man könne von Amerika im Hinblick auch auf Letzteres, ein effektives Patentwesen, lernen.[2] Reuleaux' Weckruf sei ein Teil von dieser Lehre.

Reuleaux' Provokation wirkte, besaß allerdings mit den Ausstellungsobjekten eine relativ begrenzte Basis, da einige der bekannten Maschinenbaufirmen nicht nach Philadelphia gingen.[3] Das erklärt die von anderen Fachleuten vertretene Ansicht, dass deutsche Maschinenbauer in verschiedenen Bereichen hinter den Amerikanern zurückstanden, jedoch in derselben technologischen Liga spielten. In seinen Briefen und Stellungnahmen differenzierte Reuleaux selbst seine Kritik und konstatierte, dass die deutschen und amerikanischen Technologien auf Transfer in beiden Richtungen angewiesen seien. Er selbst wurde zu einem der großen Vermittler dieses Transfers, der am Jahrhundertende ziemlich ausgeglichen war.[4] Der wohl folgenreichste Transfer fand im Elektrosektor statt, wo Emil Rathenau in seine Gründung der Allgemeinen Elektricitäts-Gesellschaft (AEG, vor 1883 Deutsche Edison-Gesellschaft für angewandte Elektricität, DEG) die Erfahrungen einbrachte, welche er als Mitarbeiter von Thomas Alva Edison in Amerika erworben hatte, wozu auch wichtige Patente gehörten.[5]

Nicht abzuleugnen war Reuleaux' deftige Kritik an der ästhetischen Ausgestaltung der deutschen Produkte. Er machte sich lustig über die „geradezu bataillionsweise aufmarschierenden Germanien, Borussen, Kaiser, Kronprinzen, ‚red princes', Bismarcke, Moltken, Roone, [...] die in Porzellan, in Biscuit, in Bronze, in Zink,

---

2 Gregory Zieren, Engineer Hermann Grothe (1839–1885). American Technology and the German Patent Law of 1877. In: Technologie und Kultur. Europas Blick auf Amerika vom 18. bis zum 20. Jahrhundert, hg. von Michael Wala und Ursula Lehmkuhl. Köln/Weimar/Wien: Böhlau, 2000, 55–75.
3 Hans-Joachim Braun, Franz Reuleaux und der Technologietransfer zwischen Deutschland und Nordamerika am Ausgang des 19. Jahrhunderts, in: Technikgeschichte 48:2 (1981), 112–130.
4 Hans-Joachim Braun, Technologietransfer im Maschinenbau von Deutschland in die USA 1870–1939, in: Technikgeschichte 50:3 (1983), 238–252; Werner Abelshauser, Umbruch und Persistenz. Das deutsche Produktionsregime in historischer Perspektive, in: Geschichte und Gesellschaft 27:4 (2001), 503–523.
5 Henning Rogge, Die Fabrik wird zur Maschine. Amerikanische Produktionsmethoden in der Berliner Elektroindustrie. In: Exerzierfeld der Moderne. Industriekultur in Berlin im 19. Jahrhundert, Bd. 1, hg. von Jochen Boberg u. a. München: Beck, 1984, 170–179.

in Eisen, in Thon, die gemalt, gestickt, gewirkt, gedruckt, lithographirt, gewebt an allen Ecken und Enden uns entgegenkommen". Derartig geschmacklos nationaler Provinzialismus könne auf dem Weltmarkt nicht konkurrieren. Der „Mangel an Geschmack im Kunstgewerblichen" sei augenscheinlich. Reuleaux zitierte Besucher, die feststellten, sie hätten bei allen Nationen „etwas zu lernen gefunden, in Deutschland nichts!"[6]

So sehr 1876 die öffentliche Polemik gegen Reuleaux' Nestbeschmutzung im Vordergrund stand, so unbestritten hat man seiner Negativbeurteilung der deutschen Industrieproduktion eine positive Langzeitwirkung zugeschrieben. Zumeist hat man auf die britische Kritik an der Qualität deutscher Billigprodukte hingewiesen, mit der 1887 der Merchandise Marks Act bestimmte, ausländische Waren mit Herkunftsbezeichnungen wie „Made in Germany" zu versehen, was sich dann in den folgenden Jahrzehnten entgegen der ursprünglichen Intention zu einem Qualitätssiegel entwickelte. Reuleaux erlebte diese Wandlung in den neunziger Jahren mit großer Genugtuung mit, eine Strukturwandlung, die die deutsche Industrie tatsächlich für das 20. Jahrhundert ertüchtigt hat. Der Technikhistoriker Wolfgang König nennt die Gründe:

> Unter anderem aufgrund steigender Lohnkosten verlor die deutsche Wirtschaft auf den internationalen Märkten die Konkurrenzfähigkeit über den Preis und etablierte sich stattdessen in vielfältigen Qualitätsnischen. Der Erfolg dieser Strategie beruhte auf mehreren Faktoren, wie der Flexibilität zahlreicher mittelständischer Unternehmen und dem hohen Qualifikationsniveau der technischen Kräfte, vom Ingenieur bis zum Facharbeiter. „Qualität" wurde zum Schlagwort, welches den Beifall ganz unterschiedlicher gesellschaftlicher Gruppen fand.[7]

Es mag genügen, darauf hinzuweisen, dass der erfolgreiche Lernprozess industrieller Unternehmer in Deutschland in Richtung auf Flexibilität und Qualität der Produkte bereits zu Jahrhundertbeginn in den Vergleichen mit der amerikanischen Industrie eine wichtige Rolle spielte. In seinem technisch und wirtschaftlich wohlinformierten Bericht *Eine Reise nach dem Lande wo die Arbeit adelt* (1905) widmete der deutsche Fabrikant Philipp Harjes ein Kapitel der Spezialisierungstendenz der amerikanischen Maschinenindustrie, die oft nur bestimmte Sondergebiete bediene. Harjes resümierte: „Eine Gefährdung für unsere deutsche Industrie durch die ame-

---

6 Reuleaux, Briefe, 5 f.
7 Wolfgang König, Der Gelehrte und der Manager, 250.

rikanische ist, solange wir uns selbst treu bleiben und die Augen offenhalten, nicht zu fürchten, weil eben unsere Stärke auf ganz anderen Gebieten liegt."[8]

Mit seiner vernichtenden Schilderung der ästhetischen Ausstattung der deutschen Produkte, gleichgültig ob sie Maschinen oder kunstgewerbliche Dinge betraf, trug Reuleaux dazu bei, dass Industrieunternehmen die Leistungen der englischen Arts-and-Crafts-Bewegung als vorbildlich erkannten und für ihr eigenes Produktdesign nutzten. Mit der tendenziellen Offenheit, vor allem der Konsumgüterindustrie, für ästhetische Faktoren, die die Gründung des Deutschen Werkbundes begünstigte, trennten sich deutsche und amerikanische Einstellungen zu Technik, Markt und Konsum, Einstellungen, deren kultureller Kontext im Folgenden in seiner Unterschiedlichkeit anschaulich werden wird.

Reuleaux' Provokation und ihrer Resonanz ist noch eine weitere Wirkung zuzuschreiben, insofern sie mit ihrem Scheltwort „billig und schlecht" zu der Auffassung beitrug, dass die deutsche Industrie erst in den siebziger und achtziger Jahren des 19. Jahrhunderts aufgeweckt worden sei, um dann das neue Jahrhundert ziemlich überraschend als Konkurrent Englands und der Vereinigten Staaten zu betreten. Der Überraschungseffekt hielt sich für ausländische Beobachter besonders lange. Er äußerte sich in der vielfach variierten Feststellung, dass dieses Land, einst der Hort schläfrig-kleinstädtischer Romantik, idealistischer Philosophie und weltweit geschätzter Musik in der Mitte Europas, kaum wiederzuerkennen sei.

In seiner einflussreich gewordenen Analyse dieses Aufstiegs zwischen den überbordenden preußischen Autoritätsriten und den modernen Industriepraktiken, *Imperial Germany and the Industrial Revolution*, hat der amerikanische Soziologe und Wirtschaftstheoretiker Thorstein Veblen den Erfolg der Deutschen auf ihre Fähigkeit zurückgeführt, von den Leistungen anderer Völker zu borgen. Keine neue These, von einem Amerikaner schroff und unverhüllt formuliert, jedoch deshalb nicht falsch. Diese These beinhaltet, dass das Zurückbleiben die nachholende Industrie begünstigt, da sie fertige Konzepte übernehmen kann und weniger Hindernisse bei ihrer Umsetzung überwinden muss als das Ursprungsland – in diesem Falle England. Neuere Historiker haben in genauerer Kenntnis der Entwicklung der deutschen Industrialisierung und Technisierung vor 1870 dargelegt, dass deren machtvolle Entfaltung, ohne den englischen Einfluss zu vermindern, nur auf der Basis einer längeren und langsameren Entwicklung möglich war, die von Bismarcks Schaffung eines einheitlichen Zollgebietes begünstigt wurde. Im Übrigen gebe die Nachahmung, wenn sie als Lernphase verstanden werde, die Gelegenheit zum Aufholen und Schaffen eigener Innovationen.[9]

---

8 Philipp Harjes, Eine Reise nach dem Lande wo die Arbeit adelt. Objektive Erinnerungen aus den Vereinigten Staaten Nordamerikas. Gotha: Engelhard-Reyhersche Hofdruckerei, 1905, 239.
9 Karsten Uhl, Technology in Modern German History. 1800 to the Present. London: Bloomsbury, 2022, 27. Eine Übersicht über die Beziehungen der deutschen Technikentwicklung im 19. Jahrhundert

Galt die Lernphase – jenes Borgen, Auf- und Überholen ausländischer Innovationen – aufseiten der Deutschen vornehmlich für den Bereich der Technik und der industriellen Organisation, nahm das Land im Bereich der Erziehung, der technischen und wissenschaftlichen Ausbildung in den letzten Dezennien des 19. Jahrhunderts eher die Stellung eines Lehrmeisters ein. Noch deutlicher als der Industrie kam in dieser Wachstumsphase dem Aufstieg der Wissenschaften und der Ausweitung der technisch-praktischen Schulung die lange Anlaufzeit zugute, die in der im späten 18. Jahrhundert einsetzenden Aufwärtsentwicklung akademischer und professioneller Institutionen bestand, welche im 19. Jahrhundert von den verschiedenen staatlichen Regierungen unterstützt worden war. Mit gewisser Belustigung wies der britische Historiker Harold James als Begründung für Englands Zurückbleiben in der Modernisierung das „ziemlich nebulöse Konzept ‚kultureller' Verschiedenheiten" zurück und zitierte die Feststellung des Naturwissenschaftlers Thomas Henry Huxley, dass die Deutschen gewonnen hätten, weil sie ihre Stärke in die Wissenschaft investiert hätten.[10] Diesem Schluss habe Ernest Edwin Williams in seiner Vergleichsstudie „*Made in Germany*" (1896) zugestimmt und hinzugefügt: „Die in Deutschland erhältliche technische Erziehung ist gründlich und durchgehend wissenschaftlich; und sie ist für die Anwendung bestimmt."[11] Williams hielt mit seiner Kritik nicht zurück. In den Überschriften der letzten beiden Kapitel seines Buches lässt sich der mahnende Ton in Bezug auf den internationalen Wettbewerb wiederfinden, den Reuleaux 30 Jahre zuvor gegenüber der deutschen Industrie angeschlagen hatte: „*Why Germany Beat Us*" (Warum Deutschland uns geschlagen hat) und „*What We Must Do to be Saved*" (Was wir zu unserer Rettung tun müssen).

Im Ausland verbreitete sich zu dieser Zeit die Hochachtung für die anwendungsorientierte technische Ausbildung sowie die Spitzenstellung der innovativsten Industrien Chemie, Optik und Elektrotechnik, die ohne die enge Zusammenarbeit mit wissenschaftlichen Instituten nicht zu denken war. Auch hier zahlte sich das kontinuierliche Engagement im 19. Jahrhundert aus, für das die jeweilige staatliche Förderung den Schlüssel darstellte. Während Preußen mit Berlin und seiner Universität, Baden mit Heidelberg, Hannover mit Göttingen und Sachsen mit Leipzig

---

zur amerikanischen Technik bei Joachim Radkau, Technik in Deutschland. Vom 18. Jahrhundert bis zur Gegenwart. Frankfurt: Suhrkamp, 1989, 34–40; 176–186 und passim. Über die langsame Technikentwicklung Deutschlands im 19. Jahrhundert siehe Gary Herrigel, Industrial Constructions. The Sources of German Industrial Power. Cambridge: Cambridge University Press, 1996.

10 Harold James, The German Experience and the Myth of British Cultural Exceptionalism. In: British Culture and Economic Decline, hg. von Bruce Collins und Keith Robbins. New York: St. Martin's Press, 1990, 107.

11 Ernest Edwin Williams, „Made in Germany", 4th ed. London: Heinemann, 1896, 151 f.

vorangingen, entwickelte sich die Stärke der deutschen Wissenschaft in der Konkurrenz der verschiedenen Landesuniversitäten sowohl im Ausbildungs- wie im Forschungssektor. In dieser Konkurrenz machten sich die Vorteile des föderalen Aufbaus des neuen Reiches bemerkbar, der politisch eher als nachteilig gewertet wurde.

Die genauesten Beobachter dieser Führungsstellung kamen aus Frankreich, das nach seiner überraschenden und demütigenden Niederlage gegen die vereinten deutschen Truppen 1871 mit der Gründung der Dritten Republik das bis dahin vernachlässigte Studium des Nachbarlandes auf verschiedenen Gebieten beförderte. Aus Frankreich stammten die meisten Bekundungen der Überraschung über dieses Gebilde jenseits des Rheins, das man lange als Heimat romantischer Dichtung und Musik geschätzt hatte und das sich nun als Vorreiter einer beunruhigenden Modernisierung entpuppte, in der sich die Industrie mit Wissenschaft und Technik verbündete. Es entstand eine Flut von Reiseberichten und Studien, denen sich auf deutscher Seite nur wenige wissenschaftliche Werke über die französischen Entwicklungen nach 1871 zur Seite stellen ließen.[12] Im Zentrum der meisten französischen Berichte stand das ausgedehnte, Technik und Wissenschaft einbegreifende Ausbildungssystem. Begleitet von abwertenden Äußerungen über die preußische Disziplinierung der Gesellschaft erkannte man die kreative Freiheit des Lernens und Forschens an, die sich von der bürokratisch kanalisierten Wissensvermittlung in Frankreich positiv abhob. Manche Autoren ermahnten ihre französischen Leser, sie müssten die Klischees vom preußischen Schulmeister, der bei Sedan gesiegt habe, ablegen, um die neuen Verfahren und den gewandelten Habitus der Deutschen verstehen und auf französische Verhältnisse übertragen zu können.[13]

Die beste und bis heute aufschlussreichste, auf Hunderten von Interviews und Lokalbesichtigungen beruhende Erkundung der Wandlungen der deutschen Gesellschaft um die Jahrhundertwende erschien in Fortsetzungen in der führenden Zeitung *Le Figaro*. Sie stammte von dem Journalisten Jules Huret, berühmt und berüchtigt geworden aufgrund seiner Interviews mit der literarischen Prominenz, ein-

---

12 Ausführlicher darüber Trommler, Kulturmacht ohne Kompass. Deutsche auswärtige Kulturbeziehungen im 20. Jahrhundert. Köln/Weimar/Wien: Böhlau, 2014, 55–60. Allerdings sollte die Flut der Presseberichterstattung über französische Innenpolitik und kulturelle Ereignisse nicht übersehen werden. Sie bildete einen gewichtigen Teil der Unterhaltung des Bürgertums in Deutschland und anderen europäischen Ländern. Siehe Wilhelm Treue, Zum Dritten Januar 1913, in: Revue d'Allemagne 14 (1982), 313–320.

13 Alexander Schmidt, Deutschland als Modell? Bürgerlichkeit und gesellschaftliche Modernisierung im deutschen Kaiserreich (1871–1914) aus der Sicht der französischen Zeitgenossen, in: Jahrbuch für Wirtschaftsgeschichte 1992, Nr. 1, 221–242; Robert Fox, The View over the Rhine. Perceptions of German Science and Technology in France, 1860–1914. In: Frankreich und Deutschland. Forschung, Technologie und industrielle Entwicklung im 19. und 20. Jahrhundert, hg. von Yves Cohen und Klaus Manfrass. München: Beck, 1990, 14–24.

schließlich Émile Zolas. Huret veröffentlichte erschöpfende Reiseberichte über die USA (*En Amérique. De New-York à la Nouvelle-Orléans*, 1906) und über Deutschland (*En Allemagne*, 1907–1910). Die unter dem Titel *In Deutschland* ins Deutsche übersetzten vier Bände lieferten im dritten Band über Berlin und im vierten über Bayern und Sachsen wohl die wichtigsten Einsichten über den moderner gewordenen Habitus der Deutschen, flankiert von den Bänden über Rheinland und Ruhrgebiet, über Hamburg und den Besuch der „polnischen Ostmarken", mit denen ein umfassender Einblick in die Bedeutung und Unterschiedlichkeit der Provinzen zustande kam.

Es lohnt sich, die mentalen und habitusmäßigen wie auch die gesellschaftlichen und politischen Wandlungen der Deutschen in den Berichten eines Zeitgenossen mitzuvollziehen, der als Ausländer das immer wieder ventilierte Erstaunen über dieses Land in dem Satz zusammenfasste:

> Wie hat dieses arme Volk, das noch vor fünfzig Jahren aus kleinen Ladenbesitzern, Beamten, knickrigen Bauern und elenden Krautjunkern bestand, es vermocht, sich in so kurzer Zeit dazu aufzuschwingen, Frankreich auf wirtschaftlichem Gebiet und in absehbarer Zeit auch die hochmütigen Engländer in ihren bisher unbestrittenen Monopolen zu besiegen?

Auf der Suche nach Antworten lernte Huret bei seiner Erkundung der Deutschen in ihrem Alltag den Blick über die staatlichen Maßnahmen, die Parteiprogramme und Manöver der politischen Machtträger hinauszulenken. Ihm entging nicht die wachsende Ausrichtung der verschiedenen Regionen, selbst in Süddeutschland, auf die durch Bismarck von Österreich geschiedene Nation, doch fand er nicht weniger wichtige Argumente in einer neuen, zu Nüchternheit und Sachlichkeit tendierenden Handhabung der modernen Herausforderungen.

Jener „große Wandel vom deutschen Biedermeier zur deutschen Industrie"[14], wie ihn Ernst Bloch nannte, fand seine Erklärungen. Eine davon zeichnete Huret in Hamburg auf, wo es bezeichnenderweise um Deutschlands Vernetzung mit dem Welthandel ging. Ein Hamburger Kaufmann machte ihn darauf aufmerksam, dass 1870 keinen Epochenumbruch bedeutete: „Die Deutschen waren schon lange vor 1870 nach England, Frankreich, Amerika und Indien gegangen, um Firmen zu gründen, – unglücklicherweise fehlte es immer an Geld. Deshalb haben wir soviel Zeit gebraucht, bis wir zu wirklichen Konkurrenten wurden." Eine Erweiterung

---

14 Ernst Bloch, Technik und Geistererscheinungen. In: ders., Literarische Aufsätze. Frankfurt: Suhrkamp, 1984, 363. Eine wirtschaftshistorisch besonders aufschlussreiche Darstellung des deutschen industriellen Aufstiegs im 19. Jahrhundert liefert Sigrid Quack, Die transnationalen Ursprünge des „deutschen Kapitalismus". In: Gibt es einen deutschen Kapitalismus? Tradition und globale Perspektiven der sozialen Marktwirtschaft, hg. von Volker R. Berghahn und Sigurt Vitols. Frankfurt/New York: Campus, 2006, 53–85.

dieses Arguments wurde durch Hurets Frage herausgefordert, wieso dieses Volk der „Träumer und Idealisten mit einem Mal derartig realistisch gesinnt" wurde, „um die Reichtümer, die nur Industrie und Handel schaffen können, auszunutzen?" Worauf der Hamburger Gesprächspartner entgegnete: „Weil wir im vergangenen Jahrhundert einige große Denker und berühmte Dichter gehabt haben, und weil unsere Armut uns bescheiden macht, nennt man uns Träumer?" Er hatte eine wohlerprobte Erwiderung parat: „Sehen Sie doch, was wir in Preußen in der Zeit von 1806–1813 fertig gebracht haben! Und gerade zu Goethes Zeiten haben wir unsere Armee in kaum sieben Jahren neugeschaffen. Man hat uns ganz einfach verkannt!"[15]

Diese Einschätzung ließ vieles offen. Sie entsprach dem Argument von der ausgedehnten Anlaufzeit von Technik und Industrie in Deutschland, das von der lautstarken Gründerzeiteuphorie lange Zeit in den Schatten gestellt worden ist. Vor allem aber erklärte sie dem Besucher, dass sich die Deutschen in ihren Eigenschaften und Wandlungen den gewohnten Einordnungen entzögen. Huret zeigte sich beeindruckt. Er konzentrierte sich, worauf noch zurückzukommen sein wird, auf den Wandel im Habitus des Nachbarvolkes am Ende des Jahrhunderts, hob den nüchternen und flexiblen Geschäftssinn, dem er überall begegnete, vom traditionsbestimmten Verhalten der Franzosen ab. Was die technische Entwicklung anbetraf, die ihn im Kohle und Stahl erzeugenden Ruhrgebiet faszinierte, ging er allerdings kaum über die Eindrücke der Landsleute hinaus.

Die Fortschritte der Technik ließen sich in diesen Jahrzehnten großer Erfindungen überall in Europa wahrnehmen. Den weithin bekannten amerikanischen Technikheroen, allen voran Thomas Alva Edison und dem Deutschamerikaner John Augustus Roebling, stellte man eigene Heroen zur Seite und fügte technische Leistungen ins nationale Selbstbild ein. Erfinder und Ingenieure wie Gottlieb Daimler und Carl Benz personifizierten das Fortschrittsdenken, das sich zu dieser Zeit in Deutschland und Österreich von den liberalen Idealen zunehmend auf die Technik verlagerte und selbst von Kaiser Wilhelm II. gern rhetorisch eingesetzt wurde. Befeuert von den jedes Mal größer und imposanter inszenierten Weltausstellungen gewann die Ineinssetzung von Fortschritt mit technischen Neuerungen, die bis in den privaten Alltag hineinwirkten, in allen Ländern gleichermaßen an Bedeutung, forderte jedoch ebenso regelmäßig die Gegenstimmen von Kulturkritikern heraus, die das Festhalten an den bestehenden Kultur- und Lebensformen zur ideellen Mission hochstuften. Angesichts der tief verwurzelten Identitätsfindung durch zunehmend national orientierte Kulturschöpfungen ergab sich in den neunziger

---

15 Jules Huret, In Deutschland. II. Teil: Von Hamburg bis zu den polnischen Ostmarken. Übers. von E. v. Kraatz. Leipzig: Grethlein, 1908, 247.

Jahren ein die Öffentlichkeit bewegender Streit über die Frage, ob die international dynamisierte Technik die Sicherheit dieser Identität zerstöre – was wiederum die Fortschrittsenthusiasten zu weitreichenden Entwürfen der entstehenden Welt antrieb. Mit Begriffen wie *Moderne, modernité, modernity* förderten sie ein aktivierendes Verhältnis zur Gegenwart, das Technik einschloss, aber weit darüber hinaus auf die Schaffung neuer Lebens- und Kunstformen abzielte.

Als der amerikanische Publizist Frederic Howe am Vorabend des Ersten Weltkrieges seine Studie *Socialized Germany (1915)* über das gegenwärtige Deutsche Reich verfasste, griff er auf die Frage zurück, wie es dieses zuvor arme Deutschland in so kurzer Zeit geschafft habe, sich einen Platz als moderne, prosperierende Nation zu erwerben.[16] Howe tat es nicht aus Neid- oder Revanchegefühlen heraus, vielmehr als politisch engagierter Amerikaner, der den Umständen des deutschen Aufstiegs sowohl im sozialen wie im technischen und wissenschaftlichen Bereich auf den Grund ging und der mit dem Hinweis darauf, dass sich hier ein gutes Modell für Sozialreformen entwickelt habe, den zunehmenden antideutschen Strömungen entgegentrat. Er wies dabei auf die öffentlich zugänglichen Informationen und Statistiken hin, ließ jedoch in der Einleitung zu seinem Buch keinen Zweifel daran, dass er gleichermaßen auf Erkenntnissen aufbaue, die er bei mehrmaligen Besuchen des Landes gewonnen habe.

An erster Stelle nannte er den britischen Journalisten William Harbutt Dawson, den wohl einflussreichsten Deutschlandreisenden dieser Jahre. Dawson war ähnlich dem Franzosen Huret, wenngleich mit umfassendem Zahlenmaterial ausgerüstet, unterwegs, um das Rätsel von Deutschlands rapidem Aufstieg zu lösen und seinen Landsleuten ein ungeschminktes Bild des Konkurrenten zu liefern. Im Buch *The Evolution of Modern Germany* (1914), das fünf Auflagen erlebte, setzte Dawson zwar erst mit dem Sieg über Frankreich 1871 ein und biss sich am Einfluss des preußischen Adels fest, schränkte diesen Aspekt aber durch eine differenzierte Sicht auf den Süden und den Westen des Reiches ein, die er als liberale Antipoden zu Preußen sah. In seiner Charakterisierung von Deutschlands Erfolg im Vorwort klingt jene Flexibilität und Sachlichkeit an, die Huret ins Blickfeld rückte: „Wissenschaft, Erziehung, praktische Anwendungen und Eingehen sowohl auf kleine wie große Dinge – dies sind die hauptsächlichen Ursachen für Deutschlands Erfolg als Rivale auf dem Märkten der Welt."[17] Dawson betonte, dass in seinen Berichten über Verhalten und Wirtschaft mehr Aufschlüsse über das Reich enthalten seien als in der militärisch aufgeheizten Politikberichterstattung.

---

16 Frederic C. Howe, Socialized Germany. New York: Scribner's Sons, 1915.
17 William Harbutt Dawson, The Evolution of Modern Germany. New York: Scribner's Sons, 1914, VI; über den Vergleich zwischen England und Deutschland siehe Geoffrey Russell Searle, The Quest for National Efficiency. A Study in British Politics and Political Thought, 1899–1914. Berkeley: University of California Press, 1971.

Dawson, inzwischen vergessen, hat mit seinen Schilderungen ähnlich wie Huret vieles von den tatsächlichen gesellschaftlichen und habitusmäßigen Komponenten des aus zahlreichen Regionen und Mentalitäten zusammenwachsenden Landes erfasst, welche die Historiker, auf archivalische Dokumente angewiesen, neben den militärischen, außen- und innenpolitischen Faktoren lange Zeit vernachlässigt haben. Das ist inzwischen bereinigt worden. Dennoch helfen die Berichte zeitgenössischer Beobachter, wenn sie sich tatsächlich auf die Begegnung mit der alltäglichen Wirklichkeit des Landes einließen, immer noch bei der Klärung der Frage nach den Wegen, welche die Deutschen bei der Schaffung der neuen Lebens- und Kunstformen beschritten. Diese Wege unterschieden sich deutlich von denen der Amerikaner, deren umfassendere Identifikation mit Technik einem davon sehr unterschiedenen Umgang mit Kultur entsprangen. Wie eng die transatlantischen Verflechtungen trotzdem waren, zeigt die Sicht auf ein bisher unterbelichtetes Kapitel der Technik- und Kulturgeschichte.

3. Amerika und deutsche Wissenschaft

Wie sich in Europa aus knickrigen Bauern eine leistungsfähige Industriebevölkerung entwickelte, war für Amerikaner im 19. Jahrhundert von geringem Interesse. Die knickrigen Bauern aus Deutschland hatten sie selbst ins Land bekommen. Es waren die *Krauts,* die Einwanderer, die hart arbeiteten und den puritanisch geweihten Sonntag mit ihrem lauten Biertrinken entheiligten. Es war ein Volk, das sich um die Kultivierung des riesigen Kontinents und die Etablierung von Schulen und Kirchen verdient machte, aber das meiste in einer anderen Sprache vollzog, die nur die Gebildeten dazu motivierte, sich mit ihrem Herkunftsland und seiner Kultur näher einzulassen. Mochte es aus der Bemühung entstehen, eine eigene amerikanische Sichtweise auf Literatur und Kultur auf nichtbritischer Grundlage zu entwickeln, oder aus Sympathie für ein Gebiet Europas, das sich im Ländlichen und Naturnahen anstatt in imperialen Metropolen eine Kultur aus Geist und Poesie erarbeitete – Deutschland spielte für amerikanische Schriftsteller und Intellektuelle mit Goethe und der Romantik eine Zeit lang eine ermutigende Rolle, ein für Ralph Waldo Emerson, Henry Wadsworth Longfellow und den literarischen Transzendentalismus lange nachwirkendes Kapitel.

Was sich aus den knickrigen Bauern und elenden Krautjunkern entwickelte, war dagegen für die europäischen Nachbarvölker von Interesse, die nach der Gründung des Reiches durch Bismarcks Kriege plötzlich eine Konkurrenzwelt auf sich zukommen sahen, deren industrielle Potenz sie unterschätzt hatten. Demgegenüber waren die Amerikaner an anderem interessiert, und das hatte mit der Hinneigung ihrer Gebildeten zu dem Bild eines Landes zu tun, das sie in romantischen Universitätsstädten und bei idyllischen Rheinfahrten kennenlernten. Sie sahen, wie sich unter ähnlich kleinstädischen Umständen dank einer intensiven kreativen Hingabe an Geist und Wissenschaft ein staatliches Gebilde konstituierte, das sich durch Kultur zu einer Nation aus der Geschichte emporhob, wobei die politische Stabilisierung lange auf sich warten ließ. Die staatliche Stabilisierung erfolgte nicht unter demokratischen Strukturen wie in Amerika, jedoch ebenfalls durch Krieg und inspirierte zugleich mit ihrer wirtschaftlichen Schubwirkung die Tendenz, die Einigung als neue Nation mithilfe von Bildung und Wissenschaft weiter zu festigen.

In den wieder geeinten Vereinigten Staaten entstand zu dieser Zeit ein neues Geschichts- und Gegenwartsverständnis, das einerseits durch die internationalen Erfolge der amerikanischen Technik Selbstbewusstsein gewann, andererseits gezwungen war, mit der neu entfachten Ambition, auch kulturell selbstständig mit anderen Nationen gleichzuziehen, die lange vertretene Ausnahmesituation als Rückständigkeit anzuerkennen und auf Abhilfe hinzuarbeiten. Dafür lieferte die traditionell praktizierte Identifikation mit der republikanischen Gründungserzählung nicht mehr genügend Argumente. Im Mittelpunkt dieser noch den Bürgerkrieg bestimmenden Erzählung stand die Schaffung und Aufrechterhaltung der amerikanischen Demokratie in einem geeinten Land, jedoch kein Programm für seine Zukunft. Wenn schließlich die Anerkennung der Technik zu einer neuen nationalen Identität beitrug, obwohl das der von den Poeten und Erziehern gepriesenen Ursprünglichkeit des Landes entgegenarbeitete, geschah das nicht über Nacht. Die Fixierung auf den technischen Fortschritt forderte den *exceptionalism* der Nation aufs Schärfste heraus.[1] Die volle Anerkennung ereignete sich in den letzten Jahrzehnten des 19. Jahrhunderts, als das riesige, in Regionen zersplitterte Land mit dem rasanten Ausbau des Eisenbahn- und Telegrafennetzes eine Zusammengehörigkeit erfuhr, die es bis dahin nur im Narrativ der nationalen Gründung und ihrer Vor- und Nachgeschichte besessen hatte.

In der Zeit der Wiederaufbauperiode, in der man vor allem im Süden die Befreiung der Schwarzen auf fatale Weise für ein Jahrhundert zurückwarf, drängte sich mit der dynamischen Industrialisierung eine Aufbaugesinnung nach vorn, in der man sich mit den Innovationen der *technology*, die auf den Weltausstellungen gefeiert wurden, zu identifizieren begann. Allerdings fehlte der Technik, obgleich ihr zu dieser Zeit als Instrument des Fortschritts mehr als zuvor nationale Bedeutung zugesprochen wurde, das Kultur- und Statuspotenzial, das das Land brauchte, um in seiner weiteren Nationsbildung zum europäischen Standard aufzuschließen. Dafür bedurfte es erneuter Rückbindung an Europa, wo sich Italien und Deutschland in der Kultur beispielhaft nationale Identität verschafft hatten. In der Neugründung des Deutschen Reiches hatte man ein eindrucksvolles Beispiel moderner Nationsbildung vor Augen.[2] Kultur und Wissenschaft dienten als Hebel nationaler Anerkennung. Seit Jahrhunderten waren Paris und London dafür tonangebend gewesen. Die Deutschen befreiten sich davon.

Als der bekannte Geistliche, Publizist und Politiker Thomas Wentworth Higginson nach dem Bürgerkrieg in einem Artikel in der führenden Zeitschrift *The Atlantic Monthly* den Plan einer großen kulturellen und wissenschaftlichen Initiative ausbreitete, mit der das nun geeinte Land die Identität einer anerkannten modernen Nation erringen konnte, stellte er den Beitrag unter den Titel „A Plea for Culture". Man müsse sich vor Augen halten, so Higginson, dass die amerikanische Literatur noch nicht reichhaltig, die amerikanische Forschung noch nicht tiefgreifend, die amerikanische Gesellschaft nicht besonders intellektuell und die

---

1 Michael G. Kammen, Mystic Chords of Memory. The Transformation of Tradition in American Culture. New York: Knopf, 1991, bes. 132–136.
2 Waldemar Zacharasiewicz, Atlantic Double-Cross. Germany as an Alternative Model in America's Search for a National Identity, 1830–1930. In: Negotiations of America's National Identity, Bd. 2, hg. von Roland Hagenbüchle und Josef Raab. Tübingen: Stauffenburg, 2000, 475–499.

Gestaltungskraft der Künste recht oberflächlich sei. Es sei nicht wahr, wie Freund Humboldt freimütig gesagt habe, „*the United States are a dead level of mediocrities*", jedoch sei es zweifellos wahr, „*that our brains as yet lie chiefly in our machine-shops*".[3] Higginson genoss als Abolitionist und Verfechter der Frauenrechte hohes Ansehen. Wenn er nun über sein politisches Engagement hinaus weit ausholte und der Nation das Programm einer Ausbildung der Jugend auf Universitätsniveau und die Entwicklung von Institutionen hoher Kultur verschrieb, gestand er der Technik nur eine begrenzte Rolle zu. Vorerst müsse man sich Kultur aus Europa holen. Für die wissenschaftliche Ausbildung gelte dasselbe. „Solange die Quellen für Kunst und Wissenschaft jenseits des Atlantiks liegen, sind wir nur Provinz, keine Nation. Denn diese stellen die höchsten Bestrebungen der Menschheit dar, höher als Handel und Professionen, höher als *statesmanship*, viel höher als Krieg."[4]

Auf die Förderung der Wissenschaft konzentrierte sich das amerikanische Interesse an Deutschland in den letzten Jahrzehnten des 19. Jahrhunderts. Dieses Interesse wiederum verschaffte mit seiner Intensität der deutschen Wissenschaft eine internationale Anerkennung, deren Ausstrahlung noch weit ins 20. Jahrhundert hineinreichte, als diese Wissenschaft durch Kriege, Isolierung und politische Umwälzungen ihre zentrale Stellung verlor. Mit der Konzentration auf deutsche Universitäten und ihre Forschungsantriebe trugen Amerikaner zu der Ansicht bei, dass sich nach 1870 das Zentrum der europäischen Wissenschaft von England und Frankreich auf Deutschland verlagerte.

Symptomatisch war, dass der Begriff *Wissenschaft* auch außerhalb der deutschen Grenzen zum Schlagwort erhoben wurde. Während Technik am greifbarsten das Fortschrittsverständnis beschwor, übernahm Wissenschaft am Ende des 19. Jahrhunderts, als die Berufung auf Fortschritt an Glanz verlor, eine verwandte Funktion, versprach im unsicheren Umgang mit den Herausforderungen des industriellen Zeitalters eine feste Basis. Die breite Anerkennung von Wissenschaft und ihren Entdeckungen verschaffte den Deutschen bei den Eliten anderer Länder vielfach mehr Anerkennung für das Land als Bismarck, Wilhelm und die preußischen Heerführer zusammengenommen, mit denen die Offiziellen in Philadelphia das Reich ausstellen zu müssen glaubten. Das hob zugleich das Interesse an der deutschen Technik, die, wie Huxley und Williams konstatierten, durch die Verknüpfung mit Wissenschaft sowohl im Ausbildungs- wie im Produktionssektor Innovationen und Qualitätssteigerung in Breitenwirkung hervorbrachte.

Die Erfolge deutscher Wissenschaftler von Hermann von Helmholtz und Emil du Bois-Reymond bis zu Paul Ehrlich, Robert Koch und Emil Behring konkretisierten sich zwar im geläufigen Bild großer Männer, beruhten jedoch, wie der

---

3 T. W. Higginson, A Plea for Culture, in: The Atlantic Monthly 19 (1867), 33.
4 Higginson, A Plea for Culture, 36.

Wissenschaftshistoriker Timothy Lenoir in seiner Studie *Politik im Tempel der Wissenschaft* (1992) dargelegt hat, in ihrer Breite auf der kontinuierlichen Unterstützung der Universitäten und Institute vonseiten der einzelnen Staaten, wo sich Prestige- und Lobbypolitik in die Hände spielten. Der entscheidende Schritt vollzog sich nach der Reichsgründung, als Naturwissenschaft und strenges methodologisches Denken nicht mehr nur als Bildungsgut für die Elite der Nation, sondern auch für die akademischen „Durchschnittsköpfe" verbindlich gemacht wurde, wie es Lenoir drastisch formulierte.[5] Das öffnete der staatlichen Wissenschaftsförderung im Reichsmaßstab nicht nur ein großes Potenzial an jungen Forschern und erlaubte erste Anreize für eine viel bezweifelte Karriere, sondern vernetzte das Erkenntnisinteresse untrennbar mit nationalem Prestigedenken. Die Gründung der Physikalisch-Technischen Reichsanstalt 1888 in Berlin, zu deren Präsident Hermann von Helmholtz ernannt wurde, ein „Reichskanzler der Physik", entsprang dem Prestige- und Förderungsdenken des Deutschen Reiches.

Lenoir zitiert den mit Helmholtz und Rudolf Virchow damals berühmtesten Wissenschaftler Emil du Bois-Reymond im Hinblick auf die künftige Relevanz der Naturwissenschaften: „Gleich der Geschichte der Industrie zeigt die der Medicin, dass auch die scheinbar unbedeutendsten, in rein theoretischem Interesse und ganz idealer Absicht gefundenen Thatsachen plötzlich eine unermessliche praktische Tragweite erhalten können."[6] Daran schließt Lenoir die Feststellung an:

> Du Bois-Reymond brachte damit eine Haltung zum Ausdruck, die unter deutschen Industriellen, Akademikern und Ministern weit verbreitet war: daß nämlich die wirtschaftliche und politische Stärke des Kaiserreichs in Zukunft von seiner führenden Stellung in der Produktion naturwissenschaftlichen Wissens abhängen werde. Die neuere Forschung hat diese Auffassung bestätigt und darüber hinaus gezeigt, daß die damaligen Investitionen in die naturwissenschaftliche und technische Bildung für den kometenhaften Aufstieg Deutschlands zu einer Weltmacht ersten Ranges ganz wesentlich waren.

Dass die Naturwissenschaften bei der Modernisierung Deutschlands eine derart entscheidende Rolle spielen konnten, sei ihrer kontinuierlichen Förderung in den vorangehenden Jahrzehnten zu verdanken. Das habe die zügige Anpassung der Strukturen, die im akademischen System seit den späten dreißiger Jahren gepflegt wurden, an die neuen Aufgaben ermöglicht. „Die Schlüsselelemente dieses Systems waren der Forschungsimperativ – die Unterstützung reiner Wissenschaft um ihrer

---

5 Timothy Lenoir, Politik im Tempel der Wissenschaft. Forschung und Machtausübung im deutschen Kaiserreich. Frankfurt/New York: Campus, 1992, 59.
6 Emil du Bois-Reymond, Der physiologische Unterricht sonst und jetzt. In: ders., Reden, Bd. 2. Leipzig: Veit, 1887, 375.

selbst willen, ohne Rücksicht auf ihre praktische Anwendung – und der intensive Wettbewerb zwischen den dezentralen deutschen Universitäten."⁷

Die Hervorhebung des Forschungsimperativs als Schlüssel zur zeitweiligen Spitzenstellung der deutschen Universität scheint sich auf einen wenig zündenden Terminus zu stützen, weshalb Lenoir die Kennzeichnung der Wissenschaft „um ihrer selbst willen" hinzusetzt. Im Vergleich mit der Humboldt'schen Maxime „Freiheit von Forschung und Lehre" als lange gepflegtem Grundpfeiler wissenschaftlicher Arbeit wohnt dem Wort *Forschungsimperativ* etwas Bürokratisch-Strenges inne, das hinter dem langlebigen und international verbreiteten Erbe von Humboldts Universitätsidealen verblasst. In einer Studie mit dem passenden Titel „Was heißt ‚Weltgeltung der deutschen Wissenschaft?'", in der die Wissenschaftshistorikerin Sylvia Paletschek der Anmaßung dieser Behauptung auf den Grund geht, erläutert sie die Durchsetzungskraft des Forschungsimperativs und führt neben der Maxime von Forschung und Lehre, der nur eine begrenzte Bedeutung zukomme, verschiedene überzeugende Faktoren an.⁸ Die Erläuterung überzeugt, bleibt aber auf die deutschen Verhältnisse bezogen. Paletschek lässt die Frage offen, was denn für andere Länder, in denen sich Wissenschaft unter ganz anderen institutionellen, politischen und sozioökonomischen Gegebenheiten entwickelte, den Forschungsimperativ realisierbar mache. Worin lag das Besondere, das nicht in den institutionellen Strukturen aufging und von Studierenden und Wissenschaftlern anderer Länder übernommen werden konnte?

Seit jeher ist an dieser Stelle die Antwort am überzeugendsten im Hinweis auf die amerikanische Anteilnahme am deutschen Wissenschaftsbetrieb gegeben worden. Friedrich Paulsens Darstellung der deutschen Universität als Gipfel der Wissenschaft⁹ wurde zu einer Bibel amerikanischer Wissenschaftler und Universitätsreformer; noch Abraham Flexner, der bedeutende Wissenschaftsreformer, der mit dem *Flexner Report* 1910 und der Begründung des Institute for Advanced Study in Princeton bedeutende Universitätsgeschichte schrieb, berief sich auf dieses Werk.

Der Hinweis auf die Gründung der Johns Hopkins University 1876, Flexners Alma Mater, als Graduiertenuniversität nach deutschem Modell ist kanonisch geworden. Die Tatsache, dass zwischen 1830 und 1914 etwa 10.000 Amerikaner an deutschsprachigen Universitäten studierten, festigte deren Profil. Allerdings erfasst die Behauptung, dass der Gründung von Johns Hopkins der Transfer des deutschen

---

7 Lenoir, Politik im Tempel der Wissenschaft, 55.
8 Sylvia Paletschek, Was heißt „Weltgeltung der deutschen Wissenschaft?" Modernisierungsleistungen und -defizite der Universitäten im Kaiserreich. In: Gebrochene Wissenschaftskulturen. Universität und Politik im 20. Jahrhundert, hg. von Michael Grüttner u. a. Göttingen: Vandenhoeck & Ruprecht, 2010, 29–54.
9 Friedrich Paulsen, The German Universities. Their Character and Historical Development. New York: Macmillan, 1895.

Universitätssystems zugrunde liege, nicht die Tatsachen. Was geschah, erwuchs aus persönlichen Bewertungen des Studiums an deutschen Universitäten, gefiltert durch institutionelle Bedürfnisse auf amerikanischer Seite.

Tatsächlich dürfte der institutionelle Transfer nur sekundäre Bedeutung für die Orientierung der amerikanischen akademischen Eliten an der deutschen Wissenschaft besessen haben. Mit den auf klerikaler Basis gegründeten Harvard, Yale und Princeton und der durch Benjamin Franklin auf säkularer Basis gegründeten University of Pennsylvania hatte sich ein System von Colleges entwickelte, dem aufgrund von Lincolns Morrill Act von 1862 vor allem mit Land-Grant Universities eine beträchtliche staatliche Institutionalisierung der Ausbildung zur Seite gestellt wurde. Diese flächendeckende Ausbildung war nötig, sie entsprach den Interessen der industriellen Aufbaubewegung nach dem Bürgerkrieg, sie richtete sich an Landwirtschaft, Geologie und Veterinärmedizin aus, an Militär- und Ingenieurkenntnissen, für die Frankreich führend gewesen war. Damit ergaben sich genügend Konflikte mit dem althergebrachten Collegesystem, in welchem die Offiziellen, oftmals Kleriker, als Hüter antiker und britischer Traditionen nur zögernd einwilligten, dem neuen Programm der Erkenntnissuche Platz einzuräumen. Die Dynamik dieser widerstreitenden Interessen zwischen Erziehung und Wissenserkundung beschäftigte in den Folgejahrzehnten einen Großteil der Verantwortlichen.

Was gebraucht wurde, war in der sich industrialisierenden Gesellschaft zunächst nicht der Forschungsimperativ, sondern Spezialkenntnisse von Ärzten, Erziehern, Physikern, Chemikern, für welche die vorhandenen amerikanischen Lehranstalten keine Ausbildung anboten. Lange bevor institutionelle Einrichtungen speziell dafür in Aussicht genommen werden konnten, bestand die Lösung des Problems in der individuellen Förderung, das heißt der Entsendung der jungen Aspiranten – sie waren durchwegs männlichen Geschlechts – an europäische Universitäten, wo sie Kenntnisse, Zeugnisse, Diplome und später Doktorate erwerben konnten, um nach zwei oder drei Jahren in Amerika tätig zu werden. In diesem Sinne dienten die europäischen, nach 1870 vorwiegend deutschen Universitäten lange Zeit als Serviceinstitutionen, mit denen man, von amerikanischen Administratoren betrachtet, das fehlende eigene Angebot ersetzte.

Aus der Perspektive der jungen Männer gesehen, die auf einem deutschen Diplom eine professionelle Karriere aufbauen wollten, sah die Sache etwas bunter und abenteuerlicher aus. Sie hatten von den finanziell erschwinglichen Lebensverhältnissen in den malerisch-romantischen Universitätsstädten gehört, von den bierseligen Sitten der deutschen Studenten, ihren Liedern und obsessiv gescheiten Professoren. Sie schätzten diesen Aufenthalt, auch wenn er mit peinvoller Erlernung der fremden Sprache verbunden war, als Äquivalent der Grand Tour ein, mit der frühere Generationen im Besuch von London, Paris und Rom ihre Lebensqualität erhöht hatten, bevor sie sich voll auf Geschäft und Profit im eigenen Land einstellten.

Zwar begegneten sie, wie sich nach ihrer Ankunft erwies, bei deutschen Studierenden einer eher nüchternen Einstellung zum Studium, fanden allerding die Fähigkeit der Studenten, vom Biertrinken unverzüglich auf philosophische Diskussionen und vom intensiven Lernen auf ausgelassenes Singen umstellen zu können, beeindruckend.[10] Sie studierten dieses ritualisierte System von Einschreibung, Belegen von Kursen, stundenlangen Vorlesungen der Professoren, passioniert-obsessivem Studieren und realisierten, dass sie dieses System, auch wenn es sie in fremde Umgangsformen einband, in zuvor nicht erlebter Weise befreite, als junge Männer, die man ernst nahm, als Mitdenkende, die tatsächlich halfen, neues Wissen hervorzubringen, als Besucher, denen in dieser Umwelt bewusst wurde, dass sie als Amerikaner einen ähnlichen, aber eigenen Weg in die Zukunft beschreiten konnten. Die Hindernisse, die amerikanische Frauen an deutschen Universitäten zu überwinden hatten, um am Ende des Jahrhunderts als Gasthörerinnen und nach 1900 als reguläre Studierende anerkannt zu werden, hat Anja Werner in ihrer Studie der amerikanischen Studierenden in Deutschland beschrieben.[11]

Die transatlantischen Erfahrungen blieben nicht ohne Einfluss auf die Administratoren in den heimischen Universitäten wie Harvard, Cornell, Johns Hopkins, Vanderbilt oder Berkeley, wo die Hoffnung zunahm, mit den Inhabern deutscher Diplome auch zukünftige Lehrer der zu bauenden amerikanischen medizinischen, chemischen und physikalischen Institute zurückzugewinnen. In diesem Sinne bemühte sich die Johns Hopkins University unter ihrem Präsidenten Daniel Coit Gilman darum, dass der junge William Welch, der in Leipzig in dem wissenschaftlich führenden physiologischen Laboratorium unter Carl Ludwig sein Studium absolvierte, zu Hopkins zurückkehrte, wo Welch dann tatsächlich die berühmte Medical School aufbaute.[12] Ähnlich inspiriert von Leipzig und Berlin zeigte sich James Hampton Kirkland, dem zugeschrieben worden ist, die Vanderbilt University in dieser Periode als einzige Universität im Süden der USA aufgrund seiner Bemühungen um Rückkehrer zu einer führenden Research University ausgebaut zu haben.[13] Für Cornells Aufstieg war Andrew White als Präsident 1866–1885

---

10 Anja Werner, The Transatlantic World of Higher Education. Americans at German Universities, 1776–1914. New York/Oxford: Berghahn, 2013, 203.
11 Werner, The Transatlantic World, 87–95; über die deutsche Seite: Andreas Neumann, Gelehrsamkeit und Geschlecht. Das Frauenstudium zwischen deutscher Universitätsidee und bürgerlicher Geschlechterordnung (1865–1918). Stuttgart: Steiner, 2022.
12 Werner, The Transatlantic World, 233–235.
13 Waldemar Zacharasiewicz, Southern Alumni of German Universities. Fashioning a Tradition of Excellence. In: Die deutsche Präsenz in den USA. The German Presence in the U.S.A., hg. von Josef Raab und Jan Wirrer. Berlin: LIT, 2008, 539–560.

verantwortlich, der einst in Berlin studiert hatte und später amerikanischer Botschafter in Berlin wurde. Die breite Geltung der Columbia University ist nicht ohne die 43-jährige Präsidentschaft von Nicholas Murray Butler zu denken, einem der großen Vermittler zu deutschen Universitäten – so lange es die politischen Verhältnisse zuließen.[14]

Die Schaffung amerikanischer Universitäten, die die Studierenden im Land selbst zu Wissenschaftlern erziehen konnten, erwuchs nicht aus direktem institutionellem Transfer, sondern aus individuellen Erfahrungen in deutschen Laboratorien und Seminaren. Diese Erfahrungen bestanden vor allem in der Befreiung vom restriktiven Lernen im traditionellen Collegesystem, das im klerikal-puritanischen Geist wohl das Gentlemanideal förderte, die Befreiung zu unabhängigem Denken und eigener Identitätsfindung jedoch einschränkte. Eine Befreiung, welche Körper, Männlichkeit und männliche Gemeinschaft einbezog, stellte mitsamt ihrer Genderungleichheit einen Teil der Befreiung dar, die amerikanische Studenten an deutschen Universitäten erlebt, von der sie berichtet und oftmals geschwärmt haben.[15] Diese Befreiung hatte mittelbar mit der an deutschen Universitäten gerühmten und tatsächlich befolgten akademischen Freiheit zu tun, einem Privileg, das ausländische Beobachter angesichts der Hierarchisierung in diesem Land immer wieder erstaunt hat. Diese Freiheit definierte sich nicht im amerikanischen Sinn als Schritt zur Demokratie, materialisierte sich vielmehr in einer weitgehend auf intellektuellen und psychologischen Faktoren basierenden individuellen Freiheit.

In der wohl treffendsten Darstellung des Aufstiegs der amerikanischen Universität in der zweiten Hälfte des 19. Jahrhunderts hat der Soziologe Edward Shils kenntlich gemacht, dass diese Befreiung vielfach auch das Bedürfnis nach mehr Wissen und wissenschaftlichem Engagement bedeutete, jedoch bei vielen Rückkehrern aus Deutschland Enttäuschung über die wenigen Forschungseinrichtungen und das schwache Interesse an akademischer Arbeit hervorrief. Erst damit lasse sich die Bedeutung der Gründung von Johns Hopkins und der Einrichtung des Graduiertenstudiums an Yale, Harvard und anderen Universitäten nach 1875 voll ermessen.[16] Das traf sich in den folgenden Jahrzehnten mit der Intention

---

14 Breitere Einblicke im Band Universität der Gelehrten – Universität der Experten. Adaptionen deutscher Wissenschaft in den USA des neunzehnten Jahrhunderts, hg. von Philipp Löser und Christoph Strupp. Stuttgart: Steiner, 2005.

15 Konrad Jarausch, The Universities. An American View. In: Another Germany. Reconsiderations of the Imperial Era, hg. von Jack R. Dukes und Joachim Remak. Boulder/London: Westview, 1988, 181–206, bes. 185–189.

16 Edward Shils, The Order of Learning in the United States from 1865 to 1920. The Ascendency of the Universities, in: Minerva 16 (1978), 159–195, hier 171; ders., Die Beziehungen zwischen deutschen und amerikanischen Universitäten. In: Deutschlands Weg in die Moderne. Politik, Gesellschaft und Kultur im 19. Jahrhundert, hg. von Wolfgang Hardtwig und Harm-Hinrich Brandt. München: Beck, 1993, 185–200; Daniel Fallon, German Influences on American Education. In: The German-

von Verantwortlichen, diese Einrichtungen zu schaffen und die Talente selber zu nutzen. Shils setzt hinzu, dass zum Unterschied zu Deutschland, wo zwischen 1880 und 1900 eine enge Kooperation zwischen Industrie und Hochschulen entstand, Forschung und Wissenschaft von der amerikanischen Industrie kaum in die Geschäftsplanung eingespannt wurden.[17] Industrielle setzten auf Technik und Erfindungsgeist; Basisforschung verblieb bei Universitäten – wenn sie diese denn aufnahmen.

Das kristallisierte sich in dem viel beschworenen Forschungsimperativ, der in deutscher Färbung mit den jungen Aspiranten nach Amerika wanderte. Was die Studierenden in engen Studierstuben in Göttingen, Heidelberg, Leipzig oder Berlin und in den angespannten Seminaren der Professoren als konstante Feuertaufe erlebten und verinnerlichten, sorgte für die Antriebe. Den angehenden Akademikern verhalf die Befreiung zur Selbsterfahrung in dem oft peinvollen Studium dazu, das Forschen selbst zu einem Habitus zu entwickeln. In der Handhabung des Forschungsimperativs dürfte die erfolgreiche Forschungsmentalität in den USA ihre Richtung gefunden haben. Ohne die Einseitigkeiten zu bagatellisieren, stellt Shils diesen im Begriff des Fachmenschentums konzentrierten Habitus ins Zentrum professioneller Wissenschaftsarbeit. Mit ihm konnten Amerikaner die Collegeerziehung, die über gehobenen Dilettantismus selten hinausging, hinter sich lassen. In Shils' Worten: „Spezialisierung hatte einen starken moralischen Unterton. Sie bedeutete kein Tändeln, kein Schlappwerden, die Aufgabe bewältigen. Sie wehrte falschen Stolz und Allwissenheit ab."[18]

Letztere Konsequenz war allerdings, wie Shils wohl wusste und an anderer Stelle behandelte, bei deutschen Professoren keineswegs die Regel. Die amerikanischen Studierenden erfuhren häufiger, als sie es wollten, dass diese in ihren Kenntnissen beeindruckenden Vertreter der Wissenschaft eine Mentalität des Nationalstolzes und der Allwissenheit entwickelten, die befremdete. Nach der Jahrhundertwende mehren sich die Zeugnisse, dass die Darbietung der Wissenschaften in Deutschland zunehmend von einem „wilhelminischen Gelehrten-Nationalliberalismus" eingebettet wurde, der die Ausländer abstieß.[19]

Dieser Erfahrung fühlten sich amerikanische Wissenschaftler zum ersten Mal gründlich auf dem großen „International Congress of Arts and Sciences" ausgesetzt, der aus Anlass der Weltausstellung 1904 in St. Louis organisiert wurde und

---

American Encounter. Conflict and Cooperation between Two Cultures, 1800–2000, hg. von Frank Trommler und Elliott Shore. New York/Oxford: Berghahn, 2001, 77–87.

17 Shils, The Order of Learning, 167.
18 Shils, The Order of Learning, 186.
19 Trommler, Negotiating German „Kultur" and „Wissenschaft" in American Intellectual Life. In: New Perspectives on German-American Educational History. Topics, Trends, Fields of Research, hg. von Jürgen Overhoff und Anne Overbeck. Bad Heilbrunn: Klinkhardt, 2017, 83–103.

das Ziel hatte anzuzeigen, dass amerikanische Wissenschaft auf dem Weltniveau angekommen sei. So jedenfalls verstanden die Gastgeber den großen Aufwand, der um die Beteiligung namhafter europäischer Wissenschaftler gemacht wurde. Die meisten dieser Wissenschaftler hatten zugesagt, weil sie die Gelegenheit ergreifen wollten, auf diese Weise die Vereinigten Staaten kennenzulernen. In der Tat entsprangen ihren Reiseeindrücken zahlreiche Berichte, die alle, einschließlich der von Max Weber und Werner Sombart, kaum über kurze Beobachtungen von Land und Leuten hinausgingen, auch wenn sie, wie Weber und Sombart, weitreichende Feststellungen über Kapitalismus, Moderne und amerikanische Religiosität anschlossen.[20]

Auf der prestigeorientierten Konferenz, die von dem deutschen Harvard-Psychologen Hugo Münsterberg maßgebend mitorganisiert wurde, erfuhren die deutschen Wissenschaftler – unter ihnen Weber, Sombart, Ernst Troeltsch, Wilhelm Ostwald, Ferdinand Tönnies, Karl Lamprecht und mehrere Naturwissenschaftler – keineswegs die Beachtung, die sie erwartet hatten, während sich die amerikanischen Wissenschaftler von deren Wichtigtuerei abgestoßen fühlten, weil sie richtig deuteten, dass sie von deutscher Seite keineswegs die erhoffte Anerkennung erhielten. Brachte die Weltausstellung den deutschen Vertretern von Design und Kunstgewerbe, wie noch zur Sprache kommen wird, eine erste internationale Anerkennung, verkehrte sich das Bild der deutschen Wissenschaft durch das arrogante Auftreten ihrer Vertreter ins Negative.[21] Selbst Abraham Flexner, der beste amerikanische Kenner und einflussreichste Fürsprecher des deutschen Universitätssystems bis in die dreißiger Jahre, machte kein Hehl daraus, dass der Abstieg dieses Systems bereits vor dem Ersten Weltkrieg begonnen habe. Das machte dann der Wissenschaftshistoriker Fritz Ringer mit dem viel zitierten Werk *The Decline of the German Mandarins* (1969) eingängig, in dem er die deutschen Professoren mit dem aus der chinesischen Bürokratie entlehnten Begriff der Mandarine charakterisierte.

---

20 Ralf Roth, Amerika – Deutschland. Folgen einer transatlantischen Migration, in: Historische Zeitschrift 281 (2005), 649–657. Roth wertet auch Webers viel zitierte Studie *Die protestantische Ethik und der Geist des Kapitalismus* als Produkt relativ oberflächlicher Beobachtungen und verweist auf Webers eigene Warnung vor einer „Überschätzung der Bedeutung dieser Darstellung", denn er sei ein „Nichtfachmann" und ein endgültiges Urteil stehe „den Fachmännern" zu (654).

21 Der wissenschaftliche Kongress in St. Louis ist kontextualisiert in der umfassenden Untersuchung von Charlotte A. Lerg, Universitätsdiplomatie. Wissenschaft und Prestige in den transatlantischen Beziehungen 1890–1920. Göttingen: Vandenhoeck & Ruprecht, 2019, 161–187.

4. *Kultur* als Aufholprozess

Technology und *efficiency* als Garanten der Nation

Higginson hatte noch mehr als Wissenschaft gemeint. Als der bekannte amerikanische Geistliche nach dem Bürgerkrieg unter dem Titel „A Plea for Culture" im *Atlantic Monthly* seine Vision der großen ideellen und kulturellen Aufbauanstrengungen ausbreitete, die eingesetzt werden müssten, damit die Vereinigten Staaten als Nation zu den anderen Nationen aufschließen konnten, hob er den Aufbau von Universitäten als notwendig hervor, lenkte darüber hinaus den Blick aber darauf, dass ein solches Aufholen noch breiter in den vielen Ausprägungen der Kultur und ihrer Institutionen geschehen müsse: „Wesentlich ist, dass wir als Nation den Wert aller Kultur anerkennen und sie entschlossen unseren Institutionen anverwandeln."[1] Derartige Plädoyers wurden in vielerlei Formen geliefert, unter denen die Reiseberichte aus Europa eine gewichtige Rolle spielten, zumal sie hauptsächlich von Angehörigen der gehobenen Bürgerschichten stammten, die bestrebt waren, ihrem durch Industrie und Handel stetig wachsenden Wohlstand öffentliche Anerkennung zu verschaffen.

Dass 20 Jahre später der berühmteste britische Vertreter dieser Kulturideologie, Matthew Arnold, auf seiner Reise durch die USA mit großem Aufwand gefeiert wurde, ist kaum verwunderlich. Arnolds von Goethe inspirierte Programmatik setzte der Kultur das Ziel absoluter Perfektion; sie sei Aktivität, nicht bloß eine Anhäufung von Kenntnissen; und sie stelle ein Instrument gesellschaftlicher Verbesserung dar. Aktivität hieß forschen, lernen, lehren. Gesellschaftliche Verbesserung schloss Statuserhöhung ein, ermöglichte die Entstehung einer intellektuellen Klasse.

In seiner brillanten Studie *Highbrow/Lowbrow* (1988) hat Lawrence Levine die Hierarchisierung der Kultur hin zur höheren Kultur dargelegt, die dem amerikanischen Bürgertum die Instrumente verschaffte, seinen wirtschaftlichen Aufstieg öffentlich auszustellen: mit Museen, Konzerthallen, Stadtparks, Theaterbauten und anderen Monumenten, die europäischen Städten Flair und Distinktion verliehen.[2] Insofern sich darin nicht nur kultureller Transfer, sondern Transfer von Kultur, genauer des im 19. Jahrhundert besonders in Frankreich und Deutschland entwickelten Konzepts von höherer Kultur manifestierte, ging damit ein Statusdenken einher, das sich von der traditionellen Höherstellung angelsächsischer Traditionen unterschied. Ihm haftete, wie es Walt Whitman anprangerte, Importcharakter an,

---

1 Higginson, A Plea for Culture, 33.
2 Lawrence W. Levine, Highbrow/Lowbrow. The Emergence of Cultural Hierarchy in America. Cambridge, MA: Harvard University Press, 1988.

doch wusste auch der Sänger der amerikanischen Demokratie, dass die Zeitgenossen mit dieser Ausrichtung den Status Amerikas im Reigen der großen Nationen voranbrachten. England und Frankreich ließen sich in diesem Reigen nicht einholen, die Deutschen machten deutlich, dass sie sich trotz Beethoven und Goethe und Bismarck um ihre Identität bemühen mussten – ein Plädoyer für die ostentative Erhöhung der Kultur, die sie eifrig betrieben und von der sie die anderen wissen ließen.

Nicht zufällig gelangte in den achtziger Jahren das Wort *highbrow* als Ausdruck für „intellektuelle oder ästhetische Überlegenheit" in die amerikanische Umgangssprache, dem, wie Levine anführte, nach 1900 *lowbrow* folgte. Ein Großteil der kulturellen Gründungen in den größeren Städten des Landes, von New Yorks Philharmonic Orchestra und Metropolitan Opera bis zu den Kunstmuseen, die bis heute ihr Renommee pflegen, geschah in jenen Jahren. Bei der Errichtung repräsentativer Bauten wandte man sich vom (republikanischen) Klassizismus häufig dem üppig-wirkungsvollen Beaux-Arts-Stil zu. Zur Zeit der Weltausstellung 1876 gestaltete Philadelphia, der Geburtsort der amerikanischen Demokratie und Repräsentationsort von Industrie und Bürgertum, den Benjamin Franklin Parkway, der die Stadtmitte mit dem Ausstellungsgelände verbindet, ganz nach dem Pariser Vorbild Champs-Élysées und Place de la Concorde.

Diese Orientierung an den europäischen Kulturformen bestimmte den repräsentativen Teil der Weltausstellung 1893, die in Chicago, dem modernen Zentrum im Mittleren Westen, vor der Welt das neue Selbstbewusstsein der Nation zur Schau stellen sollte. Als Chefplaner zeichnete der Architekt Daniel Burnham verantwortlich. Ihm lag am Herzen, Amerika als Erbe der großen griechischen Demokratie mit einer Vielzahl von Säulenbauten zu profilieren, die sich um einen eindrucksvollen Ehrenhof gruppierten – alles möglichst imposant, weiß und marmorfarben, der Vision der Veranstalter von weißer Dominanz entsprechend, ohne Berücksichtigung der Schwarzen und mit nur marginalem Einbezug der Frauen. Allerdings erfuhr das, was als *The White City* tituliert wurde, bei den Millionen Besuchern und Besucherinnen weniger Bewunderung als die große Lichtinszenierung, die sich am Abend entfaltete. Der Ruhm dieser Weltausstellung gebührte, nach allen Berichten zu urteilen, dem Umgang mit der neuen Technik der Elektrifizierung, die mit einer überwältigenden Lichtfülle die gefeierte Lichtinszenierung der Pariser Weltausstellung 1889 übertraf und die Überlegenheit der amerikanischen Elektrifizierung aller Welt vor Augen führte.

Dem zollten auch die europäischen Besucher Reverenz. Sie übersahen allerdings nicht die gemischte Botschaft, insofern sich die Vereinigten Staaten offiziell als Erbe der griechischen Demokratie inszenierten, dagegen wirkliche Anerkennung in der Welt für ihre Meisterung der modernen Technik erlangten. Die Besucher, die den Fortschrittsentwurf Amerikas suchten, hielten mit ihrer Irritation angesichts der klassizistischen Architektur nicht zurück. Der Wiener Architekt Adolf Loos

Abb. 2 Court of Honor, Architekt Daniel Burnham, Weltausstellung Chicago 1893

verhehlte nicht sein Missvergnügen darüber, zur Weltausstellung gefahren zu sein, in den dortigen Bauten jedoch nichts spezifisch Amerikanisches gefunden zu haben. Er sei schleunigst in die Innenstadt Chicagos geeilt und habe das moderne Element in den Bürobauten von Louis Sullivan gefunden. Sullivan wurde sein Lehrmeister, von ihm stammte die Feststellung, dass die Columbian Exhibition – die Chicagoer Weltausstellung – die amerikanische Architektur um Jahrzehnte zurückgeworfen habe.³

Auf Sullivans Voraussage wird zurückzukommen sein. Loos warnte vor dem Beharrungsvermögen der in einem national-repräsentativen Rahmen entworfenen architektonischen Formen, die sich von der scheinbar nackten Erscheinung technischer Nutzgebilde unterschieden. Solche sachlichen Formen fand Loos im Zentrum Chicagos. In Sullivans Hochhäusern gewann eine Nüchternheit Gestalt, die von ausländischen Modernisten goutiert wurde, in welcher die Einheimischen jedoch Rang und Glorie der amerikanischen Nation nicht reflektiert fanden. Das war nicht, was Higginson meinte. Die Säulen der Weißen Stadt verkörperten dagegen ein Prestigedenken, das zu dieser Zeit in vielen Ländern die Norm für Architektur bildete. Populär waren die Variationen der Klassik- und Beaux-Arts-Stilformen,

---

3 Miles Orvell, The Real Thing. Imitation and Authenticity in American Culture, 1880–1940. Chapel Hill, NC: University of North Carolina Press, 1989, 60.

welche Allerwelts-Verwaltungsgebäuden kulturelles Profil verschafften. Die immer häufiger errichteten Hochhäuser gewannen mit gotischen Ornamenten ästhetische Würde.

Dass ein solcher kultureller Pflicht- und zugleich Kürlauf bereits in den neunziger Jahren in einem theoretischen Werk eine erhellende Darstellung erfuhr, ist dem Sozialkritiker und Wirtschaftsexperten Thorstein Veblen zu verdanken, der mit dem Buch *The Theory of the Leisure Class* 1899 sein Debüt als Provokateur der herrschenden Klasse gab. Bevor sich Veblen auf Wirtschaft und Technik konzentrierte, lieferte er ein sarkastisches Porträt der amerikanischen Bürgergesellschaft, die mit Prestigeprojekten und Wegwerfmentalität ihren höheren Status behauptete. Das Buch war die erste Analyse der modernen Gesellschaft, in welcher der Habitus bestimmter Schichten, ihre Haltung zu Wirtschaft, Kultur und Arbeiterklasse zum Kriterium ihrer sozialen Stellung herausgearbeitet wurde. Ironisch unterlegt, definierten nicht Klassenkampf und Profitdenken, sondern die Abstinenz von Industrie und Arbeit die höhere Stellung als *leisure class*. Mit der Formel von *conspicuous consumption*, dem auffälligen Konsumgebaren, traf Veblen ins Schwarze des Wirtschaftsverhaltens, das die Erzeugung von Prestige in den alltäglichen Kaufmodus einbringt. Dieser Aspekt seiner Analyse hat aktuelle Bedeutung bewahrt, gefolgt von der Einschätzung von Kultur weniger im ästhetischen Modus als im Modus ihrer Vermittlung von Prestige und Status. Dabei bediente sich Veblen unverblümt der europäischen Auffassung von Kultur als höherer Kultur, ohne in dem Buch auf europäische Verhältnisse einzugehen.

Veblen, der am Beginn des 20. Jahrhunderts wohl bedeutendste amerikanische Theoretiker der Technik, ließ in diesem Band Technik nur in Form maschineller Produktion auftreten, die bei der Unterklasse wegen der Perfektion ihrer Produkte mehr geschätzt werde als die eher handwerkliche Herstellung der von der Oberklasse geschätzten Objekte. Veblens zentrales Interesse galt, worauf das vielgebrauchte Wort *habitual* hindeutet, dem in Kultursponsoring und Konsumption manifestierten Habitus als Identitätsträger der Oberschicht. Er erhielt diese Definition flexibel, indem er das überlieferte Verhalten der Oberen von dem neueren des Mittelstands, der *middle class*, abhob.

Allerdings ließ Veblen in seinem analytischen Instrumentarium, wenn er die Technik als Kern des industriellen Fortschritts herausstellte, dem Moment des Habitus nur insofern Raum, als es in seinem Konzept des Arbeitsethos (*ethics of work*, *workmanship*) enthalten ist. Seine ausgreifende Studie zu Industrie, Produktion und Geschäftspraktiken, *The Instinct of Workmanship and the State of the Industrial Arts* (1914), gründet zwar, wie der Titel andeutet, auf diesen Faktoren, lässt jedoch, wie auch seine anderen Schriften, keinen Zweifel am zentralen Status von Rationalität und Rationalisierung im Prozess industriellen Fortschritts. Als prägend definierte Veblen den Konflikt zwischen der sozial dynamisierenden Technik und dem Widerstand gesellschaftlicher Institutionen. Während er der Technik die positive

Mission der Befreiung des Individuums zuschrieb und als Verhalten die nüchterne Rationalität herausstellte, mit der er Ingenieure als ideale Gestalter der Gesellschaft inthronisierte, verwarf er die *leisure class* in ihrem verschwenderischen Konsum und ihrer Jagd nach Prestige.

Als Theoretiker der Technik folgte Veblen der Gewohnheit, *culture* als höhere, europäisch definierte Kultur nicht mit *technology* zu verbinden. Dabei ist zu berücksichtigen, dass der Begriff *technology* im englischen und amerikanischen Gebrauch keineswegs die Reichweite des deutschen Wortes Technik besaß.[4] *Technology* meinte Studium und Untersuchung der *„industrial arts"*, wie es im Namen des 1861 gegründeten Massachusetts Institute of Technology erscheint, nicht das Objekt *„industrial arts"* selbst. Eric Schatzberg hat in seiner Studie „Technik Comes to America" dargelegt, dass es Jahrzehnte dauerte, bis der Begriff *technology* auch *„industrial arts"* einschloss, das heißt das, was im deutschen Verständnis das Wort Technik erfasst. Noch Veblen bediente sich des altmodischen Begriffs *„industrial arts"*, um die materielle Breite des von ihm angestrebten Technikbegriffs nach deutschem Verständnis in seine Argumentation einzubauen. Ihm schreibt Schatzberg ganz wesentlich das Verdienst zu, am Beginn des 20. Jahrhunderts in den USA dem Begriff *technology* größere Fassungskraft für Technik verschafft zu haben. Dabei sei Veblen mit der ausgedehnten, stark philosophisch und soziologisch geprägten deutschen Diskussion (Gustav Schmoller, Georg Simmel, Max Weber, Werner Sombart) vertraut gewesen. Der theoretischen Reife des deutschen Technikdiskurses um die Jahrhundertwende stehe auf amerikanischer Seite ein dürftiger Diskurs gegenüber.[5] Vor dem Ersten Weltkrieg sei es Veblen und in den zwanziger Jahren Charles Beard zu verdanken, dass *technology* im intellektuellen Haushalt des Landes nicht nur als Manifestierung des Fortschritts, sondern weit darüber hinaus als Initiator historischer Wandlungen verstanden und mit moralischem Fortschritt und Demokratisierung assoziiert werden konnte.[6]

Das lange Zeit eng definierte Verständnis von *technology* in Amerika kontrastiert mit dem breiteren, Kultur einbeziehenden Technikdiskurs in Europa. Besonders ausgeprägt waren die französischen Debatten über das Verhältnis von Kunst und

---

4 Das deutsche Wort *Technologie* geht auf den Begründer des Faches, Johann Beckmann (1739–1811), in Göttingen zurück, machte im 19. Jahrhundert jedoch dem Wort *Technik* Platz. (Guido Frison, Some German and Austrian Ideas on *Technology* and *Technik* between the End of the Eighteenth Century and the Beginning of the Twentieth, in: History of Economic Ideas 6, 1998, 108.) Im modernen Sprachgebrauch meint *Technologie* im Allgemeinen technische Verfahren, auch Gesamtheit der technischen Prozesse in einem Fertigungsbereich.
5 Eric Schatzberg, Technik Comes to America. Changing Meanings of Technology before 1930, in: Technology and Culture 47 (2007), 486–512, hier 496.
6 Charles A. Beard, Time, Technology, and the Creative Spirit in Political Science, in: American Political Science Review 21 (1927), 4–5.

Industrie, die anlässlich der Weltausstellungen regelmäßig aufflammten und den technischen Fortschritt reflektierten. Amerikanische Debatten hefteten sich, wie Leo Marx und John Kasson klargemacht haben, stark an den Kontrast von Technik und Natur, in dem sich ein tiefgreifender nationalhistorischer Begriff der amerikanischen Natur manifestierte, der die demokratische Erzählung einbezog. Angesichts der wachsenden Präsenz der Technik, die eine neuartige wirtschaftliche Expansion mit sich brachte und Anerkennung verlangte, ließ sich dieser Kontrast nur schwer aufrechterhalten. Trotz der Berufung darauf, dass sich im technischen Fortschritt die Nation neu konstituiere, traten lautstarke Kritiker auf den Plan, die den Abschied von Natur und traditionellem Leben moralisch verurteilten.[7] Während die meisten amerikanischen Schriftsteller und Maler um den Status ihres Metiers besorgt waren und sich im Allgemeinen von Technikthemen fernhielten, entstanden auch beeindruckende Darstellungen von Industrie und Maschine, die mit europäischen Werken wetteiferten. So lassen sich die berühmt gewordenen Gemälde von John Ferguson Weir *The Gun Foundry* (1866) und *Forging the Shaft* (1867) künstlerisch und ideell mit Adolph Menzels *Eisenwalzwerk* von 1875 vergleichen, alles eindrucksvolle Beschwörungen der neuartigen Maschinengewalt.[8]

Jedoch wäre es unangebracht, diese ästhetischen Manifestationen der Technikfaszination in den USA als Zeugnisse für den Einbezug von *technology* in das europäisch geformte Verständnis von (Hoch-)Kultur zu etikettieren. Sie verstanden sich als Teil der Akkulturation an den technischen Fortschritt, der seine eigene (amerikanische) Geschichte und seinen eigenen Diskurs besaß, in dem sich die neuen Erfahrungen sprachlich und symbolisch manifestierten. In seiner Untersuchung amerikanischer Unterhaltungsliteratur, die in der Darstellung von Technik und Geschäften amerikanische Identitätsformeln lieferte, hat Frank Kelleter anhand von William Dean Howells' Bestseller *The Rise of Silas Lapham* (1885) die Bemühung aufgezeigt, die traditionellen Modelle nationalen Selbstverständnisses mit der ökonomischen Modernisierung des Landes in Austausch zu setzen. Kelleter schloss an die Studien von Leo Marx und Kasson über die Bemühungen an, die eingefahrenen Erzählungen des amerikanischen Republikanismus mit dem technischen Fortschritt zu verknüpfen.[9]

Solche Bemühungen wurden allerdings bald von dem bahnbrechenden Entwurf einer sozialistischen Gesellschaft in den Schatten gestellt, den der relativ unbekannte

---

7 Leo Marx, The Machine in the Garden. Technology and the Pastoral Ideal in America. London/New York: Oxford University Press, 1964.

8 Über Weir siehe John F. Kasson, Civilizing the Machine. Technology and Republican Values in America, 1776–1900. New York: Grossman, 1976, 167–171.

9 Frank Kelleter, „We never cared for the money". Geld und die Frage kultureller Identität in transatlantischer Perspektive. In: Amerika und Deutschland. Ambivalente Begegnungen, hg. von Frank Kelleter und Wolfgang Knöbl. Göttingen: Wallstein, 2006, 30–53.

Romancier Edward Bellamy in seinem Bestseller *Looking Backward: 2000-1887* (1888) publizierte. Dieses bald zu einer Millionenauflage gelangte Buch lieferte dem breiten Publikum eine beflügelnde Vision der kommenden technischen und davon getragenen gesellschaftlichen Entwicklungen. Der einprägsam als Zeitreise zum Jahr 2000 geschriebene Roman wurde zu einer Bibel des amerikanischen Fortschrittsenthusiasmus, in der sich die nicht kulturorientierten europäischen Quellen, besonders das von Karl Marx inspirierte sozialistische Gesellschaftsmodell, mit amerikanischem Denken über Kooperation und Gemeinschaft vermischten. Während August Bebels wegweisende, Utopisches einbeziehende Schrift *Die Frau und der Sozialismus* (1879, engl. 1885) als revolutionäre Gegenerklärung gegen den Bismarck-Staat zunächst verboten wurde, konnte Bellamy mit den davon empfangenen Anregungen einen gewichtigen Teil der Fortschrittsfantasie seiner Landsleute ausstaffieren.

Wie erwähnt, hielt Veblen den Begriff *technology*, auch wenn er ihn ausweitete, von seinen Erörterungen über (höhere) Kultur fern. In seinem Werk zeichnet sich die amerikanische Faszination für Technik im Rahmen eines Fortschrittsverständnisses ab, das sich von der kulturell basierten Auffassung von Moderne und Modernität, die in Frankreich, Belgien, Deutschland und anderen Ländern vorherrschte, lange Zeit fernhielt. Das technisch basierte Fortschrittsdenkens in Amerika griff kaum zum ästhetischen Modernebegriff hinüber, der sich in Europa durchsetzte und Kunst und Kultur vielfach umformte.

In diesem Kontext lassen sich zwei Entwicklungen klarer profilieren: 1) das Festhalten der Amerikaner an viktorianisch-traditionellem Geschmack in städtischer Architektur und häuslichem Design bis in die zwanziger Jahre und die nur zögernde Adaption des europäischen, stark ästhetisch bestimmten Modernismus, für den die Etablierung des New Yorker Museums of Modern Art 1929 ein weithin wirksames Signal setzte; 2) die in Europa vor dem Ersten Weltkrieg wachsende Faszination für die amerikanische Handhabung von Technik als praktikablem Instrument der Beschleunigung, Vereinfachung, Effizienzmachung, eine kulturell nicht modifizierte Handhabung der technischen Materie, deren Fortschrittspotenzial ohne Weiteres erkennbar ist. Auch diese Entwicklung gewann erst nach dem Krieg volle Beachtung, als Deutsche die kulturell unverpackte Auffassung von Technik, ihre unverhüllte Erscheinungsform als Erzeuger von Effizienz und Funktionalität, in dem geschlagenen Land als geeignetes Vehikel verstanden, dessen Wiederaufstieg zu bewerkstelligen. Insofern man für diese Erscheinungsform von Technik aus der Modernitätskultur keinen speziellen Begriff zur Verfügung hatte, setze man das Phänomen mit Amerika gleich, etikettierte die amerikanisch geprägte ‚nackte' technische Praxis als zugleich fremd und zwingend mit dem Begriff Amerikanismus.

Während die erstere Entwicklung einer breiteren Erklärungsbasis bedarf, die in späteren Kapiteln geliefert wird, soll hier zunächst das Phänomen Amerikanismus skizziert werden, insofern es zu Beginn des 20. Jahrhunderts mit dazu beitrug, die ideell-intellektuelle Gewichtung zwischen den beiden Kontinenten aus ihrer Europaneigung in die Richtung eines Gleichgewichts zu bewegen. Der zunehmend auf Technik, Industrie und Geschäft zielende Amerikabegriff verdrängte um 1880 das in Europa vorwiegend an Demokratie orientierte Verständnis der Vereinigten Staaten, dem Alexis de Tocqueville mit dem großen Werk *De la démocratie en Amérique* (1835) die unübertroffene Basis geliefert hatte. Der neue Amerikabegriff lieferte Zündstoff für provozierende Einschätzungen der machtvollen Parole AMERIKA, die die Fantasie der Auswanderungswilligen ebenso beflügelte wie die Polemik der Kulturwächter.[10]

Allerdings antwortete ihr aufseiten der breiteren Bevölkerung und selbst der Gebildeten nicht allzu viel Bereitschaft, genauere Kenntnisse über die USA erlangen zu wollen. Georg Kamphausen ist so weit gegangen, der *Erfindung Amerikas in der Kulturkritik der Generation von 1890* ein ganzes Buch zu widmen.[11] Das wird dem nach 1900 zunehmenden Informationsfluss, verglichen mit dem früheren 19. Jahrhundert, wohl nicht gerecht. Ihm hat in seiner dominierenden Form des Reiseberichts[12] Alexander Schmidt eine ausführliche Studie gewidmet und eine beträchtliche Breite bescheinigt, während Ralf Roth, wie erwähnt, seine Oberflächlichkeit – das heißt Gleichförmigkeit im Suchen und Finden der bekannten Klischees – selbst bei bekannten Wissenschaftlern wie Max Weber und Werner Sombart deutlich macht. In einem hat Kamphausen sicherlich recht, wenn er mit dem Wort von der Erfindung Amerikas die Feststellung von Visser 't Hooft aufnimmt, dass Europa von seinem eigenen Bild Amerikas viel stärker beeinflusst werde als von Amerika selbst. Kamphausen erwähnt das Interesse der Gruppe deutscher Wissenschaftler, die an dem mit der Weltausstellung in St. Louis 1904 verbundenen Kongress teilnahmen, beharrt aber nicht ganz zu Unrecht auf dem

---

10 Peter Bergmann, The Specter of *Amerikanisierung*, 1840–1990. In: American Culture in Europe. Interdisciplinary Perspectives, hg. von Mike-Frank G. Epitropoulos und Victor Roudometof. Westport, CT: Praeger, 1998, 67–89. Eine differenzierende Analyse des deutschen Technik- und Amerikadiskurses im 19. Jahrhundert bei Volker Depkat, The Birth of Technology from the Spirit of the Lack of Culture. The United States as ‚Land of Technological Progress' in Germany, 1800–1850. In: Technologie und Kultur, 23–53.

11 Georg Kamphausen, Die Erfindung Amerikas in der Kulturkritik der Generation von 1890. Weilerswist: Velbrück, 2002.

12 Alexander Schmidt, Reisen in die Moderne. Der Amerika-Diskurs des deutschen Bürgertums vor dem Ersten Weltkrieg im europäischen Vergleich. Berlin: Akademie, 1997; Alexander Schmidt-Gernig, Zukunftsmodell Amerika? Das europäische Bürgertum und die amerikanische Herausforderung um 1900. In: Das Neue Jahrhundert. Europäische Zeitdiagnosen und Zukunftsentwürfe um 1900, hg. von Ute Frevert. Göttingen: Vandenhoeck & Ruprecht, 2000, 79–112.

langwährenden Desinteresse der deutschen Historiker sowie der Gleichgültigkeit der Bevölkerung gegenüber den Realitäten des Landes.[13]

Das Desinteresse an genauer Kenntnis der Vereinigten Staaten widerspricht nicht der intensiven Wahrnehmung dessen, was als Amerikanismus zirkulierte, im Gegenteil: Gerade die Fixierung auf die „amerikanische", von Nützlichkeit und Effizienz bestimmte Behandlung von Technik gewinnt in ihrer Ablösung von amerikanischen Realitäten ihre Durchschlagskraft. Zu dieser psychologisch abzuleitenden Konstellation gehört wohl auch ein Großteil der teilweise schrillen Warnungen vor der „amerikanischen Gefahr", die nur selten auf tatsächlichen Untersuchungen der transatlantischen Konkurrenz basierten. Als dann um 1910 von den USA eine Effizienztheorie mit wissenschaftlichem Anspruch über den Atlantik nach Europa drang, bestärkte das die Tendenz, Amerikanismus als System zu konstruieren und positive wie negative Intentionen hineinzuprojizieren.

Die Effizienztheorie, mit dem Wirken des Ingenieurs Frederick Winslow Taylor und seinem „*scientific management*" verbunden, blieb in den Vereinigten Staaten nach 1900 keineswegs Theorie. Sie bewirkte eine Straffung des betrieblichen Managements, das durch „*efficiency experts*" eine scheinbar wissenschaftlich begründete größere Wirtschaftlichkeit erzielen sollte, allerdings vor dem Ersten Weltkrieg nur in sehr wenigen amerikanischen Firmen systematisch zum Einsatz kam.[14] Die meisten Manager fanden Taylors Programm der intensiven Produktivitätsstudien und minutiös detaillierten Arbeitsvorschriften viel zu kompliziert. Erst in den zwanziger Jahren, als das Programm modifiziert wurde, installierten Taylors Anhänger mehr davon, achteten mehr auf die Reaktionen der Arbeiter und zogen einen Teil der Gewerkschaften, die Taylor für überflüssig erklärt hatte, auf ihre Seite.

Insgesamt entsprang Taylors amerikanischer Ruhm nach 1910 weniger seinen Technikvorschriften als der durch seinen Anspruch auf Wissenschaftlichkeit angetriebenen Publizitätswelle, mit welcher Presse und Konsumgüterindustrie Effizienz zum Kernmoment gegenwärtigen Fortschritts propagierten – in einer Steigerung des Technikenthusiasmus, die bis in die letzten Winkel des Alltags- und Berufslebens hineinwirkte. Unter dem Schlagwort „*efficiency*" gewann der Drang zu Leistungsfähigkeit und Wirtschaftlichkeit sowohl im Gebrauch technischen Instrumentariums als auch in der Beschleunigung der Alltagsverrichtungen zentrale Bedeutung. Das „*efficiency movement*" war die treibende Kraft in der rapiden wirtschaftlichen und sozialen Entwicklung der USA vor dem Ersten Weltkrieg.

---

13 Über die Apperzeptionsverweigerung der deutschen Intelligenz gegenüber Amerika allgemein siehe Manfred Henningsen, Der Fall Amerika. Zur Sozial- und Bewußtseinsgeschichte einer Verdrängung. Das Amerika der Europäer. München: List, 1974.

14 Robert Kanigel, The One Best Way. Frederick Winslow Taylor and the Enigma of Efficiency. New York: Viking, 1997.

Sein Motto „*A million dollars a day!*" bezog sich auf ein Gerichtsurteil, das dem berühmten Anwalt Louis Brandeis gegen eine Eisenbahngesellschaft recht gab, nachdem Taylor als Zeuge bestätigte, dass die Gesellschaft mit seinem System diesen Betrag pro Tag einsparen würde. Efficiency Societies wurden unter Namen wie *Efficiency in High Schools*, *Efficiency in Home Making*, *Efficient Composition*, *Intellectual Efficiency* und sogar *Efficiency in Religious Work* gegründet. Für Cecilia Tichi in ihrem grundlegenden Werk *Shifting Gears. Technology, Literature, Culture in Modernist America* (1987) steht das *efficiency movement* deshalb im Mittelpunkt der Gesellschaftsgeschichte vor dem Ersten Weltkrieg, insofern die maschinenbasierte Beschleunigung menschlichen Verhaltens die amerikanische Gesellschaft tatsächlich umgeformt habe.[15]

Die Effizienzbewegung entwickelte zu Beginn des Jahrhunderts eine solche Dynamik, dass in ihrem Sinne selbst Amerikaner von *Americanism* sprachen und damit Dienst am Fortschritt als (nationalen) Dienst an Technik, Rationalität, Beschleunigung verstanden. Veblen gehörte zu den Vertretern dieser Bewegung. In seinem früh entwickelten Technikenthusiasmus lassen sich bereits die Argumente erkennen, die ihn später zu einem Anführer der Technokratiebewegung gemacht haben. Seine Erhöhung des Ingenieurs zum Schöpfer einer rationalen, effizienten Gesellschaft ging weit über die gleichzeitige Auffassung der Deutschen vom Ingenieur hinaus, die ihn zwar schätzten, aber unpolitisch als Verkörperung sachlichen und fachlichen Verhaltens verstanden. Veblens Erhöhung des Ingenieurs war mit der Abwertung der Geschäftsleute gepaart, die mit ihrem kurzsichtigen Festhalten am *price system*, das heißt ihrer ineffizienten Form des Wirtschaftens, die Gesellschaft ruinierten (*The Engineers and the Price System*, 1921).

Veblens Technikbegriff *(technology)* schloss auch das *Efficiency*-Denken ein. Allerdings wandte sich Veblen dagegen, wenn Effizienz nur zur Erhöhung der Profite durchgesetzt werde. Nicht Sozialismus war sein Ziel, sondern die Herrschaft der Ingenieure. Mit ihm fühlten sich viele Beobachter von der Mechanisierung der Arbeitsvorgänge sowohl stimuliert als auch herausgefordert und stellten die willkürliche Manipulation der Arbeitermassen in den wachsenden Industriestrukturen bloß. Sie bildeten eine wichtige Fraktion der Bewegung des *Progressivism*, der im Allgemeinen *efficiency* befürwortete. Ihre Argumentation bezog sich auf die materiellen Gegebenheiten. In ihnen sah man die Triebkräfte für die Reform der Gesellschaft, das heißt ihrer kapitalistischen Verfassung. Um ihre Dynamik zu erhalten und weiter vom technischen Fortschritt bewegt zu sehen, musste die Reform politische Antriebe in Bewegung setzen. Hierfür musste die Demokratie

---

15 Cecilia Tichi, Shifting Gears. Technology, Literature, Culture in Modernist America. Chapel Hill/London: University of North Carolina Press, 1987, bes. 75–96.

erneuert und eingesetzt werden. Von einer Kodierung im Ästhetischen, die der sozialen Reformbewegung zu Beginn des Jahrhunderts in Deutschland ihre kulturelle Dynamik verschaffte, konnte nicht die Rede sein.[16]

Europäische Besucher, die die Reise unternahmen, um die amerikanische Industrie auf ihre Effizienz hin zu studieren, verhehlten nicht ihre Faszination. Allerdings fanden sie häufig im selben Atemzug Technikobsession, Arbeitskontrolle und den Mangel an sozialer Sicherung abstoßend. Verstört von der ungeschminkten Realität der Mechanisierung distanzierten sie sich von diesen Formen der Modernisierung, die mit ihren Ansichten der sozialpolitischen Einbettung der Arbeiterexistenz kollidierten. Bei der Rückkehr nahmen sie neben den positiven Eindrücken von individueller Freiheit, Steigerung der Effizienz und Lebensoptimismus den Vorwurf der Mechanisierung des Menschen und der unbarmherzigen „Jagd nach dem Dollar" in ihre Länder mit zurück. Damit rüttelten sie nur selten an den gängigen Amerikaklischees.[17]

---

16 Diese Differenz zwischen amerikanischem Progressivism und der deutschen Reformbewegung ist ausführlich dargelegt in Trommler, Reformkultur oder *Progressivism*? Modernisierungskonzepte um 1900 in Deutschland und den USA. In: Zwei Wege in die Moderne. Aspekte der deutsch-amerikanischen Beziehungen 1900–1918, hg. von Ragnhild Fiebig-von Hase und Jürgen Heideking. Trier: Wissenschaftlicher Verlag, 1998, 27–44.
17 Schmidt, Reisen in die Moderne, 299 f. und passim.

5. Technik und Kultur

Transatlantische Distanzen und Herausforderungen

Als sich in den 1870er Jahren viele Techniker in Amerika und Europa über das Telegrafensystem hinaus um die Erfindung einer Technologie bemühten, welche die Stimme und den Dialog von Stimmen direkt übertragen würde, gelangte der Amerikaner Alexander Graham Bell am weitesten. Seine Erfindung des Telefons 1876 brachte die Lösung unzähliger Probleme. Sie signalisierte eine Umwälzung in der Kommunikation, deren Folgen von manchen als Beginn eines neuen Zeitalters gefeiert wurden. Als Bell der allmächtigen Telegrafengesellschaft Western Union die Verwertung dieser Technik für 100.000 Dollar anbot, lehnte sie ab. In der vom Telegrafen bestimmten Welt sei man sich über deren Nutzen nicht im Klaren.

Was hier geschah, ist vielen neuen Technologien geschehen. Der Apparat selbst fand keine Anhänger, keine Käufer, war eher ein Kuriosum. Erst als er als Instrument für Kommunikation erfahrbar gemacht wurde, als ein Medium, das über den Telegrafenapparat hinaus tatsächliche Dialoge ermöglichte, und als dafür von der neu gegründeten Bell Telephone Company ein Netz bereitgestellt wurde, an das sich viele Benutzer anschließen konnten, erhielt das Telefon eine echte wirtschaftliche Chance. Auch das war nicht garantiert, da mögliche Nutzer erst überzeugt werden mussten, dass es sich nicht um ein Spielzeug handelte, sondern der Apparat tatsächlich über große Entfernungen Dialoge ermöglichte.

In Amerika gelang der neu gegründeten Bell Telephone diese Bekehrung. Das führte in atemberaubender Geschwindigkeit zu einer Vernetzung des Landes. Bereits vor 1900 richtete sich die Mittelklasse mit dieser neuen Technologie ein, Hotels entwickelten sich zu Zentren elektrischer Kommunikation. Europäische Besucher nahmen mit Staunen wahr, dass Kommunikation in Amerika eine ganz andere technische Qualität besaß als in ihren Heimatländern. Sie realisierten, dass eine neue Technik unter anderen kulturellen Umständen ganz anders erfahren, geformt und eingesetzt wurde. In Europa war das Telefon lange Zeit auf innerstädtische Benutzung beschränkt, Überlandleitungen waren seltener und kürzer; die Mittelklasse übernahm das Telefon in großem Maße erst nach dem Ersten Weltkrieg.[1] Die deutsche Entwicklung wurde von Generalpostdirektor Heinrich von Stephan 1878

---

1 Helge Kragh, Transatlantic Technology Transfer. The Reception and Early Use of the Telephone in the USA and Europe. In: European Historiography of Technology, hg. von Dan Ch. Christensen. Odense: Odense University Press, 1993, 86; Wolfgang König, Nutzungswandel, Technikgenese und Technikdiffusion. Ein Essay zur Frühgeschichte des Telefons in den Vereinigten Staaten und Deutschland. In: Fern-Sprechen. Internationale Fernmeldegeschichte, -soziologie und -politik, hg. von Jörg Becker. Berlin: Vistas, 1994, 147–163.

als universales System entworfen, war damit also durchaus nicht allzu weit von Bells Vision entfernt. Aber Stephans Plan stieß auf unüberwindliche Hindernisse. Im Fall Deutschlands „war die staatliche Bürokratie der visionäre Akteur, die Haltung der Bevölkerung das Hindernis".[2] Die möglichen Kunden waren einfach nicht daran interessiert, die neue Technik zu übernehmen. Man behielt die traditionellen Formen der Kommunikationskultur bei.

Der Kontrast zum Technikenthusiasmus der Amerikaner ist schlagend. Auch wenn der Wandel zu einem modernen Alltagsverhalten in der immer stärker industriell bestimmten Gesellschaft nach 1900 von Besuchern wie Jules Huret und William Dawson konstatiert wurde, bedeutete das nicht, dass man neue Maschinen damit in gleicher Weise wie in den USA als Alltagsfaktor zügig akzeptierte und integrierte. Anders als in Amerika erlangte in Deutschland die kulturelle Einbettung der Technik eine viel größere Bedeutung, insofern die Gleichsetzung mit Fortschritt nicht ohne Weiteres funktionierte und häufig von Befürchtungen über ideelle und kulturelle Verluste beiseitegedrängt wurde.

Diese Einbettung der Technik in kulturelle Umstände erscheint im Nachhinein verständlich, obgleich im Falle des Telefons und seiner heute so sichtbaren Vorteile auch unverständlich. Das Beispiel hilft dabei, die in den 1980er Jahren um die kulturellen Bedingungen erweiterte Geschichte der Technik zu verstehen, mit der zugleich die Unterschiede zwischen amerikanischem und deutschem Umgang mit der Technik klarer zu fassen sind.

Zunächst ein paar grundsätzliche Worte zur Korrespondenz der Technik mit der jeweiligen Kultur, die von neueren Forschern ins Zentrum gerückt worden ist und tatsächlich lange vernachlässigte Aufschlüsse liefert. Wolfgang König verwendet sowohl für Kultur wie für Technik erweiterte Definitionen und erläutert:

> Die übliche Einordnung der Technik ist die zur materiellen Kultur, doch ist Technik auch Element sozialer Ordnungen und Ergebnis geistigen Schaffens. Der hier verwendete Kulturbegriff schließt also Kultur im engeren Sinne, verstanden als Sinngebung und Sinnhaftigkeit, wie Gesellschaft, verstanden als soziale Ordnung, ein.[3]

Als vorbildlich für den Technikvergleich hebt König das Wirken des Technikhistorikers Thomas P. Hughes hervor.[4] Nach den Erkenntnissen von Hughes, der in

---

2 Kragh, Transatlantic Technology Transfer, 75. Die vergleichbare Abwehr und zögernde Akzeptanz des Autos behandelt Barbara Haubner unterhaltsam in ihrer wissenschaftlichen Studie Nervenkitzel und Freizeitvergnügen. Automobilismus in Deutschland 1886–1914. Göttingen: Vandenhoeck & Ruprecht, 1998.
3 Wolfgang König, Der Kulturvergleich in der Technikgeschichte, in: Archiv für Kulturgeschichte 85 (2003), 414.
4 König, Der Kulturvergleich, 427.

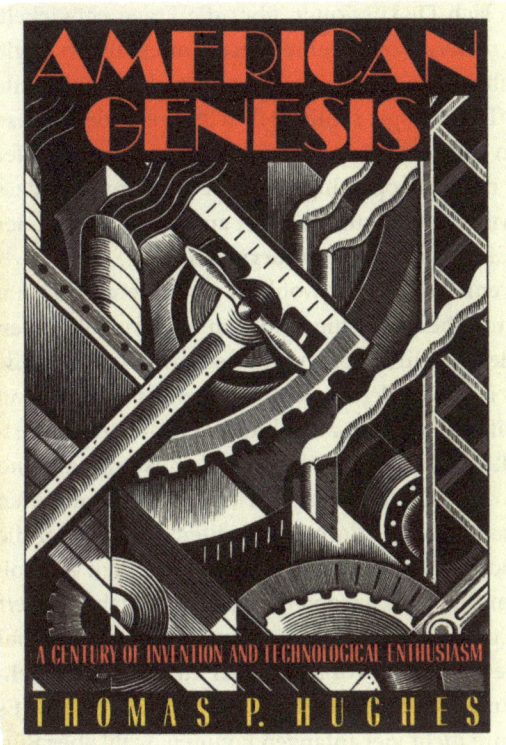

Abb. 3 Thomas P. Hughes, American Genesis, 1989 (Buchumschlag)

Networks of Power. Electrification in Western Society, 1880–1930 (1983) die verschiedenen Formen der Elektrifizierung in Amerika, Großbritannien und Deutschland miteinander verglich, stellen die kulturellen Bedingtheiten von Erfindung, Ausformung und Nutzung der Technik für jede Untersuchung unabdingbare Kriterien dar.

Aus dem exemplarischen Vergleich nationaler Formen von Elektrifizierung hat Hughes die Kriterien für die Erforschung von Technik und Technisierung spezifiziert, womit sich Technikgeschichte sehr viel zwingender als zuvor in die allgemeine Geschichte integrieren lässt – allerdings nicht immer zum Wohlgefallen von Historikern, unter denen sich manche von diesem Komplex, der seine eigene Dynamik besitzt, in der Beurteilung gesellschaftlicher Faktoren verunsichert fühlen. Nicht ganz zu Unrecht, insofern die Eigendynamik der Technikentwicklung ihre Merkmale auch dann behauptet, wenn die soziologischen und politischen Faktoren, die diese Entwicklung prägen, einer breiter angelegten Geschichtsschreibung zugehören.

Im Gefolge von Hughes haben sich Diskussionen über die Frage entwickelt, wie stark der „materielle Kern" *(„material core")* einer bestimmten Technologie im Übergang zu einer anderen Kultur erhalten bleibt und wie stark die kulturelle Einbettung, *(„cultural belt")* diese Technologie schließlich selbst verändert. Diese Formeln hat der Däne Helge Kragh bei seiner Beispielerzählung über den Transfer der Telefontechnik von den USA nach Europa eingesetzt. Er hat dargelegt, dass eine bestimmte Technologie am Anfang wohl unverändert ankommt, aber in der Nutzung ihren Charakter, ja ihre Einsatzformen verändern kann.[5]

Kroghs Unterscheidung (auch wenn sich für *belt* wohl ein passenderes Wort finden ließe) hilft dabei, die transatlantischen Verschiedenheiten in ihren kulturellen Elementen klarer zu fassen, vor allem die in Europa vorherrschende Tendenz, die kulturelle Einbettung mit der sich in dieser Periode entfaltenden Ausrichtung an der Moderne vorzunehmen. Zweifellos wurden auch hier die technischen Fortschritte wahrgenommen, sie erhielten jedoch nicht überall volle Zustimmung und weckten selten den Enthusiasmus, der nach dem Bürgerkrieg der amerikanischen Identität machtvolle Impulse verschaffte. Wie dargelegt, hielten Amerikaner die Beförderung der Technik im nationalen Interesse von dem kulturellen Aufholprozess fern, der von den Eliten im Blick auf Europa bis weit ins 20. Jahrhundert verfolgt wurde. Demgegenüber griffen europäische Eliten zu Begriffen, die wohl technischen Fortschritt einbeziehen konnten, vor allem aber auf eine ästhetisch-gefühlsmäßige Gegenwartserfahrung zielten: *Moderne, modernité, modernity.* Es waren Begriffe, mit denen Ingenieure nicht viel anfangen konnten, wohl aber Bürger, Leser, Künstler. Sie halfen vielen dabei, die „neue Zeit" gegen das altmodische 19. Jahrhundert auszuspielen und den technischen Fortschritt mit Eisenbahn, Telefon, elektrischem Licht als materiellen Hilfsdienst zu akzeptieren, ohne sich ihm als einzigem Merkmal dieser „neuen Zeit" auszuliefern.

Insofern sich die europäische Kulturgeschichtsschreibung, wenn sie den Übergang vom 19. zum 20. Jahrhundert thematisiert, eher auf das Phänomen Moderne als auf das der Technik bezieht, sollte dieser Bezug, zumal er spezifisch europäische Prozesse kennzeichnet, kurz reflektiert werden. Hier mag Georg Bollenbecks Differenzierung von zwei Verwendungsweisen des Begriffs Moderne am Platze sein: zum einen Moderne als universalgeschichtlicher Epochenbegriff, ähnlich wie Aufklärung und Neuzeit, zum anderen als Kennzeichnung des künstlerischen Radikalismus der nachromantischen Generation eines Baudelaire, Flaubert oder Nietzsche und deren Absage an die ästhetische Konvention, deren „Breitenwirkung", wie Bollenbeck hinzusetzt, „freilich erst die nachfolgenden Generationen erfaßt und verunsichert". Damit meint er die „kulturelle Moderne". Sie „steht für

---

5 Kragh, Transatlantic Technology Transfer, 86.

Aktualität, Beschleunigung und Wechsel, für eine internationale Kunstentwicklung, mit der die nationalkulturelle Kontinuität gesprengt wird".[6]

Der Hinweis auf die Internationalität der künstlerischen Moderne dürfte den Schlüssel für die Antriebe abgeben, das kulturelle Segment, das im 19. Jahrhundert in Gefahr war, zum ästhetisch-moralischen Archiv nationaler Identität zu versteinern, nach 1880 über die Ländergrenzen hinweg ins Zentrum öffentlichen Interesses zu rücken. Dazu trug die rasante Ausbreitung neuer Technologien in Druck- und Kommunikationsverfahren entscheidend bei, insofern sie den Hunger nach Bildern, Ereignissen und Prominenten weckte und in Malerei, Literatur und Theater zu Schockerlebnissen führte und Diskussionen anregte, sei es mit Theatergrößen wie August Strindberg, Henrik Ibsen und Gerhart Hauptmann, Malern wie Édouard Manet und Edvard Munch, Romanciers wie Émile Zola, Fjodor Dostojewski und Leo Tolstoi oder sei es mit den jeweiligen Vertretern von Art nouveau und den entsprechenden Künstlerrevolten in europäischen Hauptstädten.

Angesichts der Dominanz von Pickelhaube und Paradenmärschen im Kaiserreich, zumindest seinem preußischen Teil, wohnte der Öffnung zur Internationalität im kulturellen Bereich etwas Widerständiges inne. „Die Moderne" als Ausbruch aus der Allgegenwart kaiserlicher Repräsentation beschwor ein davon unbeschwertes Potential an gesellschaftlichen und künstlerischen Innovationen, das das Bürgertum in die Lage versetzte, die neue Welt – wenn es diese denn wollte – nach eigenem, Kommerz und technische Fortschritte einbeziehenden Geschmack auszustatten oder zumindest zu antizipieren.

Eric Hobsbawm, der britische Historiker, dessen großräumige Perspektive die europäische Geschichte von vornherein als internationale Geschichte erkennbar macht, hat in *The Age of Empire, 1875–1914*, wo zunächst der Sozialismus die internationale Dimension ausfüllt, der künstlerischen Moderne zusammen mit der Wissenschaft die besondere Dynamik dieser Epoche zuerkannt. Ihre Internationalität habe sich zu dieser Zeit auch in anderen Bereichen profiliert, bis sich in den Jahren vor dem Krieg neuer kultureller Nationalismus entwickelte. In Hobsbawms Auffächerung der Kunstbewegung rangiert die englische Arts-and-Crafts-Bewegung obenan, sie habe in den letzten Jahrzehnten des Jahrhunderts prägende Modelle dafür geschaffen, Design und Kunsthandwerk gemeinsam mit den Lebens- und Wohnformen zu reformieren.

Der Technik wird dabei Reverenz erwiesen, aber nicht mehr. Obwohl Hobsbawm ihr Innovationspotential als überaus wichtig anerkennt und für das Wirtschaftsbürgertum als Grundvoraussetzung hinstellt, wirkt Technik in der Argumentation

---

6 Georg Bollenbeck, Tradition, Avantgarde, Reaktion. Deutsche Kontroversen um die kulturelle Moderne 1880–1945. Frankfurt: Fischer, 1999, 28.

mit ihrer eigenorientierten Dynamik fast als ein Fremdkörper. Ihre Eigendynamik bereitet Historikern immer Probleme.

Die stärksten Konflikte ergaben sich vor allem im Bildungsbürgertum beim Einbezug von Technik in das traditionelle Kulturverständnis. Mochten einzelne Erfindungen bei ihm auf Widerhall stoßen – Technik als instrumentelle Bereicherung des Alltags –, so empfand es Technik im Allgemeinen als Eindringling in seine kulturell geformte und gesicherte häusliche Sphäre. Eduard von Mayer stellte die Technik in der viel zitierten Abhandlung *Technik und Kultur* 1906 unter den Vorwurf der Verstaatlichung des Menschen. Zwar trage Technik zur Befreiung des Menschen bei, wo sie ihn von schwerer körperlicher Arbeit entlaste, jedoch verschaffe sie der Masse Macht über den Einzelnen. Der „Geist der modernen absoluten Technik" sei „der Geist der Entpersönlichung, Entgeistigung, Freudlosigkeit".[7] Mayer proklamierte: „Entmasst die Masse, erzieht sie, verpersönlicht sie. Dann kann auch die Technik ihre Tyrannei verlieren – *dereinst.*" Die wirkliche Befreiung geschehe nur durch die Besinnung des Einzelnen: „Jeder in seinem bescheidenen Lebenskreise, vorab in sich selbst, in der inneren Stellung zum Leben kann die neue Welt keimen lassen."[8] Das Höchste sei die Bewahrung der Individualität des Menschen, seine Innerlichkeit. Technik bedrohe sie. Wenige Jahre später sah Thomas Mann die Individualität von Politik bedroht. Er schrieb ihr als „machtgeschützter Innerlichkeit" besonderen Stellenwert für das Fortbestehen der Nation zu, in Fortsetzung der im Kulturpessimismus um 1900 breit ausgelegten Verteidigung der privaten gegen die öffentliche Sphäre.[9]

In seiner Analyse des Fortschrittsbegriffs weist Reinhart Koselleck auf die Abwertung der Technik hin, für welche Friedrich Nietzsche wirksame Impulse geliefert habe. Der Zweifel an der Fortschrittsidee um 1900 korrespondiere mit den Zweifeln an der Rolle der Technik für die Kultur. Als beispielhaft für die Abwertung vonseiten konservativer Kritiker, die sich der Antithese von lebendiger Kultur gegen progressive Zivilisation verschrieben, verweist Koselleck auf Berthold Vallentins Beitrag „Zur Kritik des Fortschritts" in Friedrich Gundolfs *Jahrbuch für die geistige Bewegung 1910*.[10] Für Vallentin, an diesem geweihten Druckort Repräsentant des George-Kreises, kondensierte sich im Begriff Fortschritt die moderne Scheinwelt. Ihr hält er die Kultur entgegen: „Die Kultur steht ganz auf sich, ist sich ihrer Gegenwart genug, ein Selbstverständliches. Der Fortschritt ist ganz vom Boden, der

---

7 Eduard von Mayer, Technik und Kultur. Gedanken über die Verstaatlichung des Menschen. Berlin: Hüpeden & Merzyn, 1906, 180.
8 Mayer, Technik und Kultur, 207.
9 Stephen Kalberg, The Origin and Expansion of *Kulturpessimismus*. The Relationship between Public and Private Spheres in Early Twentieth Century Germany, in: Sociological Theory 5 (1987), 150–165.
10 Reinhart Koselleck, Fortschritt. In: Geschichtliche Grundbegriffe Bd. II, hg. von Otto Brunner, Werner Conze und Reinhart Koselleck. Stuttgart: Klett, 1975, 422.

ihn nährt, gelöst, schielt nach hundert Möglichkeiten und Ausgängen, ist ganz Rechnung. Der Fortschritt ist das geborene Hindernis der Kultur."[11] Eine solche Argumentation gab den Bemühungen schreibender Ingenieure keine Chance, dem auf Fortschritt beruhenden Technikbegriff zu einem Platz in der Kultur zu verhelfen. Sie hielten sich dementsprechend im Gebrauch des Fortschrittsbegriffs zurück, verschafften der Erörterung der Technik zwangsläufig eine bildungsbürgerliche Verpackung.

Das half nur halb. In Deutschland lag der in Zeitschriften und Zeitungen ausgetragene Diskurs über das Verhältnis von Technik und Kultur vorwiegend in den Händen bürgerlicher Publizisten und Akademiker, denen seine Kodierung als Kampf zwischen legitimem, naturgewachsenem Besitz und illegitimem, obgleich ökonomisch machtvollem Eindringling leicht von der Hand ging. Der Soziologe Werner Sombart machte sich diese Kodierung nach anfänglicher Begrüßung der Technik als Befreiungsparadigma zu eigen.[12] Die von Eduard von Mayer in *Technik und Kultur* explizit ausgeführte These von der Entpersönlichung, Vermassung der Kultur durch Technik fand ihre Entsprechung in Sombarts Behauptung ihrer kulturzerstörenden Wirkung. Sombart war tonangebend für viele der Akademiker und Professoren, die in seiner Kritik dieses Eindringlings ein Argument zur Bekämpfung ihrer wachsenden beruflichen und sozialen Unsicherheit aufgriffen. Sie realisierten den drohenden Verlust ihres Interpretationsmonopols für Kultur und Gesellschaft und machten zumeist die Technisierung weiter Bereiche der Gesellschaft dafür verantwortlich. Darin hatten diese Mandarine, wie sie Fritz Ringer tituliert hat, tatsächlich nicht unrecht.[13] Ihrem im Honoratiorensystem der deutschen Universität verankerten Privileg, in den Wissenschaften den bürgerlichen Kulturbesitz zu verwalten, wurde mit der Infragestellung der Kultur die feste Grundlage entzogen.

Immerhin bemühte sich Sombart, der mit seiner erfolgreichen Darstellung *Die deutsche Wirtschaftsgeschichte im 19. Jahrhundert* (1903) die Brücke zum bürgerlichen Publikum schlug, in seinem später überarbeiteten Referat „Technik und Kultur" auf dem Ersten Deutschen Soziologentag 1910 um eine wissenschaftliche Klärung des Einflusses der Technik auf die Kultur. Dass er zu dem Schluss kam, dass die Technik ihrer Aufgabe, zum Fortschritt der Kultur beizutragen, nicht nachkomme, überrascht kaum.[14] Mit dem umfassenden Werk *Der moderne Ka-*

---

11 Berthold Vallentin, Zur Kritik des Fortschritts, in: Jahrbuch für die geistige Bewegung 1910, 51.
12 Aufschlussreich für die frühe Phase: Werner Sombart, Technik und Wirtschaft. Vortrag, gehalten in der Gehe-Stiftung zu Dresden. Dresden: Zahn & Jaensch, 1901, bes. 8; Friedrich Lenger, Werner Sombart 1863–1941. Eine Biographie. München: Beck, 1994, 162–170.
13 Fritz Ringer, The Decline of the German Mandarins. The German Academic Community, 1890–1933. Cambridge, MA: Harvard University Press, 1969.
14 Torsten Meyer, Zwischen Ideologie und Wissenschaft. „Technik und Kultur" im Werk Werner Sombarts. In: Technische Intelligenz und „Kulturfaktor Technik". Kulturvorstellungen von Technikern

pitalismus (1916), das von Nichtmarxisten weithin rezipiert wurde, gab Sombart zahlreiche Anregungen zur Erschließung der Technik, die sich in den amerikanischen und europäischen Gesellschaften unterschiedlich manifestierte. Er lieferte eine Grundlage, auf der sich die Frage stellen ließ, wieso sich in Europa trotz einer ebenfalls kraftvollen Technisierung eine Wendung zum ästhetischen Verständnis der Gegenwart ausbildete, die neben den künstlerischen Eliten einen gewichtigen Teil des Bürgertums in Bann zog, während Amerikaner ihr Gegenwartsverständnis vorwiegend auf den Fortschritten von Technik und Wirtschaft als nationaler Basis ausbildeten. Von der Frage fühlten sich, worauf noch eingegangen werden wird, eher amerikanische als europäische Intellektuelle angesprochen.

Für Sombart erledigte sich die amerikanische Reaktion nicht im kanonisierten Vorwurf, die Amerikaner hätten keine Kultur. Er räumte in seiner nach dem Besuch der Weltausstellung in St. Louis angefertigten Schrift *Warum gibt es in den Vereinigten Staaten keinen Sozialismus?* (1906) anhand von Statistiken mit zahlreichen Klischees über die USA auf, lieferte allerdings mit seiner Antwort, die ihre Berechtigung besaß, zugleich auch den Klischeethesen frische Nahrung. Sein Spruch blieb im Gedächtnis haften: „An Roastbeef und Apple-Pie wurden alle sozialistischen Utopien zuschanden".[15]

Angesichts dieser im Wesentlichen von bürgerlichen Intellektuellen in Deutschland geführten Debatten über Technik und Kultur drängt sich die Folgerung auf, dass sie selbst schon in ihrer Vehemenz die viel gestellte Frage beantworteten, ob Technik die Kultur beeinflusse. Nachdem lange Zeit die Befürchtung, dass die wachsende Macht der sozialistischen Bewegung die Kultur zerstöre, allein im Zentrum bürgerlicher Selbstdefinition stand, lenkte nun die Technik in ihrer wachsenden Präsenz im Alltag den bürgerlichen Diskurs in eine neuartige Bestandsdefinition. Mit anderen Worten, die Technik änderte das Selbstverständnis nicht nur im Alltag, worauf noch eingegangen wird, sondern auch im Umgang mit Kultur, genauer mit dem Diskurs über Kultur, der um die Jahrhundertwende besonders im akademischen Milieu von einem weitgehend verdinglichten Begriff der Technik bestimmt wurde. Seine Essenzialisierung vonseiten der Philosophen und Soziologen fand in den Kreisen der Gebildeten breites Echo, blieb haften und fand Eingang in unzählige Traktate und Vorträge. Die Begrenztheit dieses Technikbegriffs wird mit der Formulierung einsichtig, dass „er am verdinglichten Schein der einzelnen Maschine bzw. der maschinellen Anlage fixiert bleibt, ohne zu reflektieren, dass in Maschinen ökonomische Interessen, Menschenbilder, Erwartungen und Verhaltensweisen

---

und Ingenieuren zwischen Kaiserreich und früher Bundesrepublik Deutschland, hg. von Burkhard Dietz. Münster: Waxmann, 1996, 67–86.

15 Werner Sombart, Warum gibt es in den Vereinigten Staaten keinen Sozialismus? Tübingen: Mohr, 1906, 126.

gleichsam geronnen sind."[16] Aus dieser Fixierung herauszukommen ist nicht vielen Technikphilosophen gelungen– am einprägsamsten Günter Ropohl[17] – und noch weniger den Wächtern eines traditionellen Verständnisses von Kultur.

Die Distanz zu amerikanischen Einstellungen zur Technik lässt sich am einfachsten in dem Diskurs aufspüren, der von Amerikanern unter dem Vorzeichen der Erfolgsquote des technischen Fortschritts geführt wurde. Wenn man in Deutschland dem Vorwurf, dass Technik die Kultur zerstöre, breiten Raum gewährte, entsprach dem auf der anderen Seite des Atlantiks, obgleich mit weniger Papierverbrauch und Missionsgefühl, der Vorwurf, dass Kultur den technischen Fortschritt behindere. Zwar entwuchs dies einem schmäleren Resonanzraum, aber die Tatsache, dass auch Thorstein Veblen, dem die deutsche Technikdiskussion nach 1900 vertraut war, Argumente über den technischen Fortschritt in diese Richtung zuspitzte, deckte den schwankenden Platz von Kultur auf. Dieses Thema, lange Zeit mehr von Praktikern als von Wissenschaftlern angefasst, behielt seine Resonanz bis hin zu den Untersuchungen von Thomas Hughes. Es fand in dessen flexible Definition vom prozesshaften Charakter technischer Entwicklung – mit seinem Begriff *„technological momentum"* erfasst – Eingang, wobei der Kulturbegriff eher von der anthropologischen Definition als vom Begriff der höheren Kultur bestimmt wurde.[18] Wie Veblens theoretisches Werk zeigt, zögerten auch die kritischsten Amerikaner, die höhere Kultur voll ins Negative zu ziehen. Die Auseinandersetzung mit ihr war unumgänglich, auch wenn eine genuin amerikanische Kultur, um die man sich bemühte, ihre Basis in der Technik besitzen müsse.

An diesem Verhalten hatte die Vertrautheit mit europäischen Kulturen, die im höheren Erziehungssystem wurzelte, beträchtlichen Anteil. Nachdem Deutsch und Französisch Ende des 19. Jahrhunderts im Collegecurriculum die Ausrichtung auf Griechisch und Latein ablösten, bildeten beide Kulturen und ihre Heroen, wenngleich deutlich hinter der britischen Kultur, einen wichtigen Bestandteil des kulturellen Selbstverständnisses. Mit den Literaturen gelangten auch europäische Vorlieben und Vorurteile ins amerikanische Kulturdenken, erhielten sich bis weit ins 20. Jahrhundert hinein. Unter diesen Voraussetzungen lassen sich Begriffe wie amerikanisches und europäisches Kulturdenken nicht reinlich scheiden; die Gegenüberstellung reicht höchstens zur Scheidung zwischen einem (eher) europäischen und einem (eher) amerikanischen Kulturverständnis, von den britischen Vorlieben

---

16 Volker von Borries, Technik als Sozialbeziehung. Zur Theorie industrieller Produktion. München: Kösel, 1980, 11.
17 Siehe die Einführung zu dem wohl umfassendsten theoretischen Grundsatzwerk über die Technik: Günter Ropohl, Allgemeine Technologie. Eine Systemtheorie der Technik. Karlsruhe: Universitätsverlag, 2009, 15–48.
18 John M. Staudenmaier, S. J., Technology's Storytellers. Reweaving the Human Fabric. Cambridge, MA: MIT Press, 1985, 128 und passim.

ganz zu schweigen. Das nur, um die Definition von Kultur im Diskurs über die Technik noch mehr zu verkomplizieren.

Unbezweifelbar ist, dass die Vertreter des Progressivismus, der sich die Bekämpfung der Exzesse des Kapitalismus zum Ziel setzte, wenn sie sich Anregungen aus Europa holten, weniger an Kultur als an Sozialismus dachten.[19] Progressivisten wie Herbert Croly, der 1909 mit dem Buch *The Promise of American Life* eine Grundsatzschrift veröffentlichte, interessierten sich wohl für deutsche Reformbemühungen, kaum jedoch für ihre ästhetischen Dimensionen. Nach einer temperamentvollen umfassenden Erörterung von Amerikas Potenzial als einzigartige Gründung und einem ganzen Katalog von Forderungen und Programmen für ein liberales, wirtschaftlich erfolgreiches Gemeinwesen bringt Croly dem Leser am Ende des Buches die Kultur in Erinnerung mit dem Ausruf:

> Fehlt es uns an Kultur? Wir werden sie zum Laufen bringen, indem wir eine neue Universität in Chicago gründen. Ist amerikanische Kunst vernachlässigt und verarmt? Wir werden sie bereichern, indem wir Kunstdepartments an unseren Universitäten organisieren und sie durch Ansprachen mit Lichtbildern und Vereinen fürs Studium ihrer Geschichte bereichern. Ist New York hässlich? Vielleicht, aber wenn wir nur die Behörden dazu brächten, ein paar hundert Millionen für die Verschönerung bereitzustellen, könnten wir es zum Aussehen einer Kombination aus Athen, Florenz und Paris bringen.[20]

Kultur war für Croly, der einige Zeit in Paris verbracht und nach der Rückkehr sein Gespür für ästhetische Schöpfungen mit der Herausgabe einer Architekturzeitschrift bewiesen hatte, nicht Teil der Reform. Die Reform war ökonomisch und politisch. Der liberale Reformer zielte auf Antitrustpolitik und Sozialreform. Kultur würde folgen.

Was zu Beginn des Jahrhunderts die sogenannten Muckrakers – sensationell Upton Sinclair mit *The Jungle* (1906) gegen Chicagos Schlachthöfe und Lincoln Steffens mit *The Shame of the Cities* (1904) gegen die Korruption der Städte – aufs Korn nahmen, waren horrende Missstände in Industrie und Großstadtverwaltung. Was die politischen Akteure daran anschlossen, waren Modelle, Überlegungen, Aktionspläne – und das Bild einer Sozialordnung, in welcher gesellschaftliche Kompromisse möglich wurden. Bei dieser Suche nach Reformmodellen nahmen die Strukturen staatlicher und industrieller Sozialpolitik und die Verwaltung der Städte in Deutschland den Charakter einer allseits respektierten Referenz an. Diese wurde zwar selten ohne die Kritik am preußischen Militarismus zur Diskussion gestellt,

---

19 James T. Kloppenberg, Uncertain Victory. Social Democracy and Progressivism in European and American Thought, 1870–1920. Oxford: Oxford University Press, 1988, bes. 357–366.
20 Herbert Croly, The Promise of American Life. New York: Macmillan, 1914 (1909), 401.

erlangte jedoch in der Erläuterung der zugleich sozialbewussten und stabilisierenden staatlichen und kommunalen Politik, verglichen mit dem Fehlen eines sozialen Netzes in den USA, den Status einer Herausforderung.

Wie weit diese Herausforderung reichte, lässt sich an der wohl ausgreifendsten Schrift *Socialized Germany* nachvollziehen, die der bekannte Publizist und progressive Politiker Frederic Howe, einer des besten Kenner Deutschlands, im Kriegsjahr 1915 mit der Motivation veröffentlichte, der überbordenden, teilweise von England übernommenen antideutschen Propaganda eine auf Fakten und Sozialuntersuchungen beruhende Darstellung entgegenzusetzen.

Howe ließ sich auf die von der kaiserlichen Regierung forcierte Interpretation der deutschen Verhältnisse als Erzeugnis kaiserlich-preußischer Politik ein, mit welcher die Rolle der Bevölkerung ausführlich im Hinblick auf das Verhältnis zum Staat, jedoch kaum in der Erfahrung individuellen Verhaltens Gestalt gewann. Damit entkräftete Howe nicht die Klischees über das autoritäre Preußen, das über das Reich herrsche. Ihm war es vielmehr darum zu tun, die auch von anderen ausländischen Beobachtern gestellte Frage, wie sich dieses Land so schnell und konsequent zu einem modernen Sozialstaat mit einer dynamischen Industrie entwickeln konnte, gleichsam von oben zu beantworten. Das geschah mit einem umfassenden Überblick über die von Bismarck zur Bekämpfung der Sozialdemokratie initiierte, staatlich gelenkte Sozialpolitik. Howe musste sich gegen den Vorwurf verteidigen, im Deutschen Reich ein sozialpolitisches Eldorado zu schildern. Er tat den entscheidenden Schritt, Modernität nicht allein vom technischen Fortschritt her zu definieren, sondern vor allem vom Fortschritt in der Versorgung, Gleichbehandlung und Sicherung der Bevölkerung sowie von ihrer umfassenden Erziehung her. Er stellte die ungehemmt kapitalistische Gesellschaftsordnung der USA einem vom Staat kontrollierten, sozial ausgerichteten Industriesystem gegenüber. Als Sozialist stellte er die Sorge um die Demokratie hintan.[21]

Howe machte die Herausforderung vollständig, wenn er den Deutschen einen Modernitätsvorsprung zuerkannte und konstatierte:

> Verwaltungsmäßige und industrielle *efficiency* sind eine Wissenschaft für sich, in der sich Hunderttausende der besten Köpfe des Staates engagieren. Dasselbe gilt für Handel und Geschäft. Der Rest der Welt befindet sich ein Vierteljahrhundert hinter Deutschland im

---

21 Eine ähnliche Argumentation darüber, dass die deutsche Ausrichtung von Modernität auf sozialen Fortschritt der angelsächsischen Ausrichtung auf Kapitalismus und Individualismus keineswegs nachstehe, findet sich bei Simon Nelson Patten in Culture and War (New York: Huebsch, 1916). Bourne erwähnt Patten, einen Gegner des amerikanischen Eintritts in den Krieg, der darüber 1917 seine Stellung als Professor an der University of Pennsylvania verlor. Dieser Themenkomplex fand auf deutscher Seite in Moritz Julius Bonns (selbst)kritischer Schrift Amerika als Feind (München/Berlin: G. Müller, 1917, 38 f.) einen aufschlussreichen Kommentar.

sozialen Bewusstsein, im Verständnis des Staates, in der Anerkennung der Notwendigkeit sozialer Gesetzgebung und der Anpassung der Erziehung an das Leben in all seinen Ausformungen.[22]

Mit solchen nur für Amerikaner provokanten Feststellungen schrieben sich Howe und, wie im Folgenden erläutert wird, Randolph Bourne in den Diskurs über die Rivalitäten der beiden Länder ein, in dem Modernität einen über Technik hinausgehenden Sinnkomplex definiert.[23] Howe ließ keinen Zweifel daran, dass die von ihm betonte moderne *efficiency* der Deutschen sowohl im sozialen wie im technischen Bereich wirksam sei.

Eine ähnliche, obgleich weniger sozialistisch unterlegte Herausforderung lieferte zu dieser Zeit der linke Publizist Randolph Bourne, einer der ersten Autoren der 1914 gegründeten Zeitschrift *The New Republic*. Bourne, ein brillanter Gesellschaftskritiker, stellte in dem immer noch zitierenswerten Aufsatz „Trans-National America" eine zweipolige, binationale Identität, die vielen Amerikanern als Einwanderervolk zugänglich war, weit über den einpoligen Nationalismus, den der Krieg selbst in so überlegten Intellektuellen wie John Dewey, Bournes Lehrer und einflussreicher *public intellectual*, anfachte. Bourne war daran gelegen, das Land in seiner begrenzten Auffassung von Modernität aufzurütteln. Diese erschöpfe sich nicht im Preis von Technik, Effizienz und imperialistischem Auftreten. Mit engagierter Eleganz spitzte er nach einer Deutschlandreise, die er kurz vor Kriegsbeginn unternommen hatte, die dort empfangenen Eindrücke ähnlich wie Howe zum Ansporn amerikanischer Selbstreflexion und Umorientierung zu.

Die Tatsache, dass Bourne nicht zum engeren Kreis der Progressivisten zählte, mag erklären, dass er bei seiner Analyse der deutschen Modernität die ästhetischen Elemente der Reform nicht ausließ. In dem Aufsatz mit dem herausfordernden Titel „American Use for German Ideals", der 1915 in *The New Republic* erschien, umriss er den Ausgangspunkt mit der Feststellung, dass eine vitale und fruchtbare Zivilisation, die zeige, dass sie angekommen sei, „neue und originale Kunstformen" hervorbringe, „die mit schöpferischer Treue den Geist der Zeit" bezeugten. „Hauptsächlich in Deutschland ist in diesen ersten Jahren des Jahrhunderts eine originale Kunst zur Blüte gekommen" – „an öffentlichen Gebäuden und privater Architektur in sauberen, massiven und aufstrebenden Formen geschaffen". Dieser Kunsttrieb gehe in soziale, öffentliche, reproduzierbare Formen ein. Form entwachse der Funktion, und Fabriken, Wassertürme und Eisenbahnbrücken trügen Designmotive. „Die Welt spöttelt über diese Kunst. Das tut die Welt. Aber der

---

22 Frederic C. Howe, Socialized Germany. New York: Scribner's Sons, 1915, 6.
23 Zum internationalen Kontext siehe Daniel T. Rogers, Atlantic Crossings. Social Politics in a Progressive Age. Cambridge, MA: Harvard University Press, 1998, bes. 270–273.

Aufbruch des deutschen Kunstgeistes meint mit der Schaffung neuer Formen eine Sache – dass deutschen Idealen eine feste geistige Fruchtbarkeit innewohnt."[24]

An dieses Lob architektonischer Modernität, in deren Zentrum die Arbeit des Deutschen Werkbundes und der ihm verbundenen Architekten stand, schloss Bourne die Anerkennung nationaler Gemeinschaft an. In seiner Projektion einer umsichtigen Sozialpolitik näherte er sich Argumenten von Howe, distanzierte sich in dem ähnlich angelegten Artikel „A Glance at German ‚Kultur'" allerdings noch deutlicher vom widerwärtigen Militarismus des Landes. Er versuche zu verstehen, wie dieses kultivierte, kulturschaffende Volk so kriegerisch, autokratisch und rücksichtslos handeln könne. Deutschland habe eine bewundernswerte moderne Kultur hervorgebracht, ein Modell stelle es jedoch nicht dar. „Die deutsche Zivilisation, deren Militarismus unser Wohlwollen und unseren Verstand beleidigt, deren Wissenschaftsgeist wir distanziert zu bewundern beginnen und nach deren Sozialbewusstsein wir uns leidenschaftlich sehnen, fordert unsere Ideale mit harten Fragen heraus."[25] Die deutschen Ideale seien kein Vorbild, lieferten jedoch mit ihrer Modernität und ihrem sozialen Bewusstsein kräftigen Ansporn, ihnen Besseres entgegenzustellen. Die Tragik der Deutschen sei, dass sie nicht verstünden, für ihre großartigen Ideen und Schöpfungen in der übrigen Welt Verständnis zu erzeugen.[26]

Mit seiner Bilanz der von Deutschen geschaffenen Modernität machte sich Bourne keine Freunde, wurde scharf angegriffen und bekannte selbst sein zunehmendes Missvergnügen an dem Thema. Immerhin fand er einige Zeit lang Widerhall bei seinen Journalistenkollegen in der *New Republic*, wenn sie mit dem Zurückbleiben der amerikanischen Gesellschaft im „industriellen Chaos" des 19. Jahrhunderts abrechneten.[27] Allerdings blieb es nicht dabei. Der Krieg verdrängte die gesellschaftlichen und intellektuellen Vergleiche, verstärkte stattdessen die Projektion Deutschlands als Spiegel und Schreckbild Amerikas.

50 Jahre später, nach dem von den Deutschen verlorenen Zweiten Weltkrieg, versteiften sich amerikanische Soziologen und Historiker darauf, dass Deutschland auf dem Weg zur Moderne entgleist sei und die vom Nationalsozialismus verstärkte Rückständigkeit gegenüber den westlichen Demokratien aufholen müsse.[28] Ange-

---

24 Randolph S. Bourne, American Use for German Ideals. In: ders., War and the Intellectuals. Collected Essays, 1915–1919, hg. von Carl Resek. Indianapolis/Cambridge: Hackett, 1999, 49.
25 Bourne, A Glance at German „Kultur", in: Lippincott's Monthly Magazine, Feb. 1915, 22–27, hier 27.
26 Bourne, American Use for German Ideals, 51 f.
27 Rogers, Atlantic Crossings, 278; Axel R. Schäfer, American Progressives and German Social Reform, 1875–1920. Social Ethics, Moral Control, and the Regulatory State in a Transatlantic Context. Stuttgart: Steiner, 2000.
28 In der Auseinandersetzung mit Seymour Martin Lipsets Thesen über *Exceptionalism* und *Modernity* in *American Exceptionalism. A Double-Edged Sword* (1996) hat Mary Nolan einen balancierten Vergleich zwischen den historischen Sonderansprüchen der USA und Deutschlands geliefert. Mary Nolan, Against Exceptionalism, in: American Historical Review 102 (June 1997), 769–774.

sichts der furchtbaren Verbrechen – die Max Horkheimer und Theodor W. Adorno in *Dialektik der Aufklärung* (1947) der Moderne zurechneten – wurde dieser Vorwurf von deutscher Seite geschluckt und fand bald in der ebenfalls von Amerikanern im Zeichen des Kalten Krieges gestützten These vom geschichtlichen Sonderweg der Deutschen eine vorübergehende Abfederung. Das konnte geschehen, indem man den Nationalsozialismus aus der Entwicklung der Moderne ausschaltete und als Anti-Moderne deklarierte. Inzwischen ist das rückgängig gemacht worden und hat den Blick auf den Rivalitätsdiskurs in der ökonomischen – weniger in der ästhetischen – Sphäre wieder geöffnet.[29]

---

29 Siehe die vergleichende Debatte in: Gibt es einen deutschen Kapitalismus?, vor allem die Beiträge von Jürgen Kocka, Volker Berghahn und Mary Nolan.

6. Französische Technikbegeisterung und die Erwägungen über amerikanische Kultur

Für Amerikaner, die ihre Europareise darauf ausrichteten, die althergebrachte Kultur so authentisch wie möglich zu erleben, hielt der Besuch von Paris um die Jahrhundertwende einige Überraschungen bereit. Frankreich hatte sich mit seiner erfolgreichen Kulturpolitik in den Vereinigten Staaten das Renommee der kulturellen Vormacht in Europa verschafft, wozu nicht nur die erfolgreiche Verbreitung von Romanen der Realisten und Bildern der Impressionisten gehörte, sondern auch die Manipulation des kulturellen Minderwertigkeitskomplexes der Amerikaner gegenüber Europa.[1] Im Jahr 1900 wurde ihre Ausrichtung auf den europäischen Kulturbegriff aufs Äußerste herausgefordert, da sich die französische Hauptstadt mit konstanter Illuminierung des Eiffelturms als Ingenieurswunder und in der lautstarken Propagierung der Weltausstellung mit einer monumental inszenierten Ausrichtung an der Technik brüstete.

So glamourös hatten die Besucher Technik selbst in Amerika nicht wahrgenommen, wo *industrial arts* und *technology* seit Langem die gewaltigen Fortschritte des Landes symbolisierten. Über das gewohnte Panorama von Louvre, Notre-Dame und den Beaux-Arts-Gebäuden hinaus drängte sich in Paris Technik als nationale Leistung in den Vordergrund, überschattete das Flair der klassischen Gebäude und Flanierboulevards. Diese *culture technique* wollte nicht nur Teil der industriellen Neuentwicklung sein, wie man sie mit all den Hässlichkeiten der Städte und Fabriken in aller Welt kannte, sondern besaß Ausstellungscharakter selbst dort, wo sie eigentlich nur praktische Erfindungen anzeigte.[2] Die Besucher aus Übersee lernten, dass sie mit dem Eintauchen in die große französische Kultur deren demonstrative Umarmung der Technik mitvollziehen mussten, um den Puls der Zeit schlagen zu fühlen. Dabei blieb ihnen der Inszenierungscharakter nicht verborgen, der sich

---

[1] Jessica C. E. Gienow-Hecht, An Improbable War? International Relations, Arts, and Culture before 1914. In: An Improbable War? The Outbreak of World War I and European Political Culture, hg. von Holger Afflerbach und David Stevenson. Oxford/New York: Berghahn, 2007, 271–283; Robert J. Young, Marketing Marianne. French Propaganda in America, 1900–1940. New Brunswick: Rutgers University Press, 2004.

[2] *Culture technique*, weit verbreitet als Schlagwort um 1900, wurde 1986 als Zentralbegriff für eine Berliner Ausstellung gewählt, die sich zum Ziel setzte, den französischen Umgang mit der Technik in seiner Betonung ihres Ausstellungswertes zwischen Industrie und Kunst zu zeigen. Siehe den Katalog: Zwischen Fahrrad und Fließband – absolut modern sein. *Culture technique* in Frankreich 1889–1937, hg. von der Berliner Neuen Gesellschaft für Bildende Kunst. Berlin: Elefanten Press, 1986.

Abb. 4 Palais de l'Electricité. Weltausstellung Paris 1900

in seiner Begrenzung offenbarte, sobald sie weiter ins *douce France* reisten, in die burgen- und kirchengefüllten grünen Landschaften der Provinz.³

Wenn die Besucher Künstler waren, erfuhren sie, dass die französischen Künstler den Modus der Inszenierung sogar noch zuspitzten und darauf abzielten, die Maschine als Provokation der althergebrachten Kulturformen einzusetzen, um mit dieser Provokation den Status als Avantgarde zu festigen. Anders als in England, wo die technischen Durchbrüche seit Langem toleriert, weil als für den Handel gewinnbringend akzeptiert wurden, und in Deutschland, wo im Anschluss an England der industrielle Aufbau eine gewisse Kontinuität auch in den Provinzen entfaltete, war Technik in Frankreich mit den konstanten Kontroversen über Kunst und Industrie anlässlich der verschiedenen Weltausstellungen immer wieder als Herausforderung der ästhetischen Bürgerkultur profiliert worden – eine Komponente der Technikbegeisterung, die gerade der zögernden Modernisierung des Landes ihre Impulse verdankte und die künstlerische Elite in ihrer Tradition von Revolution und Re-

---

3 Im Literaturbericht Technikgeschichte (Geschichte in Wissenschaft und Unterricht 38:8, 1987, 508) verweist der Technikhistoriker Joachim Radkau auf die „Art der Technikbegeisterung, die am besten vor dem Hintergrund einer noch weithin traditionalistischen Gesellschaft gedeiht […]. So entfaltete sich in Frankreich die ‚culture technique' gerade zu einer Zeit, als das Land insgesamt in seiner industriellen Technik international zurückfiel".

volte gegen die eingefahrenen Klischees inspirierte.[4] Es verwundert kaum, dass der Italiener Marinetti für seine Verkündung des futuristischen Manifests 1909 Paris aussuchte, wo er gute Resonanz erwarten konnte, im Vorgriff auf Italien, wo Technikbegeisterung als Bekenntnis einer kleinen Elite in einem agrarischen Land noch mehr Funken schlagen würde.

Diese Technikbegeisterung stellte für amerikanische Beobachter eine Volte europäischer Idiosynkrasie dar, die nicht unbedingt auf Widerhall stieß. Offenbar holte man sich hier aus Technik und ihrer Ausstellung die windigsten Anregungen für die Projektion von *modernité*, wie das Modewort für einen vagen Zukunftsimpuls hieß, der Amerikaner in ihrem Fortschrittsbegriff immer wieder verunsicherte, da er viel breiter und ästhetischer angelegt war und, zusammengesetzt aus Revolte und Reform, eine Agenda der Erneuerung der gesamten Kultur implizierte. Brauchte die französische Kultur überhaupt eine Erneuerung? Hatte man als Künstler wirklich wegen dieser ungewohnten *Art nouveau*, die sich von den etablierten Kunstwertungen absetzte, die Ozeanfahrt auf sich genommen?

Europäische Kultur bewundernd aufzunehmen war eine Sache. Sie aufzunehmen, um eine eigene amerikanische Kultur zu schaffen, eine andere, kompliziertere Sache. Im direkten Kontakt mit den inspirierenden Künstlerrevolten stellte sich am Ende des 19. Jahrhunderts dem Thema eine wachsende Anzahl von Amerikanern, die sich in Paris, München, London und einigen anderen Städten eine Zeit lang ansiedelten, um sich künstlerisch gründlicher ausbilden zu lassen, als es in Amerika möglich war.

Die Hoffnung, in Paris die Entwicklung einer genuin amerikanischen Kunst voranzubringen, das heißt Unabhängigkeit zu befördern, ließ sich nicht ohne Probleme mit der Erwartung verknüpfen, als Künstler dem Maßstab kontinentaler Ästhetik gewachsen zu sein. Tatsächlich gelang es eher, der Mehrzahl amerikanischer Künstler in Clubs, vor allem der American Art Association in Paris (AAAP), eine Art amerikanischer Heimstatt zu schaffen, als mit ästhetischen Innovationen die Aufmerksamkeit der Pariser Kunstwelt auf sich zu lenken.[5] Ihre gemeinschaftliche Organisation ließ sie selbstbewusst auftreten und amerikanische Arbeitsorientierung gegen französische Bohemekultur propagieren. Das lag nicht zuletzt im Interesse ihrer Sponsoren in den USA, führte aber nicht unbedingt zu Durchbrüchen künstlerischer Art.

In der Kunststadt München, die in der zweiten Hälfte des 19. Jahrhunderts nach Paris zum zweiten Ziel amerikanischer Künstler in Europa aufstieg, fand der

---

4 Trommler, The Avant-Garde and Technology.
5 Emily C. Burns, Revising Boheme. The American Artist Colony in Paris, 1890–1914. In: Foreign Artists and Communities in Modern Paris, 1870–1914. Strangers in Paradise, hg. von Karen L. Carter und Susan Waller. Farnham Surrey UK/Burlington, VT: Ashgate, 2015, 97–110.

Gedanke an eine genuin amerikanische Kunst noch weniger Widerhall. Wenn amerikanische Künstler sich in der Konkurrenz mit Paris für die bayerische Hauptstadt entschieden, spielte neben den wesentlich billigeren Lebenshaltungskosten der Ruf der Münchner Kunstschulen und der dortigen Kunstgemeinde eine wichtige Rolle. Er versprach, eine gute professionelle Ausbildung zu verschaffen, keine Zeit ans Pariser Bohemeleben zu vergeuden und dafür sogar in den Malerfürsten Kaulbach, Lenbach und Piloty, die den Amerikanern freundlich entgegenkamen, den Traum wirtschaftlicher Unabhängigkeit verwirklicht zu sehen.[6]

Diese Studieraufenthalte zogen die Besucher, ob in Paris oder München, ob freiwillig oder zögernd, in die Aufbruchstimmung hinein, die das Engagement für die in Europa so viel beschworene Moderne sowohl in Design als auch in Literatur und Musik beflügelte. Was dank einer technisch expansiven Presse- und Kommunikationsmaschinerie unter den Vorzeichen von Art nouveau, Sezession, Jugendstil, Belgian Modern und anderen Neuprägungen das Gefühl vermittelte, tatsächlich von dem geschichtsgesättigten 19. Jahrhundert Abschied zu nehmen, ließ dessen Traditionen jedoch auf ästhetischen Umwegen doch wieder herein. Für die amerikanischen Besucher verkomplizierten sich damit die Lernprozesse.[7]

Bevor Herbert Croly zu einem der Anführer des Progressivismus in den USA aufstieg und sich ganz in den politischen Diskurs einbrachte, ließ er die Pariser Kunstwelt kritisch auf sich wirken. An den Debatten über die Möglichkeiten einer eigenständigen amerikanischen Kultur nahm er aktiv teil, fügte die Erfahrungen mit französischen Künstlern in seine Argumentation ein. In der von ihm nach der Rückkehr aus Paris gegründeten Architekturzeitschrift *Architectural Record* formulierte er daraus einen grundsätzlichen Artikel unter dem Titel „The New World and the New Art". Croly folgte zunächst zwei französischen Kritikern der Art nouveau, für die sich alles auf die Linie als künstlerischen Kern der neuen Richtung konzentrierte. Die Ästhetik der Linie, zumeist der Wellenlinie, unterscheide sich scharf vom eckigen Klassizismus, der in Amerika dominiere. Die zwei Kritiker hätten erklärt, dass Amerika den geeigneten Ort für die neue Kunst darstelle. Dem widersprach Croly und verwies auf amerikanische Designer, die den neuen Stil keineswegs aufnähmen. Damit setzte er zu einer Grundsatzerklärung über die aktuellen Chancen einer amerikanischen Kunst an:

---

6 Ursula Frohne, „A Kind of Teutonic Florence." Cultural and Professional Aspirations of American Artists in Munich. In: American Artists in Munich. Artistic Migration and Cultural Exchange Processes, hg von Christian Fuhrmeister u. a. Berlin/München: Deutscher Kunstverlag, 2009, 73–86.

7 Einen umfassenden Überblick über die unterschiedlichen Impulse für eine amerikanische Kunst um 1900 bietet Linda J. Docherty, Why Not a National Art? Affirmative Responses in the 1890s. In: Paris 1900. The ‚American School' at the Universal Exhibition, hg. von Diane P. Fischer. New Brunswick, NJ: Rutgers University Press, 1999, 95–118.

Die Herren Guimard und Charpentier haben sich zu dem Glauben verleiten lassen, dass die Neue Welt eine Kunst brauche, die entsprechend energisch und modern sei. In Wahrheit ist jedoch das Gegenteil der Fall. Die Alte Welt braucht oder braucht nicht eine neue Kunst, die von etablierten Formen machtvoll wegbricht, jedoch benötigt die Neue Welt am Anfang zweifellos eine alte Kunst, in welcher solche Formen nicht nur erhalten, sondern gepflegt werden. Denn in diesem Land ist alle Kunst, wie alt auch immer, in einem wirklichen Sinne neu; und bevor man sich auf eine Revolte gegen etablierte Formen einlässt, sollten als nicht unvernünftige Vorsichtsmaßnahme einige Formen etabliert werden, auf welche die Revolte zielt. Europa steht an einem Ort in der Geschichte der ästhetischen Kultur; die Vereinigten Staaten stehen an einem anderen.[8]

Croly lag wenig daran, die amerikanischen Ressourcen an eine mühselige Ersetzung der europäischen Kultur zu verschwenden, wenn sich das Land vor allem im Geschäft engagiere und alles andere nicht wirklich ernst nehme. Vorerst von Europa bereitgestellt, lasse sich Kultur, wie er in *The Promise of American Life* konstatierte, auch auf amerikanischer Basis produzieren. Dafür sollten sich die amerikanischen Künstler an der europäischen Kunst schulen. Gleichwohl plädierte Croly nicht für eine Unterordnung der amerikanischen Kunst. Das gehöre zu früheren Phasen. In Zukunft sei das amerikanische Leben zu tatkräftig, zu breit, zu unabhängig und zu freigiebig, um sich nur dem einseitigen und bloß kommerziellen Wachstum zu unterwerfen.

Was die Vereinigten Staaten brauchen, ist eine Nationalisierung ihres intellektuellen Lebens, vergleichbar der gegenwärtigen Nationalisierung ihrer Industrie und Politik, und zu gegebener Zeit wird amerikanische Kultur von demselben Unternehmungs- und Kooperationsgeist belebt und angetrieben werden, der die industriellen Erfolge ausgezeichnet hat.[9]

Ein interessantes Innehalten um 1900, das sich stark an der von Frankreich dominierten visuellen Kunst orientierte. Hier ließ sich amerikanisches Selbstbewusstsein zunächst nur im Hinweis auf die Anerkennung der Maler James Whistler, John Singer Sargent und Mary Cassatt stärken, allerdings nicht ohne den Zusatz, dass diese Landsleute in Europa Karriere gemacht hatten und meist in England oder Frankreich lebten. In der Literatur gehörten derartige Erwägungen seit Langem zum intellektuellen Inventar, bekamen jedoch zu Beginn des neuen Jahrhunderts, als das Übergewicht technologisch-wirtschaftlicher Aspekte in der amerikanischen

---

8 Herbert Croly, The New World and the New Art, in: Architectural Record 12:2 (June 1902), 135–153, hier 149.
9 Croly, The New World and the New Art, 153.

Selbsteinschätzung eigene intellektuelle Ansprüche hervorbrachte, neue Antriebe. Croly fing sie mit der Scheidung zwischen ästhetischer und industrieller Sphäre ab, die sich in Zukunft gegenseitig befruchten würden. Während diese Scheidung bei einem Autor wie Henry James, der ebenfalls lange Zeit in Europa lebte, die literarische Sphäre gegen wissenschaftlich-rationale Ansprüche abschirmte, die sein Bruder, der Psychologe und Philosoph William James, in engem Austausch mit Europa förderte, diente sie dem Kritiker George Santayana als Basis einer grundsätzlichen Analyse amerikanischen Denkens und Schreibens.

Als ein in Spanien geborener, durch das Studium in Harvard akkulturierter Außenseiter gelangte Santayana zu besonders einsichtsvollen Analysen amerikanischen Denkens und Schreibens, wurde später als Harvard-Professor Mentor einer Reihe von Intellektuellen und Schriftstellern wie Walter Lippmann und Wallace Stevens. Auch Santayana bestätigte die Trennung von literarischer und industrieller Sphäre. Sein besonderer Beitrag zur Wertschätzung literarischer Tradition wurde seine viel zitierte Definition einer *„genteel tradition in American Philosophy"*. Er schuf damit einen Begriff, der der Einschätzung dieses Denkens und Schreibens einen Anker in der speziell von Frauen gepflegten Lesekultur verschaffte.

Santayana berief sich auf die breite Wirkung von Emerson und Whitman, Poe und Hawthorne, machte aus ihnen, wie sein scharfsinniges Porträt von Emerson zeigt, keine blassen Klassiker. Sein Essay über Emerson verdeutlicht dessen geniale Spontaneität in der Beurteilung des Weltzustandes zwischen Naturromantik und Modernität, die Nietzsches Bewunderung erregte. Was Santayana bei seiner Hommage an Emerson ausließ, war dessen Engagement für die technische Entwicklung. In seiner Ansprache „The Young Americans" erörterte Emerson bereits 1844 die Möglichkeiten, welche die Technik für die Schaffung einer genuin amerikanischen Kultur bereithalte. Technik – und damit meinte er vor allem die neu entwickelte Eisenbahn – könne dazu beitragen, die nationale Einheit, die James Madison, dem Gründungsvater der amerikanischen Verfassung, vorschwebte, zu bewerkstelligen.[10] Das geschah am Ende des Jahrhunderts mit dem Bau des riesigen Eisenbahnnetzes.

Santayana hielt an der Trennung von ästhetischer und technischer Sphäre fest und erklärte dementsprechend, dass das Konzept der *genteel tradition* nur die eine Hälfte der Analyse darstelle. Der Ort, an dem die Poeten die eine Hälfte des amerikanischen Geistes beschäftigten, stelle in Wirklichkeit kulturelles *„backwater"* dar, war Provinz. Die andere Hälfte amerikanischen Geistes sah er dagegen dank Erfindungen, Industrie und sozialer Organisation im Tempo der Niagarafälle

---

10 Kasson, Civilizing the Machine, 120.

voraneilen.[11] In seiner Rede über die *genteel tradition* 1913 behielt Santayana diesen Kontrast bei, stellte die internationale Pionierposition in Industrie und Technik als „*American will*" und Domäne des Mannes der *genteel tradition* als Domäne der Frau gegenüber. Diese maskuline Zuordnung erlaubte ihm, die ästhetische Kultur anzuerkennen und zugleich aufs zweite Gleis abzuschieben.

Dabei blieb es nicht in seinem Verständnis amerikanischer Kultur. Santayana begriff Amerika als ein junges Land mit einer alten Mentalität; es produziere alten Wein in neuen Flaschen, wie es sein Freund Van Wyck Brooks 1908 in dem Buch *The Wine of the Puritans* auf den Begriff brachte. Der alte Wein? Jener von Max Weber so hoch geschätzte Calvinismus, den die Puritaner nach Neuengland mitnahmen und mit dem sie ihr Leben geistig frugal einrichteten, während sie wider Erwarten geschäftlich immer erfolgreicher wurden. Der Puritanismus – für den Katholiken Santayana Protestantismus allgemein – stelle keinen guten Nährboden für Kunst und Poesie dar, zudem habe Puritanismus in dem jungen Land jeglicher Tragik einen Riegel vorgeschoben.[12] Die Aufnahme der deutschen Romantik habe zwar der Erhöhung Amerikas als Natur und Naturerfahrung geholfen, aber letztlich nur Narzissmus produziert. Santayanas Einschätzung des Puritanismus als antitragische, antiästhetische säkulare Religion ließ die Folgerung offen, dass der technische Genius des Landes hier seine Wurzeln besitze, also auch für das magere Engagement bei ästhetischer Ausdruckssuche mitverantwortlich sei.

Bekannt geworden mit dem Buch *The Wine of the Puritans*, das im Plauderton eine sarkastische Abrechnung mit Amerikas puritanisch verdünnter ästhetischer Kreativität brachte, stieg Van Wyck Brooks mit *America's Coming-of-Age* (1915) und *Letters and Leadership* (1918) zum Autor der maßgeblichen Bestandsaufnahme der amerikanischen Rezeption europäischer Kultur auf, gleichsam zu einer späten Antwort auf das zitierte Plädoyer für Kultur, mit dem Thomas Wentworth Higginson nach dem Bürgerkrieg den intellektuellen Aufbau Amerikas mit europäischer Hilfe prognostizierte. Brooks wertete die europäische Kultur nicht ab, sah sich selbst von ihr maßlos bereichert. Unter dem Titel „Young America" platzierte er ihre Attraktion zwischen dem Erbe des Puritanismus und der damit zu höchstem Erfolg gekommenen Industrialisierung. Allerdings habe Europa auf die Industrialisierung anders reagiert: „Der Industrialismus, der uns umgeworfen hat, weil unsere Widerstandskräfte vom Puritanismus unterminiert worden waren, war in Europa kaum unterwegs, als die menschliche Natur sich sozusagen dagegen aufrichtete; eine lange Reihe großartiger Rebellen reagierte vehement gegen seine verdorrenden

---

11 Santayana in America. Essays, Notes, and Letters on American Life, Literature, and Philosophy, hg. von Richard Colton Lyon. New York: Harcourt 1968, 37.
12 George Santayana, The Genteel Tradition in American Philosophy and Character and Opinion in the United States, hg. von James Seaton. New Haven: Yale University Press, 2009.

Einflüsse." Zu den Rebellen, die Europa eine kritischere Einstellung zum Vordringen der Technik verschafften, rechnet er Nietzsche und Renan, Morris und Rodin, Marx und Mill. „Sie machten es für Menschen unmöglich, die Degradierung der Gesellschaft und die Armut ihres Lebens zu vergessen, und bauten eine Brücke zwischen der Größe der Wenigen in der Vergangenheit und der Größe der Vielen, vielleicht, in der Zukunft."[13]

In seinen Essays erhöht Brooks das intellektuelle Engagement Europas zur Kontrastfolie eines Amerika, das nicht zu sich selbst komme außer bei Geschäften. Es ist „that rational Puritan morality"[14], die die ideelle und emotionale Selbstzerfleischung um der Wahrheit willen in der Literatur unterbinde, die er an europäischen Schriftstellern bewundert. Sein Vorwurf: „Wir Amerikaner spüren nicht die Inspiration des amerikanischen Lebens, weil wir uns von seinem Verständnis abgeschnitten haben. Alles in Amerika ist in einem Stadium der Zerstreuung, der Scheidung. Unser Humor ist nicht unser Leben, unsere Politik und Religion sind außerhalb von uns, wir sind intelligent ohne Instinkt."[15] Europäische Kritiker hätten nie verstanden, nimmt Brooks den Gedankengang in dem späteren Essay *The Culture of Industrialism* auf, warum „eine ‚junge Nation', die ein tatkräftiges, primitives Leben lebe, sich künstlerisch nicht in einer entsprechenden Form ausgedrückt haben [sollte]; weil Whitman es tat, haben sie ihn als repräsentativen Poeten Amerikas akzeptiert".[16] Whitman werde jetzt in Amerika akzeptiert, aber zu seiner Zeit sei er abgelehnt und gehasst worden, weil er, indem er dem amerikanischen Geist ein Ventil für Kreativität verschaffte, das Pioniergesetz der Selbstbewahrung gebrochen habe.

In Brooks' Bestandsaufnahme europäischer Kultur in Amerika fehlt die Erwähnung der enormen Wirkung klassischer Musik, die zur Gründung großer, zumeist städtischer, aber privat finanzierter Orchester führte, an denen die Einheimischen die Dominanz europäischer Orchesterleiter, Solisten und Musiklehrer bewunderten, bisweilen aber auch als geradezu bedrückend empfanden.[17] Brooks konzentrierte sich auf die literarische Kultur. Dazu gehörten Verehrung und Einbezug von Matthew Arnold, der mit seiner Maxime „*knowing the best that has been thought and said in the world*" den Höhenflug der Kulturverehrung definiert hatte. Der Annahme, dass Amerikaner sich damit tatsächlich diese Form von Kultur zu eigen gemacht hätten, verpasst Brooks genüsslich eine kalte Dusche: „Eingehüllt von

---

13 Van Wyck Brooks, Young America. In: ders., America's Coming-of-Age. Garden City, NY: Doubleday, 1958, 118 f.
14 Brooks, The Wine of the Puritans. A Study of Present-Day America. London: Sisley's, 1908, 104.
15 Brooks, The Wine of the Puritans, 141.
16 The Culture of Industrialism. In: Brooks, America's Coming-of-Age, 105.
17 Jessica C. E. Gienow-Hecht, Sound Diplomacy. Music and Emotions in Transatlantic Relations, 1850–1920. Chicago: University of Chicago Press, 2009.

ihren materiellen Aufgaben, hat ihnen [Arnolds Doktrin] erlaubt, am Erbe der Zivilisation stellvertretend teilzuhaben"; sie stattete die Amerikaner „sozusagen mit all den Perlen der Auster aus, während sie geschickt der traurigen Verantwortung der Auster entgingen. Sie polsterte ihr Leben mit allem aus, was in der Geschichte als Bestes gilt, wobei der Menschheit kostbarste Schätze von ihren hässlichen und misslichen organischen Beziehungen sauber gereinigt sind."[18]

Der Vorwurf saß. Heute würde man sagen: *culture lite*. Brooks verstand die Scheidung zwischen „*highbrow*" und „*lowbrow culture*" zu Beginn seines Essays „America's Coming-of-Age" als spezifisch amerikanisch, das heißt ungewohnt in anderen Kulturen. Seine Zweiteilung galt einer anderen Konstellation als Santayanas Scheidung von *genteel* und *industrial*: „auf der einen Seite eine verhältnismäßig ungetrübte, ziemlich offenherzige Annahme transzendentaler Theorie (,hohe Ideale'), auf der anderen eine gleichzeitige Hinnahme effekthascherischer Dinge".[19] Letzteres galt vor allem der Gewohnheit der Mittelklasse, sich in der Unterhaltungskultur von Film und Schlager, verbunden mit der Konsumkultur, einzurichten und die höheren Ideale anderen zu überlassen.

Dem auf technischer und wirtschaftlicher Expansion beruhenden nationalen Selbstbewusstsein wurde ein Stück Legitimation entzogen. Allerdings bewegte sich Brooks' Argument gegen die bloß anempfundene, gereinigte Rezeption europäischer Kultur selbst in den Kategorien der europäischen Kulturkritik, die nach Nietzsche besonders unter Konservativen dazu tendierte, aktuelle Kultur generell als Inszenierung zu bewerten. Brooks' Blick auf die europäischen Einflüsse markiert zwar die Tatsache, dass Europa in seinen kulturellen Hervorbringungen, die er schätzte, nicht vom Puritanismus gehindert wurde, überließ aber die Beurteilung der neuen Wandlungen zur Moderne anderen. Der Vorwurf an die andere Kultur, nur zu inszenieren, ist dann von amerikanischen Kritikern vor allem nach dem Ersten Weltkrieg, in dem sich Europa kulturell zerfleischte, erhoben worden. Kein Geringerer als George Santayana machte in seinen späteren Essays kein Hehl aus seiner Präferenz für „*the American will*", die Überlegenheit des technischen Genies dieser Nation. In einem Brief an Van Wyck Brooks tat er 1927 die europäischen Einflüsse mit den Worten ab: „Es ist Tünche, Schminke, Ästhetizismus, Kunstmuseen, neues Theater etc., was Amerika impotent macht."[20] Als Santayana den Brief schrieb, hatte er es längst vorgezogen, in diesem mit Museen bestückten Europa mit all seinen Inszenierungen zu leben.

Brooks wollte provozieren. Er lud das gebildete Publikum zur Reflexion einer wenig inspirierenden literarischen Kultur ein, in der zwar einzelne Romanciers wie

---

18 Brooks, The Culture of Industrialism, 108.
19 Brooks, America's Coming-of-Age, 3.
20 An Van Wyck Brooks, 22. Mai 1927, zit. nach Santayana in America, 304.

Stephen Crane, Theodore Dreiser und Upton Sinclair und Journalisten wie Lincoln Steffens die Qualität effektvoller Gesellschaftskritik erreichten, die jedoch im Allgemeinen von britischen Autoren beherrscht wurde – ohne die moralingeschwängerte Selbstzufriedenheit der Neuen Welt.

In der zunehmend harten, schließlich kriegsbezogenen Auseinandersetzung mit Amerikas unintellektueller Mittelstandskultur ging der Stern H. L. Menckens auf, der sich noch herausfordernder auf Nietzsche berief, wenn er der kulturellen Harmoniesuche seiner Landsleute Nietzsches Verurteilungen des Philistertums entgegenschleuderte, Provokationen, die ihn als Deutschenfreund fast ins Gefängnis brachten. Selbst Bourne gingen Menckens Provokationen in dessen Zeitschrift *The Smart Set* zu weit.[21] Anders als Bourne, der die europäische Moderne Amerikanern als Vorbild und Antrieb empfahl, tendierte Mencken dazu, seinen Landsleuten übelzunehmen, dass sie nicht Europäer (Deutsche) seien, das heißt, dass sie nicht Skepsis, Zynismus und Pessimismus kulturell fruchtbar machten. In *A Book of Prefaces* (1917) lieferte Mencken eine Generalabrechnung mit dem immer noch wirksamen Puritanismus und eine damit verknüpfte Verurteilung der gegenwärtigen (Roman-)Literatur:

> Die ganze Atmosphäre unserer Literatur ist, in William James' Worten, „abgestanden" und „wie Spülwasser" [*dishwatery*]. Bücher werden bei uns weiterhin nicht nach Form und Organisation als Kunstwerke, nach ihrer Genauigkeit und Lebendigkeit als Darstellungen des Lebens, ihrer Gültigkeit und ihrem Scharfsinn in dessen Interpretation beurteilt, sondern nach ihrem Konformismus im Hinblick auf die nationalen Vorurteile, ihrer Übereinstimmung mit den vorgegebenen Standards von Nettigkeit und Schicklichkeit. Verlangt wird unwiderruflich ein „gesundes" Buch; das Ideal ist ein „sauberes", ein „inspirierendes", ein „frohes" Buch.[22]

Santayana schob zu dieser Zeit die *genteel tradition* beiseite, verschaffte der anderen Seite amerikanischer Kultur mit dem Begriff „*American will*", der die technische Welt einbegriff, entscheidendes Gewicht. Die Anerkennung der Technik als wichtiger Teil amerikanischer Kultur vollzog sich auch in den zwanziger Jahren nur langsam. Thomas Hughes hat dem Historikerpaar Charles und Mary Beard den Durchbruch der Technik als Thema der amerikanischen Historiografie zugeschrieben. In ihrer monumentalen Geschichte der amerikanischen Kultur, *The Rise of American Civilization* (1927), erfuhr die Bewältigung des Maschinenzeitalters *(machine age)* volle Würdigung. Sie verschafften der „enthusiastischen Würdigung

---

21 Terry Teachout, The Sceptic. A Life of H. L. Mencken. New York: HarperCollins, 2002, 136.
22 H. L. Mencken, A Book of Prefaces. New York: Knopf, (1917) 1920, 225.

materiellen Reichtums durch Massenproduktion" einen festen Platz.²³ Die Beards klärten gleichsam viele Vorbedingungen für Hughes' eigenes Konzept des technologischen Enthusiasmus.

---

23 Thomas P. Hughes, Human-Built World. How to Think about Technology and Culture. Chicago/London: University of Chicago Press, 2004, 70.

7. Der Kaiser, Ingenieure und die Wurzeln moderner Sachlichkeit

Weltausstellungen verschafften den veranstaltenden Ländern die besten Gelegenheiten, ihre Erfolge in der Beherrschung von Technik und industrieller Macht aller Welt vorzuführen. Großbritannien hatte sich 1851 mit der ersten Weltausstellung in Paxtons gläsernen Pavillons den ersten Platz in der Konkurrenz gesichert. Frankreich hatte den Wettbewerb aufgenommen, 1878 die neu geschaffene Dritte Republik gefeiert („Exposition de la Revanche") und die Pariser Ausstellung 1889 weitgehend als Jubiläum der Revolution von 1789 inszeniert, weshalb die monarchischen Mächte Europas die Veranstaltung offiziell nicht beschickten. Mit der Ausstellung zur Jahrhundertwende 1900 gab sich das Land mit großem Aufwand eine moderne Identität als technische Großmacht, nachdem es mit dem Bau des Eiffelturms zur Ausstellung 1889 die Welt in Erstaunen gesetzt hatte. Die Vereinigten Staaten hatten die erste Weltausstellung auf amerikanischem Boden 1876 offiziell als Feier ihres hundertjährigen Jubiläums als demokratischer Staat angelegt. Das geschah nicht von ungefähr in Philadelphia, dem Ort der Unabhängigkeitserklärung und des Verfassungskonvents. Nachdem bereits in Philadelphia die Leistungen der amerikanischen Technik dem Land erste internationale Anerkennung verschafft hatten, zielte die Chicagoer Ausstellung 1893 darauf, die technische Vormachtstellung im großen Stil vorzuführen. Noch vertrauten die Veranstalter allerdings nicht allein der Legitimation durch technischen Fortschritt, verbargen die Technik hinter einem klassizistischen, mit griechischen Säulen bewehrten riesigen Ehrenhof – Krönung der nationalen Identität als Nachfolger der antiken Demokratien. 400 Jahre nach Kolumbus' „Entdeckung" Amerikas in der damals dynamischsten Industriestadt des Landes veranstaltet, markierte diese Extravaganz die Tatsache, dass sich die Vereinigten Staaten nun ganz in den Kranz der fortgeschrittenen Nationen eingereiht hatten. Das wurde in der Weltausstellung 1904 in St. Louis mit weniger architektonischem Aufwand bekräftigt.

Warum verzichtete das Deutsche Reich, das um 1900 zur technischen Großmacht aufgestiegen war, auf die Gelegenheit, sich in dieser Form der Welt zu präsentieren? Glaubte man, das einstige Verdikt „billig und schlecht" würde immer noch nachwirken?[1] Warum lehnte Kaiser Wilhelm II., der sich konstant und penetrant

---

[1] Thomas Kuchenbuch, Die Welt um 1900. Unterhaltungs- und Technikkultur. Stuttgart/Weimar: Metzler, 1992, 145; Ilja Mieck, Deutschland und die Pariser Weltausstellungen. In: Marianne Germania. Deutsch-französischer Kulturtransfer im europäischen Kontext 1789–1914, hg. von Philippe Despoix und Etienne François. Leipzig: Leipziger Universitätsverlag, 1998, 31–60.

für den Platz des Reiches an der Sonne starkmachte, die von der Industrie und anderen mächtigen Gruppen an ihn herangetragenen Vorschläge für eine Berliner Weltausstellung ab?

Wolfgang König hat in seiner ausführlichen Darstellung des Verhältnisses von Kaiser Wilhelm II. zur Technik die entscheidenden Punkte zusammengetragen, die dieses Thema bis ins neue Jahrhundert zu einem Dauerbrenner machten, obwohl der Kaiser sein zuerst 1892 ausgesprochenes Veto gegen eine deutsche Weltausstellung auch später nie aufgab. König kam dabei kaum über die Diskrepanz zwischen Wilhelms außergewöhnlichem Interesse am Fortschritt der deutschen Technik und diesem Veto hinaus, das die Zeitgenossen beschäftigte. Er dokumentiert die Absage mit Wilhelms sarkastischen Feststellungen gegenüber Reichskanzler Caprivi über die Provinzialität Berlins und darüber, dass der Kaiser – so die Zusammenfassung seiner auch anderswo getätigten Äußerungen – sich und sein Land nicht blamieren wolle.[2] So viel Gespür der Hohenzollernkaiser für Deutschlands Provinzialität bei diesem Veto-Argument erkennen ließ, so wenig überzeugt es angesichts seiner unstillbaren Leidenschaft, das deutsche Kaiserreich groß, glänzend und technisch modern erscheinen zu lassen. Zudem reichen seine Einwände gegen eine solche Veranstaltung in der Hauptstadt des Reiches kaum über die üblichen Banalitäten in der Aburteilung von Berlin und Paris hinaus, wenngleich mit kaiserlicher Schneidigkeit hingeworfen. Gewiss sind die finanziellen Bedenken erwähnenswert, die von Staatsvertretern wie von industriellen Unternehmern neben lautstarker Unterstützung vorgebracht wurden, als die Begeisterung Anfang der neunziger Jahre – die Berliner Ausstellung war für 1896 geplant – ihren Höhepunkt erreichte. Genügten sie jedoch, um des Herrschers Angst vor Blamage zu rechtfertigen?

Es ist wohl nicht zu weit gegriffen, wenn man dieser Argumentation, die das große Prestigepotenzial des Reiches auf technisch-wissenschaftlichem und industriellem Gebiet um die Jahrhundertwende beiseiteschiebt, das Gegenteil entgegenhält: dass der Kaiser nur allzu genau wusste, wie stark deutsche Industrie, Technik und Wissenschaft, wenn sie bei einer solchen Weltveranstaltung zu einem großen Repräsentationsereignis vereinigt würde, über die Grenzen hinaus wirken würde. Er wusste es, wusste aber auch, dass ihn diese Veranstaltung in seiner krampfhaft behaupteten Feudalherrlichkeit als Repräsentant des Reiches überschatten würde. Ihm war bekannt, dass die Franzosen und Amerikaner der Welt in diesen Ausstellungen mit ihrer Technik eine aus vielerlei Komponenten resultierende Inkarnation ihrer Länder, in beiden Fällen Demokratien, demonstrierten. Die Tatsache, dass er die deutsche Technik nur in einer regional herabgestuften Gewerbeausstellung repräsentiert sehen wollte, die dann 1896 im Berliner Vorort Treptow durchaus die

---

[2] Wolfgang König, Wilhelm II. und die Moderne. Der Kaiser und die technisch-industrielle Welt. Paderborn: Schöningh, 2007, 147–155.

großen Qualitäten deutscher Technik aufzeigte und die er mit gewohntem Aufwand besuchte, bekräftigt das Argument, dass ihn die Besorgnis um seine Einmaligkeit als Verkörperung des neuen Reiches angesichts einer solchen internationalen Großveranstaltung zum Veto veranlasste.

Bevor die Formen des Habitus im Kaiserreich, die den Umgang mit der Technik mitbestimmten, genauer skizziert werden, ist ein Blick auf die Bemühungen angebracht, mit denen dieser Monarch der Technik dennoch viel Prestigewert verschaffte. Obgleich er viel vom allseits wahrgenommenen amerikanischen Umgang mit der Technik hielt, geschah seine Einflussnahme überwiegend von oben her, mit autoritären Eingriffen. Mit seinem Technikinteresse ging der Kaiser über das Denken der vorwiegend antitechnisch eingestellten Offiziellen des Reiches hinaus, die zumeist der aristokratischen Führungsschicht angehörten. Er erhielt viel Beifall von der Seite der Techniker und Industriellen damit, dass er die Ingenieursausbildung der Universitätsausbildung gleichzustellen versuchte und tatsächlich für die Technischen Hochschulen 1899 das lange geforderte Promotionsrecht erwirkte. Dazu gehört ebenso die Berufung von Ingenieurprofessoren ins Preußische Herrenhaus, die Errichtung von zwei Technischen Hochschulen im Osten des Reiches, nicht zu vergessen die Förderung der Wissenschaften mit der Schirmherrschaft über die Gründung der Kaiser-Wilhelm-Gesellschaft 1911, der späteren Max-Planck-Gesellschaft. „Damit wurde die Integration der Technikwissenschaften in das deutsche Wissenschaftssystem vorangetrieben", summiert Wolfgang König und fügt hinzu, dass Wilhelm II. durch seine Beschäftigung mit Technik, Wissenschaft und Industrie zum gesellschaftlichen Wandel beigetragen und „die gesellschaftliche Emanzipation des Bildungs- und Wirtschaftsbürgertums" unterstützt habe.[3]

Auf die Anerkennung von Technik und Wissenschaft bezogen, ist diese Feststellung sicherlich berechtigt. Sie differenziert aber auch in einem wichtigen Bereich die mit guten Argumenten vertretene Ansicht, dass das „wilhelminische System" in seinem Wirtschaftsautokratismus nach 1900 auch ohne Wilhelm funktionsfähig war.[4] Sie differenziert diese Einsicht, ohne sie aufzuheben, zumal sich ein gewichtiger Teil liberalisierender Reformen im Produktionssektor entwickelte, vor allem in der Konsumgüterherstellung, wo man den Vorwurf „billig und schlecht" noch nicht ganz vergessen hatte. Was etwa der Deutsche Werkbund mit der Technik in Architektur und Design anstrebte, stand in deutlicher Distanz zu Wilhelms Interventionen. Das bezog die Wandlung ästhetischen Geschmacks ein, bei der sich

---

3 König, Wilhelm II. und die Moderne, 274.
4 Mark Hewitson, The Wilhelmine Regime and the Problem of Reform. German Debates about Modern Nation-States. In: Wilhelminism and Its Legacies. German Modernities, Imperialism, and the Meanings of Reform, 1890–1930, hg. von Geoff Eley and James Retallack. New York/Oxford: Berghahn, 2003, 87.

Abb. 5 Kaiser Wilhelm II. mit dem Panzerschiff Brandenburg (Postkarte)

bürgerliche Käuferschichten vom wilhelminischen, in der Oberschicht weiter geförderten Historismusgeschmack zugunsten sachbezogener gefälliger Nutzformen abkehrten.

Das kaiserliche Konzept der deutschen Technik zielte ohnehin in eine andere Richtung. König kann nicht umhin, dem Kaiser zu bescheinigen, dass er mit seiner Begeisterung für die jeweils größte und schnellste Erfindung den Charakter technischer Entwicklungen verfehlte. Sein Denken „ignorierte, daß sich Technik nicht als Aufeinanderfolge großer Erfindungen entwickelt, sondern vor allem als Kumulation kleiner Verbesserungen. Es ignorierte, daß technische Innovationen sich bewähren, beim praktischen Einsatz gewonnene Erfahrungen in die Entwicklung zurückfließen mußten". Zwar stellte Wilhelm für den Ausbau der technischen Infrastruktur des Reiches einige Weichen.

> Aber er war auch nicht die zentrale technik-, industrie- oder technopolitische Instanz, die das politische Handeln steuerte und bei der die Fäden zusammenliefen. [...] Technisches Interesse an spektakulären Innovationen, Personalismus und dynastische Traditionspflege reichten zur Grundlegung einer Technikpolitik nicht aus.[5]

---

5 König, Wilhelm II. und die Moderne, 267.

Wenn Wilhelm II. annahm, dass nur er das Land mit seiner kaiserlichen Erscheinung und seinem Kommando über Außen-, Kunst-, Technik- und Kulturpolitik bestimmen konnte, überschätzte er die Effektivität seiner Öffentlichkeitspolitik.[6] Bereits Ende des 19. Jahrhunderts zeichneten sich in der deutschen Öffentlichkeit zumindest zwei verschieden ausgerichtete Diskurse über das Kaiserreich ab, ganz abgesehen vom oppositionellen Blick der marxistischen Sozialdemokratie. Sie sind im Bereich der von ihm lautstark betriebenen Repräsentation des Staates besonders in den Konfrontationen über Kunst und Literatur seit Langem aufgearbeitet worden. Sie erhellen die Diskrepanz, die sich zwischen Wilhelms Propagierung feudalhistorischer Inkunabeln mit idealistisch ornamentierter Moral einerseits und der realistisch-nüchtern ausgerichteten Reformbewegung in Kunstgewerbe, Design und Architektur andererseits auftat.

Der Philosoph und Kultursoziologe Helmuth Plessner, noch im Bürgertum des Kaiserreichs aufgewachsen, lieferte dafür die eindrucksvollste Kurzdefinition:

> So standen im neuen Reich Staat und bürgerliche Wirtschaftsgesellschaft von vornherein unter verschiedenen Zeichen. Die Gesellschaft bejahte den Nationalstaat als die für den ökonomischen und kulturellen Fortschritt unumgängliche Machtorganisation. Darüber hinaus hatte er für sie nur den gewissenmaßen rein demonstrativen Wert einer Verkörperung des deutschen Volkes. Er stand nicht für eine der großen Menschheitsideen wie Freiheit, Zivilisation und Demokratie, er legitimierte sich nicht durch sie, er wollte für sich nichts anderes als den Platz an der Sonne.

Die „geistigen Schichten" wollten keinen romantischen Historismus mehr.

> Vom Leben her und für das Leben verlangten sie eine Erneuerung, geistig und materiell, welche den Anforderungen der industriellen Welt gewachsen war. Stand und Kaste, Eigentumsordnung und Klassengegensatz waren nicht aus den Angeln zu heben. So blieb nur der Weg einer Gesellschaftsreform durch Reform der Kultur und ihres sinnlich faßbaren Ausdrucks in Kunstgewerbe und Architektur, einer Erneuerung des Lebens durch die Reform seiner Formen und Gefäße.[7]

Dass sich die Diskrepanz in der Wahrnehmung des Kaiserreiches auch im unterschiedlichen Alltagsverhalten manifestierte, ist von Historikern wahrgenommen,

---

6 Peter Paret, Die Berliner Secession. Moderne Kunst und ihre Feinde im Kaiserlichen Deutschland. Frankfurt/Berlin/Wien: Ullstein, 1983; siehe meine ausführliche Erörterung der Kunst- und Kulturpolitik Kaiser Wilhelms II. in: Kulturmacht ohne Kompass, 10–54.

7 Helmuth Plessner, Die Legende von den zwanziger Jahren. In: ders., Diesseits der Utopie. Ausgewählte Beiträge zur Kultursoziologie. Frankfurt: Suhrkamp, 1974, 89, 93.

allerdings selten genauer untersucht worden, da die Zeugnisse darüber zumeist Dokumentenauthentizität vermissen lassen. Norbert Elias, der den unterschiedlichen Verhaltensformen im Kaiserreich mehrere Studien widmete, merkte dazu an, dass die von Ranke „auf explizite Dokumentation trainierten" Historiker „für Formen der Vergesellschaftung, deren Kohäsion weithin auf der Kenntnis von wenig artikulierten Symbolen beruht, kein rechtes Organ haben".[8] Mag das inzwischen auch nicht mehr so stimmen, wie er es meinte, bleibt festzuhalten, dass Elias' Blick auf Verhaltensformen, mit mehreren Quellen und großer Feinfühligkeit versehen, neue Zugänge zum Verständnis der kaiserlichen Gesellschaft eröffnet hat, mit denen die komplizierte Einstellung zur Technik abwägbar wird.

Mit Elias' großem Werk *Über den Prozeß der Zivilisation* sowie den *Studien über die Deutschen. Machtkämpfe und Habitusentwicklung im 19. und 20. Jahrhundert* hat die Entschlüsselung habitueller Rituale und Gewohnheiten im historischen Prozess wichtige Instrumente bekommen. Dank seiner eigenen Analysen der Führungsschichten sind sie abrufbar, ohne dass ihre Methodologie im Einzelnen ausgebreitet werden muss. Elias selbst lässt keinen Zweifel daran, dass die Beschaffung von Evidenz aus persönlichen Berichten, Memoiren und Romanen an Grenzen stößt, und hat sich mit seiner Ausrichtung an Fedor von Zobeltitz' Berichten, *Chronik der Gesellschaft unter dem letzten Kaiserreich* (1922), auf die Verhaltensformen der Oberschicht beschränken müssen.[9] Diese aber werden mit ihrem „Formalisierungsschub", der sowohl Kleidung und Umgangsformen als auch das Zeremoniell kaiserlicher Feste erfasst, zu einem Paradebeispiel habitueller Statuserhöhung, bei der sich im individuellen Auftritt gleichsam die zeremonielle Präsenz des Kaisers spiegelt. Wenn Elias auf Zobeltitz' Bemerkung über das Unvermögen nachfolgender Generationen hinweist zu verstehen, dass „diese Gesellschaft eine Art von Genossenschaft bildete"[10], lässt er wenig Zweifel an der Abgehobenheit, ja Abge-

---

8 Norbert Elias, Studien über die Deutschen. Machtkämpfe und Habitusentwicklung im 19. und 20. Jahrhundert, hg. von Michael Schröter (Gesammelte Schriften Bd. 11). Frankfurt: Suhrkamp, 2005, 125; Reinhard Rürup, Die Geschichtswissenschaft und die moderne Technik. Bemerkungen zur Entwicklung und Problematik der technikgeschichtlichen Forschung. In: Aus Theorie und Praxis der Geschichtswissenschaft. Festschrift für Hans Herzfeld zum 80. Geburtstag, hg. von Dietrich Kurze. Berlin/New York: de Gruyter, 1972, 49–85.

9 Die Problematik von Elias' Herangehensweise steckt in ihrer Tendenz, im Statischen der gekennzeichneten Verhaltensformen zu verharren. Das wird noch deutlicher und entzieht der Studie von Martin Doerry, Übergangsmenschen. Die Mentalität der Wilhelminer und die Krise des Kaiserreichs (Weinheim/München: Juventa, 1986), die Überzeugungskraft. Indem der Autor das vor allem aus sieben, meist in den zwanziger Jahren geschriebenen Autobiografien geschöpfte Material zu vier Eigenschaften ordnet und daraus eine wilhelminische Mentalität zu konstruieren sucht, fördert er wichtige, psychologisch begründete Merkmale des Verhaltens zutage, verliert sich aber in der vergeblichen Bemühung um die abstrakte Strukturierung einer spezifischen Mentalität.

10 Elias, Studien über die Deutschen, 200, 128.

schlossenheit der Oberschicht im Kaiserreich. Der Historiker Otto Hintze sprach von der „adelig-bürgerlichen Amtsaristokratie" der preußischen Eliten.[11]

Was Elias nur andeutet, leider nicht im selben Maße im Verhalten untersucht, ist die Tatsache, dass die in Produktion und Geschäftsleben ausschlaggebenden Mittelschichten andere habituelle Gewohnheiten ausbildeten, die sie mit den Formalien kaiserlicher Untertanenexistenz zu kombinieren wussten. Elias erwähnt jedoch, dass die „Anziehungskraft der Oberklassenmodelle für bürgerliche Schichten nach der Jahrhundertwende allmählich nach[ließ]" und sich „gegen Ende der kaiserlichen Ära Tendenzen zur Informalisierung"[12] zeigten. Ein besonderes Indiz sei der Wandel der Frauenkleidung. Wie die zuvor zitierten ausländischen Besucher feststellten, waren die Verhaltensformen der bürgerlichen Mittelschichten von militärischem Gebaren unterlegt, entbehrten jedoch zumeist der direkten Bezugnahme auf den Kaiser, es sei denn, man parodierte damit dessen Großtuerei. Generell über die kaiserlichen Vorlieben für technische Erfindungen und Großobjekte (Schlachtschiffe) unterrichtet, gründete die Bevölkerung ihren im Alltag geformten Umgang mit Technik jedoch auf davon wenig berührte Erfahrungsbereiche.

Um der an Elias anschließenden Analyse der Verhaltensformen und ihrer Wandlungen im Umgang mit der Technik historischen Halt zu geben, sei im Folgenden zunächst auf eine Untersuchung lang dauernder Tendenzen im gesellschaftlichen Verhalten zurückgegriffen, die der Kunsthistoriker Richard Hamann mit der damals vorherrschenden kulturmorphologischen Methode durchführte.[13] Dem schließt sich eine Darlegung der kontroversen Erörterungen an, die sich zu Beginn des 20. Jahrhunderts über das Vordringen der Technik entwickelten und in deren Zentrum der Ingenieur als Akteur stand. Mit seiner Priorisierung technischer Rationalität forderte der Ingenieur die standesgemäße Hierarchisierung des Alltags heraus. Indem er auf rationalen Lösungen bestand, musste er in Kauf nehmen, nicht wirklich zum kulturellen Personal gezählt zu werden. Gerade das machte ihn – oder sein Klischeebild – dort wertvoll, wo die geläufigen Kulturrituale im Verständnis der Alltagswelt aussetzten. Der Ingenieur signalisierte neuartiges Verhalten.

Richard Hamann zielte mit seinem Beitrag auf einen Vergleich der Verhaltensformen von Deutschen und Franzosen und hielt sich, als er den Text während des Ersten Weltkrieges verfasste, von den üblichen nationalistischen Verzerrungen fern. Hamann hatte sich 1907 mit der innovativen Studie *Impressionismus in Leben und*

---

11 Nach Gangolf Hübinger, Die europäischen Intellektuellen 1890–1930, in: Neue Politische Literatur 39 (1994), 48.
12 Elias, Studien über die Deutschen, 129.
13 Zur älteren Forschung siehe Verhaltenswandel in der industriellen Revolution. Beiträge zur Sozialgeschichte, hg. von August Nitschke. Stuttgart: Kohlhammer, 1973, bes. 136–143; als neues Beispiel Georg Wagner-Kyora, Vom „nationalen" zum „sozialistischen" Selbst. Zur Erfahrungsgeschichte deutscher Chemiker und Ingenieure im 20. Jahrhundert. Stuttgart: Steiner, 2009, bes. 40–45.

Kunst einen Namen als Kunsthistoriker gemacht, war bald danach zu einem zunehmend sozial engagierten Kritiker des Kaiserreichs geworden. Bei seiner Analyse der Habitusformen der Deutschen im Gegensatz zu denen der Franzosen lokalisierte er einen deutschen „Sachlichkeitstrieb" bereits in früheren Jahrzehnten.[14] Er definierte ihn als Produkt der sozial isolierten und unbeholfenen Lebensformen im Gegensatz zu dem französischen Trend zu Gesellschaft und Geselligkeit, mit dem die Kulturentwicklung des Nachbarlandes stark auf die fortschreitende Regelung des Gemeinschaftslebens zielte. Die Eigenwilligkeit bedinge, dass

> nun der Deutsche mit den Dingen allein, die zum Leben nötig sind, in der Erarbeitung dieser sachlichen Werte zu einer Hingabe an diese gelangte, die nicht nur zu einer ständigen Vervollkommnung der Technik sachlicher Ausgestaltung des Lebens führte, sondern auch zu einer Vergeistigung aller dieser objektiven Güter, für deren Vertiefung nichts so sehr Zeugnis ablegt als die deutsche Musik.

Mit dieser im Einzelnen psychologisch begründeten Erklärung des Hanges zur Sachlichkeit schloss Hamann an Merkmale der Verhaltensformen an, wie sie bereits im späten 19. Jahrhundert bei der Erörterung des Verhältnisses der Deutschen zur Arbeit formuliert worden waren: „Hieraus entwickelte sich ein Reich der Zwecke, eine Organisation der Arbeit, die auch jedem Menschen seinen Platz anweist, aber immer nur mit Hinsicht auf seine sachliche Leistung, jenseits deren seine Person sich völlig unabhängig von der Gesellschaft, in der er schafft, erhalten kann."[15]

In seinem wissenschaftlichen Werk wurde Hamann selbst zum Modell forschender Sachlichkeit, wie sein jüngerer Kollege und Mitautor Jost Hermand nicht müde wurde festzustellen. Was Hamann in seinem Impressionismus-Buch 1907 erfasste, ließ er bald danach zurück, wie es andere Kunstkritiker dieser Jahre taten, die sich von Jugendstil und Art nouveau abwandten und einen Begriff suchten, welcher der Erfahrung modernen Daseins in Kunst und Alltag Ausdruck verlieh. Bei dieser Suche verfestigte sich die Bezugnahme auf Sachlichkeit von einem Begriff zu einem Konzept, das der wirtschaftlich und materiell orientierten Gegenwartserfahrung entsprach und zugleich den Schöpfern von Design, Innenarchitektur und Baukunst in ihren Reformbemühungen Richtung gab.[16] Sachlichkeit bezog sich auf

---

14 Richard Hamann, Deutsche und französische Kultur und Kunst, in: Internationale Monatsschrift für Wissenschaft, Kunst und Technik 11:2 (1916/17), Sp. 195–228, hier Sp. 203.
15 Hamann, Deutsche und französische Kultur und Kunst, Sp.199.
16 Für eine breitere Definition im theoretischen Kontext siehe Trommler, Sachlichkeit statt Bürgerlichkeit. Über die historische Brauchbarkeit kultureller Paradigmen. In: Von der Aufgabe der Freiheit. Politische Verantwortung und bürgerliche Gesellschaft im 19. und 20. Jahrhundert. Festschrift für Hans Mommsen, hg. von Christian Janssen, Lutz Niethammer und Bernd Weisbrod. Berlin: Akademie, 1995, 635–646.

die Notwendigkeit, dem rationalen Denken zu entsprechen, und machte damit den Bereich der Technik zu einer Bezugsgröße im alltäglichen Denken, hob dessen übliche Ausschließung aus dem geläufigen Kulturdiskurs auf.

Dass die allgegenwärtige Präsenz von Technik und Technikern dazu beitrug, diesen an sich farblosen Begriff der Sachlichkeit zu einem aussagekräftigen Verständigungsmittel modernen Verhaltens zu machen, verdient genauere Erläuterung, da Technikhistoriker sich kaum auf diesen Aspekt eingelassen haben. Wichtiger wurde ihnen für die Profilierung der Stellung des Ingenieurs in der deutschen Gesellschaft die konstante Klage, dass er keine seiner Funktion in der Gesellschaft gemäße Statuserhöhung erfahre. Seine Berufslobby, der Verein Deutscher Ingenieure, publizierte in der Verbandszeitschrift *Technikgeschichte* zahlreiche Texte zu diesem Thema.[17]

Generell war das Berufsbild deutscher Ingenieure wie das in anderen Ländern von Optimismus getragen, „im Tun als Baumeister einer besseren Welt, im Gestalten des Neuen, mit dem ‚Erfinder' als Leitbildzentrum des Ingenieurberufs".[18] Dem Optimismus antwortete zunehmender Enthusiasmus in der Öffentlichkeit, wo seit der Weltausstellung in Chicago 1893 das Gefühl überwog, dass die deutsche Technik auch international aufgeholt habe. Reuleaux selbst konstatierte das nach dem Besuch Chicagos.

Zugleich lassen sich die Hindernisse nicht übersehen, die dem Ingenieur um 1900 für eine volle gesellschaftliche Anerkennung im Wege standen. Sie hat der Wirtschaftshistoriker Hartmut Berghoff zusammengefasst:

> Zivilisationskritiker warnten vor den Folgen neuer Technologien, vor Materialismus und Entfremdung, Umweltzerstörung und Unfällen. Andererseits fanden Science-Fiction-Romane, Gewerbeausstellungen sowie populärwissenschaftliche Technikzeitschriften ihr Massenpublikum. In der Trivialliteratur überwog eine positive Wertung der Technikfolgen.

Berghoff beruft sich auf die Technikhistoriker Wolfgang König und Joachim Radkau, wenn er hinzufügt: „Auch wurde aller intellektueller Skepsis zum Trotz keine

---

17 Wilhelm Treue, 50 Jahrgänge Technikgeschichte. Eine Zeitschrift im Wandel, in: Technikgeschichte 50:4 (1983), 269–288; Peter Lundgreen, Das Bild des Ingenieurs im 19. Jahrhundert. In: Moderne Zeiten. Technik und Zeitgeist im 19. und 20. Jahrhundert, hg. von Michael Salewski und Ilona Stölken-Fitschen. Stuttgart: Steiner, 1994, 17–24; Gerd Hortleder, Das Gesellschaftsbild des Ingenieurs. Zum politischen Verhalten der Technischen Intelligenz in Deutschland. Frankfurt: Suhrkamp, 1970, 83 und passim.
18 Hans-Liudger Dienel, Zweckoptimismus und -pessimismus der Ingenieure um 1900. In: Der Optimismus der Ingenieure. Triumph der Technik in der Krise der Moderne um 1900, hg. von Hans-Liudger Dienel. Stuttgart: Steiner, 1998, 15.

leistungsfähige Innovation jemals aufgrund kultureller Ressentiments dauerhaft blockiert. Insofern ist es aussichtslos, das Zeitklima um die Jahrhundertwende einseitig auf Technikeuphorie oder auf Technikfurcht festlegen zu wollen."[19]

Die Hindernisse waren gesellschaftlich. Der Ingenieur musste in Deutschland Erwartungen erfüllen, die ihn nicht nur an seiner Fähigkeit maßen, technische Lösungen zu finden; er musste sich kulturell und standesgemäß bewähren, wenn er mit dem gesellschaftlichen Führungspersonal mithalten wollte.[20] Bei dem öfters angestellten Vergleich mit dem amerikanischen Techniker mochte diese gesellschaftliche Beanspruchung besonders belastend erscheinen, jedoch war das Bild eines allseits freien und anerkannten Professionellen in Amerika unzutreffend, wie in der Zeitschrift deutsch-amerikanischer Techniker, *The Technologist*, vielmals festgestellt wurde.[21] Auch hier litten die Ingenieure unter dem Mangel an einer Anerkennung, die ihrer bahnbrechenden Arbeit für den Fortschritt des Landes gerecht würde. Allerdings nahm ihnen das nicht den Enthusiasmus im Wissen, dass der technische Fortschritt, an dem sie arbeiteten, zugleich den geschichtlichen Fortschritt der Nation bedeute. An der Wandlung des nationalen Bewusstseins von der Verehrung der Gründungsgeschichte zum Engagement für die Zukunft waren sie aktiv beteiligt, fanden in den zwanziger Jahren genügend Unterstützung, als sie einen politischen Führungsanspruch anmeldeten. Zwar inspirierten technische Erfindungen und ihre Heroen auch in Deutschland wie in anderen Ländern um die Jahrhundertwende Stolz und nationale Identifikation, doch führte das bei all den kulturellen Einwänden nicht zum Gedanken einer Neuschöpfung der Nation aus dem Geist der Technik, wie es in Amerika geschah.

Im Vergleich mit dem französischen Ingenieur fehlte dem deutschen der universitäre Ritterschlag.[22] Zwar hatte sich hier der Ingenieurberuf frühzeitig von der Wissenschaft inspirieren lassen, jedoch war die Ingenieurausbildung nicht Sache der Universitäten geworden. Technischen Hochschulen fehlte trotz des vom Kaiser

---

19 Hartmut Berghoff, „Dem Ziele der Menschheit entgegen". Die Verheißungen der Technik an der Wende zum 20. Jahrhundert. In: Das neue Jahrhundert, 49; Wolfgang König, Ideology and Practice of Technology in History, in: History and Technology 2 (1985), 1–15; Joachim Radkau, Das Zeitalter der Nervosität. Deutschland zwischen Bismarck und Hitler. München: Hanser, 1998, 200.

20 Wolfgang König, Vom Staatsdiener zum Industrieangestellten: Die Ingenieure in Frankreich und Deutschland 1750–1945. In: Geschichte des Ingenieurs. Ein Beruf in sechs Jahrtausenden, hg. von Walter Kaiser und Wolfgang König. München: Hanser, 2006, 208.

21 Joh. Kaulke, Zeitalter der Technik oder des Technikers? Vorgetragen im Technischen Verein Newark am 11. April 1911, in: The Technologist 16 (1911), 92–97; Hans-Joachim Braun, A Technological Community in the United States. The National Association of German-American Technologists, 1884–1941, in: Amerikastudien/American Studies 30 (1985), 447–463, bes. 454 f.

22 Mikael Hard, German Regulation. The Integration of Modern Technology into National Culture. In: The Intellectual Appropriation of Technology. Discourses on Modernity, 1900–1939, hg. von Mikael Hard und Andrew Jamison. Cambridge, MA/London: MIT Press, 1998, 33–67.

erwirkten Promotionsrechts der letzte Glanz akademischer Legitimation. Die universitär sanktionierte Hochstellung in Frankreich ging mit der Überzeugung einher, dass Technik angewandte Naturwissenschaft darstelle. In Deutschland wurde Ingenieurwesen als eigenständige Wissenschaft behandelt; im überlieferten Verständnis von *techné* definierte es sich als Machen und Herstellen, was dem Ingenieur historisch eher die Rolle des Werkzeugmachers als des Managers zuwies. Was sich hier eher ausbildete, war ein sachbezogener „technologischer Fundamentalismus", der, als Teil schöpferischer Kultur gewertet, auch von Nichttechnikern als Baustein nationaler Kultur verstanden werden konnte.[23] Demgegenüber war die Stellung französischer Ingenieure im nationalen Kontext dadurch gekennzeichnet, dass sie sich, wie es Gustave Eiffel beispielgebend getan hatte, öffentlich am „Projekt der Moderne" engagierten.[24]

Aus der Zurücksetzung der technischen im Vergleich mit den juristischen, medizinischen und geisteswissenschaftlichen Berufen, die den Stempel der Universität aufwiesen, speiste sich ein Großteil der Energie, mit der schreibende Ingenieure wie Conrad Matschoß und Alois Riedler nach 1900 Technik gegen die Geisteswissenschaftler als einen wesentlichen Teil der Kultur propagierten.[25] Weniger umstritten war das Prestige, das die deutschen Ingenieure in der engen Zusammenarbeit mit der Industrie erlangten, der maßgebenden Basis der deutschen Erfolge in der internationalen Konkurrenz.

Wenn den deutschen Ingenieuren nachgesagt worden ist, dass sie, obwohl im Selbstverständnis Teil der Kultur, im Gegensatz zu Architekten zu den Schöpfungen der kulturellen Moderne keine großen Beiträge geleistet hätten, besagt das allerdings wenig darüber, wie intensiv sie mit ihrem bestimmenden Anteil an der gewaltigen industriellen Expansion in der deutschen Öffentlichkeit wahrgenommen wurden – viel beachtet war etwa ihre Rolle beim Bau der großen Elektrizitätswerke[26] – und wie sich ihr Berufsethos, ihre Ausrichtung an sachlicher Realitätserfassung und rationalen Lösungen in den alltäglichen Verhaltensformen breiterer Gesellschaftsschichten niederschlagen. Diese Wirkung lässt sich zunächst auf die „universell einsetzbare Planungs- und Leitungskompetenz, die sich allein auf Sachlichkeit und Zweckmäßigkeit gründe[t]" zurückführen, welche die Ingenieure für sich reklamierten, häufig mit dem Zusatz, „dass erst die Technik dem Staat die nötigen Mittel

---

23 Edmund N. Todd, Engineering Politics, Technological Fundamentalism, and German Power Technology, 1900–1936. In: Technologies of Power, 145–174.
24 Kjetil Jakobson u. a., Engineering Cultures. European Appropriations of Americanism. In: The Intellectual Appropriation of Technology, 119.
25 König, Der Gelehrte und der Manager.
26 Norbert Gilson, Die Vision der Einheit als Strategie der Krisenbewältigung? Georg Klingenbergs Konzeption für die Energieversorgung in Deutschland zu Beginn des 20. Jahrhunderts. In: Der Optimismus der Ingenieure, 57–76.

zu seiner Machtentfaltung in die Hand gebe".[27] Doch ist diese Wirkung noch auf andere Komponenten zurückzuführen: ebenjene Erwartungshaltung verschiedener Bevölkerungsschichten der Technik gegenüber, die sich sowohl in Zustimmung und Neugier wie in Ablehnung und Verdammung äußerte. Sie nahmen unterschiedlich wahr, wie die technischen Geräte und Erfindungen das Leben veränderten, waren keineswegs bereit, wie erwähnt, sie als Neuerungen zu akzeptieren, bis sie es doch taten. Sie nahmen wahr, wie Ingenieure ein Beispiel für den nüchternen Umgang mit den alltäglichen Problemen gaben. Ingenieure erlebten Technik durch die Probleme, die sie aufgab, sahen sich zu sachlicher Einschätzung gezwungen, die sie befähigte, Lösungen zu finden.

Im Unterschied zur amerikanischen Gepflogenheit, mit der Technik vornehmlich die Garantie des Fortschritts zu identifizieren, gab vielen Bürgern in Deutschland weniger die Technik und ihr Fortschrittsstatus Anlass zu neuen Überlegungen als der *Umgang* mit Technik. In diesem Umgang äußerten sich grundsätzliche Einstellungen zur Moderne. In ihm kam zum Tragen, was man vom Verhalten von Ingenieuren wahrnahm und übernehmen konnte, wenn man sich den neuen Alltagsproblemen ausgesetzt sah. Das verhalf nicht zu den Weihen höheren, feudal orientierten Bürgerlebens, in dem man den staatlich sanktionierten Status als Stütze des Kaiserreichs empfand, vielfach auch verehrte; wohl aber half es bei der Suche nach praktischen Einstellungen, für welche die Begriffe sachlich und Sachlichkeit in Gebrauch kamen. Der von Hamann konstatierte Sachlichkeitstrieb fand seine Verkörperung. Die an Arbeit und Sachhingabe orientierte, zuvor häufig vom Militärdienst geformte Lebenseinstellung strukturierte sich auf neue Weise.

Die Notwendigkeit, in der gegenwärtigen Zeit mit all ihren technischen Verrichtungen wie ein Ingenieur zu denken, stellte der Autor Ludwig Brinkmann ans Ende seiner weit ausholenden Darstellung unter dem Titel *Der Ingenieur*. Das Buch erschien 1905 in der repräsentativen Reihe von „sozialpsychologischen Monographien", die Martin Buber als eine neuartige Form essayistisch-psychologischer Berufsporträts und Kulturanalysen von bekannten Autoren herausgab. Brinkmann sah diese Intention wohl als Freibrief an, über die rationalste Berufsexistenz zunächst eine ziemlich unerträgliche Jugendstilrhapsodie zu komponieren. Er verkündete eingangs, er wolle den Ingenieur nicht heroisieren, um es dann doch ausschweifend zu tun. Bis er schließlich auf die realen Umstände der Ingenieurexistenz zu sprechen kommt und den Ingenieur in seiner Rolle für die Gesellschaft psychologisch recht genau charakterisiert.

Brinkmann definiert den Ingenieur weder über seinen Heroismus noch über seine gesellschaftliche Zurücksetzung, sondern über sein exemplarisches Dasein in der modernen Welt. Das heißt, er zielt auf sein Tun und dessen „Rezeption". Das

---

27 Berghoff, „Dem Ziele der Menschheit entgegen", 52.

liefert einen Schlüssel dafür, wie seine Kundschaft den Stellenwert der Technik im Alltag einschätzt und sich entsprechend anpasst. Technik zwingt dazu, sich auf rationale Denkweisen einzulassen. Brinkmanns Bilanz lautet:

> Selbst der Laie kann ohne wenigstens oberflächliche technische Kenntnisse bald nicht mehr auskommen; er muß ein wenig Ingenieur sein, um sein Fahrrad, sein Automobil, seine elektrische Beleuchtung, den Aufzug in seinem Hause, seine Zentralheizung und seine Warmwasserversorgung, die kleinen Maschinen des Haushaltes, warten zu können. Wer vermag heute schon mit gutem Gewissen eine Stadtverwaltung zu leiten, ein größeres Gemeinwesen zu regieren, der nicht von den Dingen des Ingenieurs wenigstens das Wesentliche versteht.[28]

Der Autor lässt keinen Zweifel daran, dass die eigentliche Aufmerksamkeit statt der Technik dem ingenieurhaften, sachlich-rationalen Umgang mit Technik gilt, welcher die Genugtuung liefert, modern zu leben und zu denken. Ingenieur sein heißt sachlich denken.

Dieses Kapitel über Ursprünge des Sachlichkeitskonzepts im alltäglichen Umgang mit Technik – im Anschluss an andere, bereits erwähnte Anpassungen des Habitus an die sozialen und wirtschaftlichen Faktoren der Industriegesellschaft – wäre unvollkommen ohne die Erörterung der Tatsache, dass Ingenieure zwar die Referenz für die neuen Verhaltensformen gegenüber der Technik bildeten, für eine umfassendere Perspektive zur Profilierung der Moderne, außer ihrer zukunftsbestimmenden Dynamik, aber kein Programm entwickelten. Das fiel, wie angedeutet, den Architekten zu, von denen man in Deutschland, was eine Kulturreform anging, zwar auch nicht allzu viel erwartete, denen man aber die kulturelle Einbettung der Technik eher zutraute. Auch hier kam die Argumentation von „unten", das heißt von der alltäglichen Bewältigung industrieller Wirklichkeit her, nicht von den Beaux-Arts-Projektionen der etablierten Zunft, deren Repräsentationsbedürfnis im (häufig abwertenden) Wort von der „internationalen Hotelarchitektur" Ausdruck fand, das man den meisten Gebäuden dieser Epoche angehängt hat.

Diese Perspektive von unten hat 1907, im Jahr der Gründung der Deutschen Werkbundes, eines seiner Mitglieder, der Kulturkritiker Karl Scheffler, in derselben von Martin Buber herausgegebenen Reihe sozialpsychologischer Monografien, im Porträt des Architekten geliefert. Scheffler führt den Leser auf andere, kaum weniger poetisch assoziierende Weise an den Faktor Sachlichkeit heran, indem er, ebenfalls vom unmittelbaren Erleben ausgehend, ein Verhalten umschreibt, aus dem sich eine sachliche Formgebung gleichsam organisch entwickelt. Das leuchtet auf dem Gebiet der Architektur nicht unmittelbar ein, findet aber in der Abwehr

---

28 Ludwig Brinkmann, Der Ingenieur. Frankfurt: Rütten & Loening, 1905, 83 f.

der Mietshausarchitektur der Jahrhundertwende eine überzeugende Begründung. Unter dem Titel *Der Architekt* charakterisiert Scheffler die Situation dieses Berufszweiges als prekär, insofern sich Architektur als Hilfsdienst für die Errichtung der deprimierenden Mietskasernen in den Großstädten auf einen Tiefpunkt manövriert habe, jedoch nun im Vorstoß von Einzelnen und mit der Finanzierung vonseiten einsichtiger Auftraggeber zu einem Träger moderner Kultur zu werden verspreche.

Als Vorbedingung wesentlich erscheint Scheffler die Erneuerung des Kunsthandwerks, die das englische Arts and Crafts Movement vorgegeben habe. Die Arbeit der Künstler, „die auf dem Wege über das Kunsthandwerk zur Architektur streben", beweise, dass „der bildende Sinn aber nach zwingenden technischen Baugedanken" suche. Der Künstler habe seine Anregungen

> zum großen Teil daher geholt, wo die Rechnung des Ingenieurs den kleinsten Aufwand bei möglichst großer Stabilität erstrebt. Ihm sind die Eisenkonstruktionen vorbildlich geworden, die Formen von Kränen und Trägern; er hat die geistreiche Arbeit des Wagen- und Schiffbauers betrachtet, aus der sachlichen Angemessenheit der Werkzeugformen Schlüsse gezogen und das in reine Form übersetzt, was sich aus dem disziplinierten Bequemlichkeitsgedanken ergeben hat. Eine wahre Jagd auf Formen, die Funktionen ausdrücken, hat er veranstaltet und sich aus dem so in Natur und Leben Gewonnenen ein System formaler Charakteristik geschaffen, das gewiß noch sehr weit von monumentaler Stilkraft entfernt ist, das aber den Keim dazu unzweifelhaft enthält.[29]

Scheffler malte, ganz im Sinne der sozialpsychologischen Monografien, die Geburt des neuen architektonischen Denkens aus den Verwirrungen ästhetischer Erfahrungen im technischen Zeitalter und verdeutlichte das Neue mit den Worten:

> Das Wichtige in diesem Vorgange ist, daß solche Konstruktionsgedanken nicht im geringsten mehr errechnet werden, sondern daß sie geradeswegs aus dem Lebensgefühl hervorwachsen. Das heißt: es sind embryonische Kunstgedanken. Das Mathematische und Technische wird wieder erlebt; es wird zur Sensation der Sinne und des anschauenden Gefühls. Es ist also der Künstler, der hinter dem Handwerker, dem Konstrukteur, dem Kulturmoralisten und Sachlichkeitsapostel steht; diese Vielseitigkeit wird regiert von Empfindungen, die zum rein Ästhetischen drängen. Es ist ein Universalismus – wenn auch einer in Kinderschuhen – vorhanden, worin sich all die Kräfte leidenschaftlich regen, deren beruhigte Gesamtheit den großen Baukünstler macht.[30]

---

29 Karl Scheffler, Der Architekt. Frankfurt: Rütten & Loening, 1907, 76 f.
30 Scheffler, Der Architekt, 77.

Eine poetischere Geburtsurkunde konnte der Sachlichkeit als Basis von Design und Architektur im Jahr der Gründung des Werkbundes kaum ausgestellt werden. Anstelle von Konstruktions- und Strukturplänen bringt das sinnlich-verständige Erleben der sachlich-technischen Welt die neue Architektur hervor. Sie bedarf nur des Künstlers, der versteht, die Fäden zusammenzuziehen, um den Erfahrungen die sachliche Form zu verleihen: eine sozialpsychologisch verpackte Geburt, noch im Ornament des Jugendstils wiedergegeben. Sie besitzt ihren realen Kern darin, dass sie als Produkt ebenso wie als Reaktion auf die Vielfalt ästhetischer Erscheinungsformen der industriellen Gegenwart die historistische Stilsuche ebenso hinter sich lässt wie den Jugendstil, der die Industrie aus der ästhetischen Schöpfung ausschließt. Als Pate lässt sich Brinkmanns Ingenieur berufen, der dem verständig-sachlichen Erleben Alltagsstabilität verschafft, der Nichtästhet, ohne den Sachlichkeit als ästhetisch fordernde Haltung nicht zustande kommt. Ihr sagt Scheffler nach, dass sie zusammen mit Logik „beginnt, alle Berufe zu durchdringen"[31].

In seinem vor langer Zeit verfassten, immer noch maßgebenden Werk *Berlin auf dem Wege zu einer neuen Architektur* (1977) hat der große Architekturhistoriker Julius Posener die Entstehung der modernen Architektur in Deutschland sehr viel unsanfter angefasst, jedoch auch die Abkehr vom Jugendstil und die Suche nach neuen Formen mit der Propagierung der Sachlichkeit ins Zentrum gerückt. Posener geht ins Politische, stellt die neue Architektur unter das Vorzeichen des von ihm so genannten wilhelminischen Kompromisses, bei welchem dem Industriekapitalismus durch soziale Reformen die unmenschlichen Züge genommen werden sollen.[32] Die Kernsubstanz der Reformen ist sozialpolitisch progressiv, doch schließt sie die ästhetische Mobilisierung mitsamt der Propagierung neuer Lebensformen für die Mittel- und Unterklassen ein. Im Unterschied zu dem sozialpolitisch ähnlich ausgerichteten amerikanischen *Progressivism* öffnet sie sich mit ihrem Einschluss von Architektur und Design lebensreformerischen Ambitionen – in ebenjenem Programm, mit dem der Werkbund in der Zusammenarbeit mit der Industrie über die englische Arts-and-Crafts-Bewegung, aber auch über französische kunstgewerbliche Intentionen hinausging. In dem von Hamann den Deutschen zugeschriebenen Sachlichkeitsantrieb ordnet sich der Umgang mit den Technik der Reform unter, wird nicht, wie es französische Eliten um 1900 proklamierten, zur Herausforderung des künstlerischen Establishments.

In der ideellen und praktischen Erhöhung der Sachlichkeit, welche die ästhetischen Mobilisierungen nach 1900 kennzeichnet, äußert sich eine Form des Umgangs mit Technik und Industrie, die als spezifisch deutsch gekennzeichnet wor-

---

31 Scheffler, Der Architekt, 72.
32 Julius Posener, Berlin auf dem Wege zu einer neuen Architektur. Das Zeitalter Wilhelms II. München: Prestel, 1979, 12 f.

den ist. Neuere Untersuchungen haben dieser Kennzeichnung insofern gewisse Substanz verliehen, als sie die einzelnen Berufswelten, akademischen Netzwerke, Werkstätten und neu entwickelten Kooperationen mit der Konsumgüterindustrie in ihrer Verflechtung erfasst und als Reformmilieu definiert haben – in der Tat eine treffende Charakterisierung von Aktionen und Bestrebungen, die der viel berufenen Moderne eine fragile und unpolitische, oftmals angegriffene, häufig beflügelnde Realität verschafften.[33] Treffend ist die Kennzeichnung als Reformmilieu nicht zuletzt deshalb, weil damit eine eigene Dynamik erkennbar wird, die sich der von Historikern ständig beschworenen, stark überforderten Zuordnung „des" Bürgertums zu Kaiser und feudaler Staatlichkeit entzieht.

Dass das Reformmilieu, indem es sich in vielem dem wilhelminischen Kompromiss verdankt, den Jüngeren in ihrem (antisachlichen) Generationsgefühl nach 1910 allerdings zunehmend weniger entsprochen hat, wird noch zur Sprache kommen.

---

33 Kevin Repp, Reformers, Critics, and the Paths of German Modernity. Anti-Politics and the Search for Alternatives, 1890–1914. Cambridge, MA/London: Harvard University Press, 2000, bes. Kap. 5, „The Wilhelmine Reform Milieu".

8. Deutsche Gewerbekunst und amerikanische Konsumkultur

Die Jahrhundertwende 1900 ist in der Technikgeschichtsschreibung nicht als Einschnitt verzeichnet worden, weder für Amerika noch für Deutschland. Im Rückblick jedoch, der den Umgang mit Technik und damit einen wichtigen Aspekt der Kultur einbezieht, lässt sich eine folgenreiche Wandlung nicht übersehen. Sie betrifft weniger die Technik und ihre Erfindungen als den sich anders entwickelnden Umgang der Deutschen mit Technik und Moderne. Er schlug sich einerseits in vielerlei, zumeist kulturpessimistischen Philosophien, andererseits in einer aktiven Zuwendung zu neuartigen ästhetischen Ausdrucksformen nieder, die bis weit ins 20. Jahrhundert nachwirkte. Diese Zuwendung gedieh auf dem Boden traditioneller Kulturemphase, führte jedoch bei progressiven Gruppierungen des Bürgertums zu einem gegen den Feudalgeschmack der kaisertreuen Eliten gerichteten kulturellen Gründergeist. Ihm entsprang die Gründung des Deutschen Werkbundes 1907, in dem sich Künstler, Architekten und Designer mit Vertretern der Industrie zu einer losen Kooperation zusammenschlossen. Dieser Zusammenschluss ermöglichte, begleitet von der Reform des Kunstgewerbes, die Entwicklung einer neuen ästhetischen Kultur, die als Herstellung von Modernität in sachlichen und funktionalen Schöpfungen mitsamt ihrer kommerziellen Verwertung das traditionelle Kunstempfinden herausforderte.

Wenn sich jemand fernhielt, weil damit die geläufige Auffassung von (höherer) Kunst und Kultur herausgefordert wurde, dann waren das – kaum überraschend – die Amerikaner, die ihren Alltag im Geschmack viktorianischer und französischer Inneneinrichtungen veredelt hatten und die Architektur zwischen griechischer Klassik und Beaux-Arts-Fassaden platzierten. Die von Hughes gerühmten Autoren des Werkes *The Rise of American Civilization*, Charles und Mary Beard, waren in ihrer Beschreibung des Kunstgeschmacks der Amerikaner zu Beginn des Jahrhunderts keineswegs wohlwollend, von einem engagierten Kulturkritiker wie Van Wyck Brooks ganz zu schweigen. Dass die Abwehr der modernen Ästhetik als Kunst Ende der zwanziger Jahre brüchig wurde, als der *International Style* mit Le Corbusier und dem Bauhaus in den USA Resonanz fand, wird zur Sprache kommen.

Wenn Jules Huret in seiner Darstellung *En Allemagne* davon sprach, dass in Deutschland eine Kulturform entstehe, die mit historischen Geschmackskriterien kaum zu erfassen sei, stand das in enger Verbindung mit dem von ihm konstatierten Verhaltenswandel des großstädtischen und geschäftlich engagierten Bevölkerungsteils. Zwar prägten die kaiserlich bestimmten Überlieferungen weiterhin das offizielle Gesicht dieses Landes, aber man müsse es, folgerte Huret, dank seines Aufbruchsgeistes trotz der feudalen Strukturen als Experimentierfeld der Moderne betrachten.[1] Ähnlich anderen ausländischen Beobachtern wie Randolph Bourne und William Dawson machte er die Zeitgenossen darauf aufmerksam, dass in diesem Land zwischen preußischem Militärgeist und amerikanischem Geschäftsverhalten Dinge entstünden, die, teils abstoßend, teils inspirierend, die Gestaltungsprinzipien des neuen Jahrhunderts signalisierten.

Nicht zufällig zeigten die französischen Reisenden mehr Verständnis als Amerikaner für die ästhetische Seite der Reformkultur. Zur selben Zeit wie Huret veröffentlichte der intime Deutschlandkenner Henri Lichtenberger ein zusammenfassendes Werk über das moderne Deutschland, *L'Allemagne moderne* (1907), das wenig später unter dem Titel *Das moderne Deutschland und seine Entwicklung* (1908) auf Deutsch erschien und dem Werkbundprogramm reichlich Tribut zollte. In wenigen Sätzen brachte Lichtenberger das neue Gestaltungsdenken auf den Punkt:

> In der Kulturelite ist seit einem Jahrzehnt eine kräftige Reaktion gegen die Fehler der Vergangenheit entstanden. Die Verfechter dieser Kunst bemühen sich im Anschluss an die englischen Präraffaeliten, eine moderne deutsche Kunst zu schaffen. Sie verzichten entschlossen auf alle Nachahmungen früherer Stile, in der Meinung, dass die Gegenwart die Pflicht habe, eigene Formen zu schaffen. Sie verurteilen vor allem die billige Imitation äusserer Ornamente, die vergangenen Stilen entlehnt sind. Sie haben das Prinzip, dass gutes Material und ehrliche Ausführung eine unerlässliche *moralische* Bedingung für einen Gegenstand von Kunstwert ist. Sie wollen, dass die Form eines Gegenstandes seine Bestimmung und das Material, aus dem er gefertigt ist, erkennen lasse.

Lichtenberger, der dem deutschen Kunstgewerbe eine glänzende Zukunft prophezeit, hebt im Folgenden zwei Aspekte heraus: zum einen die Tendenz zum synthetischen Kunstwerk, in dem nicht ein Einzelstück, sondern ein ganzes Zimmer oder ein ganzes Haus im Zusammenwirken des Designs geschaffen wird, zum andern die Intention, diese Einrichtungen auch den weniger Bemittelten zugänglich zu machen, das heißt, „Einrichtungen von guter Qualität und tadelloser Arbeit mit der Maschine herzustellen, die hinsichtlich des Preises mit der anspruchsvollen Schundware, die heute noch die grossen deutschen Möbelmagazine anfüllt, konkurrieren können."[2]

Während Huret Deutschland als Experimentierfeld der Moderne kennzeichnete, formulierte Lichtenberger bereits Einsichten, die sich daraus ergaben, wörtlich:

---

1 Friedrich Wolfzettel, Das entzauberte Deutschland. Französische Reiseberichte zwischen 1870 und 1914. In: Grenzgänge. Kulturelle Begegnungen zwischen Deutschland und Frankreich, hg. von Hans T. Siepe. Essen: Die blaue Eule, 1988, 79.

2 Henri Lichtenberger, Das moderne Deutschland und seine Entwicklung. Dresden, 1908, 356, 357.

"Unsere Zeit trachtet offenbar danach, eine ehrliche, praktische, nüchterne Kunst zu gebären, die alles überflüssige Ornament ausmärzt und die durch Zusammenwirken des technischen Verstandes und des künstlerischen Geschmacks zugleich zweckmässige und künstlerisch zufriedenstellende Formen zu schaffen sucht."[3] Gewiss sei vieles an dieser Reform noch Programm; man müsse sehen, in welchem Maße die Künstler es verwirklichen würden. Angesichts der Programmflut im Umkreis des Werkbundes war dieser Hinweis gewiss berechtigt.

Das Problem mit Lichtenbergers Analyse der deutschen Reformbewegung, die sich vom Jugendstil aus weiterentwickelte, ist nicht, dass sie nicht stimmte, sondern dass sie von der französischen Kunstwelt keineswegs geteilt, häufig abgelehnt und schließlich bekämpft wurde. Diese Konfrontation hat sich lange Zeit, bis weit in die zwanziger Jahre hingezogen, bis hin zu der wenig einladenden Behandlung einer deutschen Beteiligung an der repräsentativen Ausstellung „Exposition internationale des arts décoratifs et industriels modernes" 1925 in Paris, bei der man die Konkurrenz von Werkbund und Bauhaus ausschalten wollte. Bei seinem Lob der neuen Sachformen verzichtete Lichtenberger auf den Vergleich mit den überlieferten Gepflogenheiten der französischen Decorative-Arts-Industrie, die gerade die „deutsche" Zusammenarbeit mit der Industrie ablehnte. Er wusste warum.

Was hier auf dem Spiel stand, wurde an den scharfen Auseinandersetzungen um die Kunstgewerbeausstellungen zwischen 1904 und 1914 ablesbar, wobei der Werkbund-inspirierte Teil der deutschen Präsentation auf der Weltausstellung 1904 in St. Louis unter progressiven amerikanischen Besuchern bereits einiges Aufsehen erregte. Hermann Muthesius ging in seinem Bericht über die Ausstellung so weit zu schreiben, sie bedeute „einen Wendepunkt für das künstlerische Ansehen Deutschlands nicht nur im amerikanischen Publikum, sondern in der Schätzung aller Völker, die sich zur Welt-Ausstellung in St. Louis zusammengefunden hatten".[4]

Dass Amerikaner von der sich anbahnenden Auseinandersetzung Notiz nehmen sollten, machte Gustav Stickley, der vom Arts and Crafts Movement inspirierte Herausgeber der amerikanischen kunstgewerblichen Zeitschrift The Craftsman, 1904 deutlich, als er einen Artikel von Maurice Verneuil über die angewandten Künste in den Pariser Salons 1904 mit dem Kommentar versah:

> Es ist an der Zeit, dass Amerikaner und Franzosen die Lehre akzeptieren und verwerten, die Deutschland in seiner neuerlichen Darbietung dekorativer Kunst liefert; sie kann mit ihrer Energie als logisch, synthetisch, wohlkoordiniert und ökonomisch in einem Maße charakterisiert werden, das von ähnlichen Anstrengungen anderer Nationen nicht

---

3 Lichtenberger, Das moderne Deutschland, 358.
4 Hermann Muthesius, Die Wohnungskunst auf der Welt-Ausstellung in St. Louis, in: Deutsche Kunst und Dekoration 15 (Okt. 1904/März 1905), 209–217, hier 217.

erreicht wird. Amerikaner sollten sich aber auch den Appell zu Herzen nehmen, den Verneuil an seine Landsleute richtet, ausländischen Einflüssen zu widerstehen und fest an rassischen und nationalen Traditionen festzuhalten.[5]

Keine leichte Empfehlung, zugleich die Anregungen von fremder Seite anzunehmen und dem fremden Einfluss zu widerstehen.

Verneuils Ausstellungskritik ist dennoch der Erwähnung wert, da er mit seiner Kritik der angewandten Kunst in Frankreich nicht zurückhält. Diese Kunst sei in der Krise, weil die Künstler sich sträubten, mit Fabrikanten zu arbeiten, und deshalb rückständige Einzelwerke produzierten, die fürs Publikum zu teuer seien. Dagegen seien Deutschland und Österreich aufgrund dieser Zusammenarbeit vorangekommen und produzierten qualitätvolle und erschwingliche Objekte. Während in Frankreich Künstler sich allein arbeitend mit den überkommenen dekorativen Formen begnügten, komme man in der Zusammenarbeit zu neuen, interessanteren und besser verkäuflichen Möbeln, Inneneinrichtungen, Schmuck- und Ausstattungsstücken.[6] Hier deutet sich an, wie stark diese Krise am nationalen Bewusstsein rüttelte und bereits in den Vorkriegsjahren Kunst und Kunstgewerbe der Moderne in nationalistische Konfrontationen verwickelte.

Eine veränderte Einstellung zu Kunst und Geschmack machte sich auch in Amerika bemerkbar. Sie wurde von Kommerz und Werbung vorangetrieben und fand hier ihre breiteste Wirkung. Zu mächtig wurde der technologisch begründete Kult des Neuen im Bereich des Kommerzes, der sich zu dieser Zeit in unerhörter Weise ausdehnte, als dass neuartige Kunstformen unbeachtet geblieben wären. Hier trafen am Ende des Jahrhunderts in Großstädten wie New York und Philadelphia die Bedürfnisse des arrivierten Bürgertums auf eine neue, für einen großen Markt bestimmte Verkaufsideologie der Konsumgüterindustrie, die schnell lernte, dem Verkauf der Waren eine anziehende Gestalt zu verschaffen, mit der die Kauferfahrung zum Erlebnis werden sollte. Mit weitreichenden Verlockungen, die ihre eigenen Symbole ausbildeten, ließ sich der Markt für die Massenproduktion erschließen, mit der sich die Unternehmen konjunkturell ausdehnten. Im Mittelpunkt stand neben der rasanten Vermehrung der Versandkataloge, die den Kauf ins Private verlegten, die Etablierung großer Kaufhäuser, die in den Städten mit räumlichen, visuellen und musikalischen Inszenierungen neuartige kulturelle Erfahrungen ermöglichten, die von anderer Natur waren als die mit Kirche, Fabrik und Häuslichkeit verbundenen. Gründung und Ausbau großer Kaufhäuser wurde als kultureller Akt behandelt;

---

5 Maurice P. Verneuil, The Applied Arts in the Paris Salons of 1904, transl. by Irene Sargent, in: The Craftsman 6:5 (1904), 431 (Editor's Note).
6 Verneuil, Les arts appliqués aus salons, in Art et Décoration 15 (1904), 165–196, zit. nach Art Nouveau. A Research Guide for Design Reform in France, Belgium, England, and the United States, hg. von Gabriel P. Weisberg und Elizabeth K. Menon. New York/London: Garland, 1998, 279.

tatsächlich entstanden mit der Ausrichtung an Farbe, Glas und Licht neue architektonische Strukturen, die breite Resonanz fanden.[7] So erhielt die Panama-Pacific International Exhibition 1915 in San Francisco eine originelle farbkoordinierte Ausrichtung, die mit der Aufforderung einherging, Farbe kommerziell stärker zur Anwendung zu bringen.[8]

William Leach, der die umfassendste Darstellung dieser modernen Kommerzkultur verfasst hat, weist auf ihre Anerkennung vonseiten einiger Universitäten (Wharton Business School der University of Pennsylvania, Harvard Bureau of Business Research, 1911 gegründet) und Museen hin, des American Museum of Natural History, des Brooklyn Museum, des Newark Museum und des Metropolitan Museum of Art in New York. Die Erwähnung der Museen ist insofern aufschlussreich, als diese ihre Verpflichtung zur Hochkultur mit der Zuwendung zum Kommerz in Einklang bringen mussten, wenn sie auf die aktuelle Designentwicklung Einfluss nehmen wollten. Dafür stellten sie sogar Studios für Designer zur Verfügung. Die Intention war, ausgewählte Kunstwerke als Vorbilder für kommerzielles Design einzusetzen, um dessen Attraktivität zu erhöhen und dem Museumsauftrag, mit der industriellen Gegenwart in Verbindung zu stehen, Rechnung zu tragen. Die Leiter der erwähnten Museen fanden, „dass Ideen und Bilder der Vergangenheit marktgängige Artikel darstellten, ähnlich anderen Artikeln, und dass sie der programmatischen Verbreitung der Idee von ‚Schönheit' zugeschlagen werden sollten. Sie imaginierten eine bessere Welt, die aus ihrer Zusammenarbeit mit der Geschäftswelt Gestalt gewinnen werde".[9]

Als erster Museumsdirektor wagte John Cotton Dana am Newark Museum Ausstellungen industrieller Objekte im Haus und gab zur Begründung an: „die Funktion von Museen ist es, die Bedeutung der Künste in Beziehung zur industriellen Gesellschaft zu zeigen".[10] Er ging noch einen Schritt weiter, als er die erste und bis 1922 einzige Ausstellung des Deutschen Werkbundes in den USA in Newark organisierte, die 1912/13 unter dem Titel „German Applied Arts" als Wanderausstellung mit großem Erfolg ebenfalls in St. Louis, Chicago, Indianapolis, Cincinnati, Pittsburgh und zuletzt im National Arts Club in New York gezeigt wurde. Dass Danas Vorstoß anderen Museumsdirektoren zu weit ging, bestätigte die Leitung des Metropolitan Museum, die als Grund für ihre Ablehnung, die Ausstellung zu zeigen, anführte, dass sie zu nahe an Kommerz heranrücke. Danas Vorstoß ging insofern über die Behandlung kommerziellen Designs hinaus, als er die Ästhetik der Produkte, nicht ihres Verkaufs zum Kriterium machte.

---

7 William Leach, Land of Desire. Merchants, Power, and the Rise of a New American Culture. New York: Pantheon, 1993, 10, 39 und passim.
8 Leach, Land of Desire, 77.
9 Leach, Land of Desire, 172 f.
10 Leach, Land of Desire, 169.

Dana konzipierte die Ausstellung, die über 1000 Werke freier und angewandter Kunst in Zusammenarbeit mit dem Werkbund und dem Deutschen Museum für Kunst in Handel und Gewerbe in Hagen (und österreichischen Leihgebern) umfasste, als Anstoß für die amerikanische Ausstattungsindustrie, ihre Produkte modern und ansprechend zu gestalten und damit zum europäischen Standard aufzurücken. Er hatte Erfolg bei jenen bürgerlichen Schichten, die seinen Schritt über den Alltagsgeschmack hinaus mitvollzogen und die ästhetisch gewinnende Objekte in Architektur, Grafik, Buchgewerbe, Tapeten, Reklame, Textilien, Metall- und Holzarbeiten als eindrucksvoll und nachahmenswert empfanden. Darunter waren werbende Elemente, etwa einige der effektvollsten Plakate dieser Jahre, vertreten, die ihre Wirkung jedoch nicht aus kopierendem Schönheitsdesign, sondern aus neuartiger Formgestaltung bezogen. Sie bezeugten, dass die Ausrichtung des Werkbundes an der Geschmackserziehung auch auf dem Gebiet der Reklame galt, wenngleich programmatisch an die qualitätvolle Durchformung der Verkaufsobjekte gebunden.

Die Erklärung des Metropolitan Museum, dass es eine Ausstellung, die sich nahe am Kommerz bewegte, nicht verantworten könne, entsprach im Negativen genau dem Punkt, den der Werkbund positiv verstand: nämlich Alltagsobjekte in ansprechenden Formen zu schaffen, die sich sowohl im Ästhetischen bewährten als auch kommerziell attraktiv waren. Mit diesem Konzept setzte er eine zentrale Komponente modernen Kunst(gewerbe)schaffens gegen den Widerstand etablierter Ideologie von Kunst als höhere Schöpfung durch. Dass sich ein Großteil des amerikanischen Publikums damit nicht befreunden konnte, wird im Anschluss an die von Herbert Croly im Aufsatz „The New World and the New Art" konstatierte Ansicht verständlich, dass sich Europa Reformen der Kunst leisten könne, Amerikaner aber zunächst die vorhandene Kunst aufnehmen und meistern sollten. Offenbar war der Einbezug künstlerischer Werke in der Werbung so lange nicht anstößig, wie diese Werbung nicht mit dem Etikett Kunst versehen wurde.

Die Begründer der amerikanischen Warenhauskultur, unter ihnen besonders prominent und einfallsreich John Wanamaker in Philadelphia, konzipierten ihre Vorstöße in Kunsterlebnisse der Kunden nicht als Herausforderung höherer Kunstideologie, sondern als Bestätigung von deren Besonderheit: Sie verschafften dem Kauferlebnis höhere Weihen. Als der englische Dichter Rupert Brooke 1913 Wanamakers Kaufhaus in Philadelphia besuchte, berichtet William Leach, war er erstaunt zu erfahren, dass „führende junge nachimpressionistische Maler" aus Paris „seit Jahren für das Geschäft Plakate entworfen" hätten, und er beobachtete „mit Respekt", dass junge amerikanische Künstler „völlig Matisse-nahe Illustrationen für bestimmte Sommeranzüge" machten. Wie Brooke bei einem Interview mit der „sehr intelligenten Managerin" *(lady in charge)* von Wanamaker erfuhr, „werde den

Künstlern freie Hand gegeben, außer natürlich für Nacktheiten ... oder Leute, die rauchen".[11]

Danas Vorstoß machte die transatlantischen Unterschiede der kommerziell orientierten künstlerischen Praxis deutlich: Er förderte die Intention der Deutschen und Österreicher, den Verkaufsobjekten Formen zu verleihen, die den Käufern mit ihrer Funktion zugleich die Erfahrung von Modernität vermittelten. In dieser Weise Zeitgeist erfahren hieß nicht im ästhetischen Erleben stecken bleiben – man konnte ihn kaufen und beispielsweise mit einem gefällig-einfachen Frühstücksservice im Alltag nutzen.[12] Was Wanamaker intendierte, war hingegen die ästhetische Erhöhung, die aus dem Kaufakt ein Kauferlebnis macht, das über die Gestalt der Objekte, die zumeist der Massenproduktion entstammten, hinausging.

Für die amerikanischen Produzenten war und blieb der Markt ausschlaggebend. Das Zusammentreffen von Angebot und Nachfrage in seiner freien Dynamik, in der sich die Preise bilden, stand der Käufererziehung fern, nicht aber der Käuferverführung. Auch Wanamakers glänzende, bisweilen in Künstlerische weisende Inszenierung des Produkts war primär dem Markt und nicht der individuellen Gestaltung des Produkts verpflichtet. Mit seinen ästhetischen Ambitionen griff er jedoch in den Bereich hinein, den Dana mithilfe der deutschen Gebrauchskunst in den Ausstellungen 1912/13 bei Designern und Herstellern ebenso wie bei den Konsumenten breiter durchsetzen wollte. Dana war der Meinung, dass die amerikanischen Museen ihrer Pflicht, hervorragendes Design zu fördern, nicht nachkämen, und brach sogar eine Lanze für das Warenhaus: „Unsere großen Warenhäuser interessieren sich für die modernen dekorativen Künste und haben […] dafür mehr getan als die Museen in ihrer ganzen Geschichte."[13] Das provozierte, bezogen doch die Museen, häufig nicht allzu lange vorher gegründet, ihre Legitimität, die ihre finanzielle Basis im städtischen Bürgertum besaß, aus der Verehrung

---

11 Leach, Land of Desire, 46.
12 Auf die von Ernst Osthaus im Beitrag „Das Schaufenster" (Jahrbuch des Deutschen Werkbundes 2, 1913, 59–69) behandelte, in der Moderne verloren gegangene Beziehung des Käufers zum Produzenten, die Georg Simmel an mehreren Stellen reflektiert, kann hier nicht eingegangen werden. Siehe Frederic J. Schwartz, The Werkbund. Design Theory and Mass Culture before the First World War. New Haven/London: Yale University Press, 1996, 51–55; mit Hinweis auf Naumann 96–103. Einen Überblick liefert Christine Lamberty in ‚Die Kunst des Buttergeschäfts'. Geschmacksbildung und Reklame in Deutschland vor 1914, in: Jahrbuch für Wirtschaftsgeschichte 1997: 1, 53–78.
13 The Dana Influence. The Newark Museum Collection, Bd. 35. Dana 1917, 23 f., zit. nach Barry Shifman, Design für die Industrie: Die Ausstellung „German Applied Arts" in den Vereinigten Staaten, 1912–13. In: Das Schöne und der Alltag. Die Anfänge modernen Designs 1900–1914. Deutsches Museum für Kunst in Handel und Gewerbe, hg. von Michael Fehr, Sabine Röder und Georg Storck. Krefeld/Hagen/ Köln: Wienand, 1997, 377–398, hier 384; Jutta Locherer, Wege in die Konsumgesellschaft. Deutschland und USA im Vergleich. Saarbrücken: VDM Verlag Dr. Müller, 2007, 33 f.

der hohen Kunst, nach Möglichkeit aus anerkannten Meisterwerken. Dana ging darüber hinaus, meinte den ganzen Komplex der Kunstverehrung, der seit dem späten 19. Jahrhundert von städtischen Eliten zu ihrer Statuserhöhung verinnerlicht worden war. Diesen Eliten verdankte die neue Konsumästhetik der Kaufhäuser einen zentralen Teil der Kundschaft. Das hieß jedoch nicht, dass sie mit diesem Kauferlebnis der traditionellen Erhöhung der Kunst entsagten.

Hier musste das Werkbundprogramm, das den Begriff der Kunst und ihre Behandlung vonseiten der Gesellschaft reformieren wollte, als Provokation wirken. Dana vermochte als Museums- und Ausstellungsleiter neues Publikum zu gewinnen, aber den gewaltigen Sog der Konsumentenverführung kaum zu beeinflussen. Wenn die Maxime der Geschmackserziehung selbst in Deutschland auf viele Widerstände traf, um wieviel mehr in einem Land, in dem die Integration der ethnischen und sozialen Vielfalt am ehesten von der Ausrichtung am freien Markt garantiert wurde.

Auch in Deutschland fiel die Durchsetzung des neuen Begriffs von Kunst, der die Konsumsphäre einbezog, nicht leicht. Friedrich Naumann, der sich nach der Jahrhundertwende vom gescheiterten Gründer des Nationalsozialen Vereins zu einem der führenden Kulturpolitiker des Kaiserreichs wandelte, widmete einen Großteil seiner Energie dieser Durchsetzung.

Das geschah beispielhaft mit Werner Sombart, der die Technik als Beförderer von Kultur zunächst hoch schätzte, sich aber nach seinem Amerikabesuch zu einem Verteidiger der Kunst gegen ihre moderne Umformung wandelte. Zwar zeitweise Mitglied des Werkbundes, dessen von Paul Schultze-Naumburg propagierte Politik des Heimatschutzes er unterstützte, wurde Sombart zu einem seiner prominenten Kritiker. In seiner Schrift *Kunstgewerbe und Kultur* (1906 geschrieben, 1908 veröffentlicht) attackierte er das Werkbunddenken von Zweckmäßigkeit als Quelle von Schönheit als eine überholte Idee, der gegenüber sich die Kunst als Verkörperung von Schönheit behaupte. „Daß unsere Vorstellungen von Schönheit aus der Wertung der Zweckmäßigkeit heraus sich bildeten, ist ebenfalls ein Aberglaube"[14] – man müsse im Gegenzug zum etablierten Schönheitsempfinden zurückkehren. Aus apologetischen Gründen habe man der Technik ästhetische Werte beigemessen, obwohl sie zumeist hässlich und bedrohlich sei. „Ich glaube in der Tat, daß heute schon der Maschinenstil an unseren Möbeln, zumal in der Armen-Leute-Manier, wie sie vor allem Van de Velde liebt, seinen Höhepunkt überschritten hat."[15] Am Schluss plädierte Sombart für gediegenes Kunstgewerbe – was immer das war – und warnte davor, die Suche nach Schönheit in der Kunst absolut zu stellen. Das würde sie eher veröden lassen.

---

14 Werner Sombart, Kunstgewerbe und Kultur. Berlin: Marquardt, 1908, 70.
15 Sombart, Kunstgewerbe und Kultur, 77.

Naumann biss sich nicht an dieser Ideologie der Kunst als Schönheit gegen die hässliche Technik fest. In zahlreichen, oft feuilletonistisch geschriebenen Beiträgen über Kunst, Kunstgewerbe und Werkbund begründete er die Feststellung, dass in der Gegenwart der Maschinen das alte von einem neuen Schönheitsempfinden abgelöst werde. Mit ihm produziere das Erlebnis des Eiffelturms oder eines Abends in einer Industrielandschaft eine ästhetische Befriedigung, die sich derjenigen beim Anblick eines gotischen Doms zur Seite stellen lasse.[16] Im industriellen Zeitalter ändere sich die Erscheinungsform der Kunst. Das schließe Maschine und Technik ein, die zu den Alltagserfahrungen des arbeitenden Volkes gehörten.

Viele seiner Essays galten der Meisterung des neuen Kunstempfindens im Zeitalter der Maschine. Sie wurden Teil seiner viel zitierten Plädoyers für die Arbeit des Werkbundes. Eines dieser Plädoyers sei hier erwähnt, weil es zugleich den sozialen Rahmen für die Notwendigkeit und Effektivität des neuartigen Kunstempfindens umreißt. Naumann kontrastierte die Schundproduktion in all ihrer Fülle mit den Arbeiterstuben, die derweil wie Lazarette aussähen, und plädierte dafür, den Arbeitern statt der schnell abgenutzten Schundware dauerhafte Objekte zu verkaufen.

Dauerhafte Ware kann anständigen Lohn vertragen. Dauerhafte Ware kann echte Farbe und ehrliche Form haben, sie braucht keine Schwindelfarbe und keine Schnörkel und Gipsornamente. Aber wer gewöhnt das kaufende Publikum an diese bessere Wirtschaftsmoral? Hier muß der Werkbund als Volkserzieher auftreten – für ehrliche Arbeit![17]

Dass Arbeiter das beste Publikum für das neue Kunstempfinden darstellten, bezweifelten Zeitgenossen. Sie wiesen darauf hin, dass die Werkbundprodukte zumeist nur den Begüterten zugänglich seien. (Veblen bemerkte zu dieser Zeit, dass Arbeiter eher Maschinenprodukte, die *leisure class* eher Handwerkliches bevorzuge.) Naumann beharrte darauf, dass die Objekte billiger würden und die Käufererziehung mit der Dauerhaftigkeitstheorie, wie er sie nannte, zu den Arbeitern durchdringen würde. Das Wirken des Werkbundes für die „deutsche Qualitätsbewegung" erfolge zwischen den zwei Polen der Reform, einerseits der Unterstützung der arbeitenden Klassen als Konsumenten, andererseits dem nationalen Wirtschaftsprogramm von Deutschland als einer Nation, die aufgrund ihrer ästhetisch basierten Produktionsmentalität auf dem Weltmarkt erfolgreich sein würde.[18] Beides gehöre

---

16 Als Beispiel: Neue Schönheiten, 1902 in der Wiener *Zeit* erschienen. Friedrich Naumann, Werke Bd. 6. Köln/Opladen: Westdeutscher Verlag, 1964, 211–216.
17 Naumann, Deutsche Gewerbekunst. In: ders., Werke Bd. 6, 281.
18 Naumann, Was hat der Werkbund mit dem Handel zu tun? In: ders., Werke Bd. 6, 316–331.

zusammen, wie es Hermann Muthesius ähnlich Naumann in verschiedenen Schriften vertrat.[19] Die Kunstgewerbeindustrie, vom Werkbund beflügelt, helfe bei dieser Erziehungsarbeit, weil sie als wachsender Exportzweig davon selbst profitiere: Wir müssen

> Arbeit liefern, bei der nicht bloß die nackte Arbeit an sich bezahlt wird, sondern wo Geist, Geschmack, Form, Farbe, Stil bezahlt wird. [...] Den Spielraum des Lebens, den wir unserem Volke von Herzen wünschen, können wir ohne Erhöhung seiner künstlerischen Leistungen gar nicht erlangen. Und zwar handelt es sich dabei gar nicht bloß um Erziehung von Ingenieuren und Zeichnern, nein, es handelt sich um eine ganze in sich einheitliche Kultur, die sich den anderen Völkern einprägt und aufprägt, um deutschen Volksstil im Maschinenzeitalter.[20]

Der Kontrast zu den Forderungen, die Dana an die Designer stellte, lässt sich mit dem einfachen Satz zusammenfassen: Während Amerika mit seinem Reichtum an Geografie und Ressourcen die Ökonomie dem Markt überlassen konnte, mussten die Deutschen, um ökonomisch auf dem Weltmarkt zu überleben, Produzenten und Konsumenten zu ästhetischer Qualität erziehen.

Jedoch machte es sich Naumann nicht leicht, diesen Kurs im Namen der Nation zu programmieren. Er ging auf die Feststellung ein, dass die Deutschen kein ästhetisch geschultes Volk seien. Ein aus Amerika zurückkehrender Deutscher machte das in der prominenten liberalen Zeitschrift *Die Nation* zur zentralen Aussage, erwähnte den „Mangel an ästhetischer Schulung", den „Mangel an sicherem Takt, der einem so alten Kulturvolk wie den Franzosen vorzüglich eignet". Das Schlimme sei nicht nur der Mangel an ästhetischer Reflexion, sondern eine neue kulturelle Arroganz, die sich darüberlege. Die Bilanz des Rückkehrers Eduard Platzhoff lautete, „daß der Deutsche von heute einen Zwischenzustand, ein Übergangsstadium darstellt, das wie alle dergleichen Krisen, nichts Wohltuendes und Anziehendes hat".[21]

In seinem Aufsatz „Kunst und Volk" setzte sich Naumann mit dem Problem ästhetischer Erziehung auseinander, als antworte er auf die Feststellung vom Mangel an ästhetischer Reflexion. Er griff dabei auf eine Überlegung über den unästhetischen Charakter der Deutschen zurück, die Werner Sombart zu einem Argument

---

19 Hermann Muthesius, Kultur und Kunst. Gesammelte Aufsätze über künstlerische Fragen der Gegenwart. Jena/Leipzig: Diederichs, 1904; ders., Kunstgewerbe und Architektur. Jena: Diederichs, 1907; Fedor Roth, Hermann Muthesius und die Idee der harmonischen Kultur. Kultur als Einheit des künstlerischen Stils in allen Lebensäußerungen eines Volkes. Berlin: Mann, 2001, 203.
20 Naumann, Die Kunst im Zeitalter der Maschine. In: ders., Werke Bd. 6, 191.
21 Eduard Platzhoff, Vom deutschen Charakter, in: Die Nation 18 (1900/01), 221–222; 235–237, hier 237.

für ihre Eignung verwandelte, gegenüber den neuen ästhetischen Impulsen des Industriezeitalters zu einer offenen Haltung zu gelangen:

> Professor Sombart hat in der Monatsschrift „Deutschland" einen Aufsatz darüber geschrieben, wodurch die Germanen im Gegensatz zu den Romanen für das Zeitalter des industriellen Kapitalismus geeignet seien. Ich gebe die Gedanken dieses Aufsatzes in freier Weise wieder: die Deutschen sind deshalb für die neue industrielle Zeit so brauchbar, weil sie im Grunde ein unästhetisches Volk sind. Wir sind ein Volk des Pflichtgefühls gewesen, bei dem mehr gefragt wurde: Was ist recht? als: Was ist schön? Kant mit seinem kategorischen Imperativ wurzelt in einer Zeit, die an Kunstgütern noch arm war. Mit diesem Pflichtbewußtsein hängt zusammen, daß bei uns der einzelne sich einordnen und unterordnen kann. Er hat keinen unbezwinglichen Drang, eine in sich abgerundete, harmonische Persönlichkeit zu sein. Dieser Mangel an persönlicher Abrundung macht den einzelnen Mann weit brauchbarer, als Maschinenteil im großen Getriebe der neuen Zeit.[22]

Gibt man der – selten so ehrlich behandelten – Frage Raum, wie dieses an sich unästhetische Volk (in Sombarts und Naumanns Definition) eine industriell basierte, moderne Kunstbewegung hervorbringen konnte, die für Kunst und Ästhetik der ersten Hälfte des 20. Jahrhunderts prägend wurde, kann man sich nicht allein auf die ästhetischen Argumente berufen, die im Allgemeinen für die Kunst der Jahrhundertwende und die Werkbundpraxis in Anschlag gebracht werden. Unabdingbar ist der Blick auf die Wechselwirkung von technisch-industriellem Alltag und der kommerziellen Ausrichtung von Design, Baukunst und Kunstgewerbe, welche die ästhetische Geschmacksbildung formte, die sich im Allgemeinen in einem „deutschen" Qualitätsdenken der in der Produktion tätigen Bevölkerungsschichten niederschlug. Dabei kommt dem von Richard Hamann im Vergleich mit Frankreich definierten „Sachlichkeitstrieb" praktische und definitorische Bedeutung zu. Dass Sachlichkeit zum Kode einer neuen Industrieästhetik werden konnte, die, wie der Architekturhistoriker Julius Posener konstatierte, die Jahre vor dem Ersten Weltkrieg bestimmte, muss mit den erwähnten Wandlungen im Habitus der Deutschen zusammengesehen werden.

Unter den Auspizien von Reformbewegung, Industrieexpansion und Verhaltenswandlung kommt der von Sombart und Naumann entworfenen Perspektive auf das begrenzte ästhetische Potenzial der Deutschen einiger Erklärungswert zu. Die hier entstehende international erfolgreiche funktionale Industrieästhetik erschien

---

22 Naumann, Kunst und Volk. In: ders., Werke Bd. 6, 81 f.

vielen Zeitgenossen zu nüchtern, um sich darin gut einrichten zu können.[23] Modernität, in sachlichen Formen angeboten, war nicht nach jedermanns Geschmack. In Frankreich teilweise unter dem Etikett des deutschen Stils abgelehnt, forderte diese sachlich konzipierte Modernität das Kunstempfinden der Franzosen auf vielerlei Ebenen heraus.

Für den deutsch-amerikanischen Vergleich bietet die französische Reaktion nur begrenzt Argumente. Eines sei jedoch herausgehoben, da es die deutsche Entwicklung in den Kontext internationaler Politik rückt. Die Annahme, dass sich der deutsche Staat anders als der französische nicht um die ästhetisch-erzieherische Eingliederung der Bevölkerung gekümmert habe,[24] stimmt nur im Hinblick auf das Deutsche Reich, das Bismarck in seiner Verfassung davon entlastet hat. Wohl entfaltete sich das von Naumann nationalpolitisch verstandene Erziehungs- und Gestaltungsprogramm auf privater Grundlage, entsprang die Reformdynamik vorwiegend wirtschaftlichen Motivationen, während der französische Staat, die Dritte Republik, die Eingliederung ins traditionelle Kulturdenken als Teil nationaler Integration vorantrieb. Jedoch war der Staat auch in Deutschland, wie John Maciuika dargelegt hat, an der Schaffung der kommerziell erfolgreichen Reformästhetik beteiligt, und zwar der preußische Staat.[25] Schon Muthesius' langer Englandaufenthalt, um das englische Landhaus und die Arts-and-Crafts-Bewegung zu studieren, wurde vom preußischen Staat gesponsert. Anregungen von Muthesius aufnehmend, gründete der liberale Handelsminister Theodor Möller 1905 das Landesgewerbeamt mit entsprechenden Vollmachten. Hier kamen bereits Ideen zur Wirkung, die dann im Werkbund in der Kooperation von Designern und Unternehmern verwirklicht wurden. So stark die Privatindustrie die Konsuminteressen voranstellte, so nachdrücklich wirkte auf die Propagierung der Weltmarktinteressen die staatliche Hand ein. Für diese Form weltweiter Ambitionen der deutschen Nation war der Kaiser nicht nötig.

---

23 Klaus-Jürgen Sembach, Stahlzeit. In: 1910. Halbzeit der Moderne. Van de Velde, Behrens, Hoffmann und die anderen, hg. von Klaus Bußmann. Stuttgart: Hatje, 1992, 9–21.

24 Leora Auslander, ‚National Taste?' Citizenship Law, State Form, and Everyday Aesthetics in Modern France and Germany, 1920–1940. In: The Politics of Consumption. Material Culture and Citizenship in Europe and America, hg. von Martin Daunton und Matthew Hilton. Oxford/New York: Berg, 2001, 109–128.

25 John V. Maciuika, Before the Bauhaus. Architecture, Politics, and the German State, 1890–1920. Cambridge/New York: Cambridge University Press, 2005, 69–167.

9. Die Technikbegegnung der Architekten

Distanzen und Befruchtungen

Das Kapitel über Architektur und Moderne beiderseits des Atlantiks hat mit bekannten Helden, darunter Frank Lloyd Wright, Walter Gropius und Charles-Édouard Jeanneret-Gris, genannt Le Corbusier, vielfache Darstellung gefunden. In der neueren Forschung ist die gegenseitige Befruchtung architektonischer Techniken genauer erkundet worden, häufig allerdings ohne der damals kontinuierlich betonten transatlantischen Distanz den nötigen Respekt zu erweisen. Die Vielfalt der ästhetischen, kulturellen und gesellschaftlichen Anregungen, die sich aus dieser Distanz zwischen Amerika und Europa entwickelten, sollte in den vorangegangenen Kapiteln erkennbar geworden sein. Sie gilt auch für die Architektur, die sich in den verschiedenen Kulturen unterschiedlich, je nach ihrem kontroversen Umgang mit Industrie und Technik, entfaltete.

Die Perspektive des Buches gilt weniger der Architekturgeschichte als den unterschiedlichen Entwicklungen der Architektur im Kontext von Technik, Kultur und Moderne. Neben dem Film stellt Architektur denjenigen Bereich dar, in dem seit der Jahrhundertwende, als zum ersten Mal New Yorks Hochhauskulisse Bewunderung erregte, Europäer amerikanische Kultur als Teil der Moderne zu diskutieren begannen.

In diesen Darstellungen ist die amerikanische Architektur zwischen der Weltausstellung in Chicago 1893 und den zwanziger Jahren, abgesehen vom Ehrgeiz großer Städte, eine Hochhaussilhouette zu bekommen, nicht besonders gut weggekommen. Daran ist nicht nur Le Corbusier mit seinem Verdikt in *Vers une architecture* schuld: „Lasst uns dem Rat der amerikanischen Ingenieure zuhören, aber verschont uns mit amerikanischen Architekten!" Verantwortlich ist dafür einerseits die historisierende Ausrichtung der amerikanischen Architekten, die sich im Sinne der White-City-Architektur, die sogar zu einer Bewegung führte, weiterhin an klassizistischen Beispielen orientierten oder die Regeln der Beaux-Arts-Schule weiterhin befolgten, andererseits die Auffassung, dass neben diesen historistischen, häufig mit Säulen monumentalisierten Gebäuden die unverzierte Industriearchitektur keinen Kunstwert besitze. Adolf Loos hatte nach dem Besuch der Chicagoer Weltausstellung Louis Sullivans Verdikt, dass *the White City* die amerikanische Architektur um Jahrzehnte zurückgeworfen habe, übernommen. Mit seiner Ablehnung der klassizistischen Ausstellungsbauten und seiner Bewunderung für Sullivans sachlich konzipierte, nur marginal ornamentierte Bürogebäude setzte er für europäische Architekten und Theoretiker einen Maßstab, der im Werkbund Resonanz fand, obgleich Loos sich mit dessen Programmatik nicht befreundete.

Noch 1936 brachte es der amerikanische Architekturexperte Thomas Tallmadge in seinem Überblick *The Story of American Architecture* nicht über sich, der Architektur im Zeitraum 1893 bis 1917 mehr zuzugestehen als das Etikett *Eclecticism*, wobei er auf die Architekturdepartments der Harvard University, der University of Pennsylvania, des Carnegie Institute in Pittsburgh und anderer Institutionen hinwies, die an dieser Ausrichtung führend teilhatten. Dazu erwähnte er die Gründung der Society of Beaux-Arts Architects 1894 in verschiedenen Städten, welche jungen Architekten entsprechende Ausbildungsplätze verschaffte. Tallmadge sprach dem Eklektizismus zahlreicher Gebäude durchaus große Wirkung zu. Sie verlieh den Regierungsgebäuden in Washington und anderen Städten die Würde, die man an der Repräsentation der jungen Nation wahrnehmen wollte. Wo immer genügend Geld zur Verfügung gestellt wurde, kleideten sich auch Banken, Bahnhöfe, Firmenverwaltungen mit einer Säulenfassade ein. Als wichtigsten Beitrag des Eklektizismus wertete er die Schaffung von Gebäudetypen, die eine gewisse Standardisierung mit sich brachten und die Praxis der Baufirmen vereinfachten. Zwar lebe der Geist von Arts and Crafts noch weiter, wie Tallmadge meinte, aber „das *Classic* und das *Colonial*, die nach 1893 das Gebot der Stunde wurden, hatten wenig Bedarf an Originalität oder ungeformter Kunst jedweder Bezeichnung".[1]

Trotz dieser Herabstufung der gängigen Architektur und trotz der respektvollen, wenn auch unwilligen Feststellung, dass sich nun auch in den USA der größtenteils aus Europa importierte Modernismus durchsetze, gewährte Tallmadge dem Industriebau kaum eine halbe Seite. Es blieb bei der Erwähnung von Sullivans funktionaler Ausrichtung der Architektur (und dessen Hoffnung auf den Titel „the American Style") sowie der Feststellung, dass funktionalistische Architektur in Amerika „nie ausstarb", da sie von Frank Lloyd Wright, George Grant Elmslie und ein, zwei anderen heroisch am Leben erhalten worden sei.[2] Als Chronist der amerikanischen Architektur hatte Tallmadge deren epigonalen Kunstanspruch offenbar so stark verinnerlicht, dass ihm der Industriebau, der seit dem 19. Jahrhundert und besonders nach 1893 das nationale Baufieber von Buffalo bis Detroit und Chicago am unmittelbarsten verkörperte, keine ganze Seite wert war. Immerhin erwähnte er den wohl erfolgreichsten Vertreter des oft als bloßes Ingenieurhandwerk abgetanen Berufszweiges, Albert Kahn, der Henry Fords River-Rouge-Komplex gebaut hatte, und dem man das Gebäude der Autofabrik Packard zuschrieb, sowie Cass Gilbert, der das 1910–1913 errichtete, damals höchste Hochhaus der Welt, das New Yorker Woolworth Building, entworfen hatte.

Tallmadge ließ keinen Zweifel daran, dass sich die in Vorzeiten aus Europa importierte und amerikanisch geläuterte Auffassung von Architektur als Teil der Kunst

---

1 Thomas E. Tallmadge, The Story of Architecture in America. New York: Norton, 1936, 266.
2 Tallmadge, The Story of Architecture in America, 306.

Abb. 6 Amerikanische Industriearchitektur, Packard Autofabrik, Detroit, zwischen 1900 und 1910, wohl von Albert Kahn

seit Langem überlebt habe. Wenn nun aus Europa ein neuer Schub architektonischer Erneuerung – *modernism* – ins Land kam, hob das keineswegs seine Stimmung, brachte ihn jedoch nicht zu der Einsicht, dass in dem seit Jahrzehnten zumeist von Ingenieuren entwickelten Industriebau eine genuine amerikanische Modernität ihre Gestalt gefunden hatte, die in einem Buch über Architektur eine ausführliche Erörterung verdient gehabt hätte. Er ging keineswegs an der „Revolution" von Gropius und Le Corbusier vorüber, die einem neuen Puritanismus als Kern des Funktionalismus den Weg bereiteten, ließ jedoch deren pointierte Anerkennung von Ingenieur- und Industriearchitektur beiseite.

In dieser Anerkennung, bereits vor dem Ersten Weltkrieg von Europäern teilweise in Auseinandersetzung mit amerikanischem Ingenieurbau artikuliert, liegen wichtige Antriebe für die Entwicklung der modernen Architektur. Für sie hat man seit Langem den Aufsatz „Die Entwicklung moderner Industriebaukunst" als programmatisch hingestellt, mit dem Gropius im *Jahrbuch des Deutschen Werkbundes* 1913 eine Fotodokumentation klobiger Industriebauten, zumeist Getreidesilos in Amerika, Argentinien und Kanada, mit einer Eloge an ihre Monumentalität versah, die „fast einen Vergleich mit den Bauten des alten Ägyptens" aushielt.[3] Ob man aus dieser Ansicht, die Gropius im letzten Abschnitt des Aufsatzes recht unvermittelt an die vorangehende Forderung nach Verschönerung der Industriearchitektur anschloss, eine lange Geschichte der Herkunft des europäischen Modernismus aus dem Brutalismus amerikanischer Ingenieurbauten ableiten kann, lässt sich (immer noch) diskutieren.[4] Gewiss sind zwei Dinge: zum einen, dass der amerikanische Industriebau, besonders in Gestalt der von Albert Kahn entworfenen Fabrikgebäude, einen eigenen Weg zu dem im 20. Jahrhundert durchgesetzten, später hart bekämpften Modernismus repräsentiert, der sich mit den von Peter Behrens in Deutschland entwickelten und von Gropius, Mies van der Rohe und Le Corbusier vorangebrachten Baustrukturen vergleichen kann[5]; zum andern, dass Gropius, wenn er an diesem Baustil den „Sinn für große, knapp gebundene Form" heraushob, den von Ingenieuren verkörperten Sinn für nüchterne Gestaltung im eigenen Interesse als vorbildlich hinstellte. Dabei folgte er mit der von ihm implizierten „amerikanischen" Ursprünglichkeit der Ingenieurbauten der gängigen Auffassung von *Amerikanismus,* den man als Inbegriff des ungehinderten Umgangs mit Technik verstand.

Tallmadge erwähnte die Bedeutung der englischen Arts-and-Crafts-Bewegung als Anstoß für die neuere antiklassische Richtung in Design und Architektur. Er gewährte der Bewegung eine gewisse Anerkennung, wies aber auf den Importcharakter hin, auf dessen Basis es in Amerika – außer der Gründung von Kunstorganisationen – nach der Chicagoer Weltausstellung kaum zu einer breiten schöpferischen Rezeption gekommen sei.

Im Erscheinungsjahr von Tallmadges Buch, 1936, veröffentlichte Nikolaus Pevsner, der aus Deutschland nach England emigrierte Kunsthistoriker, seine bahnbrechende Darstellung *Pioneers of Modern Design. From William Morris to Walter Gropius*[6], mit der die Kanonisierung von Gropius' zentraler Bedeutung begann. Pevsner ließ amerikanische Impulse bis auf Frank Lloyd Wright aus, die erst von seinem Schüler und Kritiker Reyner Banham voll in die Geschichte eingebracht worden sind. Jedoch machte Pevsner die Auseinandersetzung mit dem Maschinenzeitalter seit dem 19. Jahrhundert zu einem wichtigen Teil seiner Architekturgeschichte. Ihre

---

3 Walter Gropius, Die Entwicklung moderner Industriebaukunst, in: Jahrbuch des Deutschen Werkbundes 1913, 21.

4 Reyner Banham, A Concrete Atlantis. U.S. Industrial Building and European Architecture 1900–1925. Cambridge, MA/London: MIT Press, 1986, bes. 181–236.

5 Siehe die vergleichende Auseinandersetzung von Terry Smith, Making the Modern. Industry, Art, and Design in America. Chicago/London: University of Chicago Press, 1993, bes. 57–94.

6 Nikolaus Pevsner, Pioneers of Modern Design. From William Morris to Walter Gropius. New York: Museum of Modern Art, 1949 (1936), dt. Wegbereiter moderner Formgebung. Von Morris bis Gropius. Hamburg: Rowohlt Taschenbuch Verlag (rowohlts deutsche enzyklopädie 33), 1957.

umfassende Darlegung erarbeitete Banham in der Studie *Theory and Design in the First Machine Age* (1960). Zusammen mit Sigfried Giedions *Mechanization Takes Command* (1948) gehört sie zu den wegweisenden Untersuchungen zu Design und Architektur unter dem Vorzeichen von Technik und Maschine.[7]

Bei beiden Autoren spielt Hermann Muthesius den zentralen Part für die Initiierung moderner Denk- und Baustrukturen in Deutschland. Von 1896 bis 1903 in der Rolle des Kulturattachés bei der deutschen Botschaft in London tätig und mit dem Studium der englischen Landhausarchitektur sowie des Arts and Crafts Movement beauftragt, wurde Muthesius zum wirkungsvollen Vermittler der englischen Reformideen nach Deutschland. Nicht ohne Ironie hat Pevsner angemerkt, dass zu dem Zeitpunkt nach 1900, als sich die Design- und Architekturideen auf dem Kontinent zu einer Bewegung formierten, englisches Design und englische Architektur sich zu einem eklektischen Neoklassizismus zurückentwickelten.[8]

Dass sich die Reformideen zu einer Bewegung formierten, war vor allem Muthesius zu verdanken. Die Gründung des Deutschen Werkbundes 1907 entsprang seinen und Naumanns Initiativen. Als Beamter des preußischen Handelsministeriums weckte er allerdings auch viel Argwohn und Widerstand, mehr von Künstlern und Designern als von Industriellen. Mit Naumann formulierte er die stärksten Argumente für „Die moderne Umbildung unserer ästhetischen Anschauungen", wie der Titel eines seiner Essays lautete, sowie für die Erziehung der Deutschen zu ästhetisch bewussten Zeitgenossen des Maschinenzeitalters.[9] Hierzu hatte Alfred Lichtwark, der Direktor der Hamburger Kunsthalle, mit seiner Organisierung von Kunstunterricht an Schulen und Gymnasien entscheidende Vorarbeit geleistet. Muthesius' mehrjähriger Aufenthalt in England hatte ihn für die unästhetischen Seiten der Deutschen sensibilisiert; auch das schürte Argwohn und Widerstand. Unbestritten wurde sein Buch *Das englische Haus* (1904) zu einem Leitprogramm für Architekten; in ihm vermittelte Muthesius, worauf Julius Posener aufmerksam gemacht hat, mehr als architektonische Modelle, nämlich eine Kulturkunde bürgerlichen Verhaltens und Wohnens.[10] Sie verschaffte der Versachlichung der

---

7 Reyner Banham, Theory and Design in the First Machine Age. New York: Praeger, 1960, dt. Die Revolution der Architektur. Theorie und Gestaltung im Ersten Maschinenzeitalter. Reinbek bei Hamburg: Rowohlt Taschenbuch Verlag (rowohlts deutsche enzyklopädie 209/210), 1964; Sigfried Giedion, Mechanization Takes Command. A Contribution to Anonymous History. Oxford: Oxford University Press, 1948, dt. Die Herrschaft der Mechanisierung. Ein Beitrag zur anonymen Geschichte. Frankfurt: Europäische Verlagsanstalt, 1983.
8 Zit. nach Susie Harries, Nikolaus Pevsner. The Life. London: Chatto & Windus, 2011, 218.
9 Muthesius, Die moderne Umbildung unserer ästhetischen Anschauungen. In: ders., Kultur und Kunst, 39–75.
10 Julius Posener, Hermann Muthesius (1931). In: ders., Aufsätze und Vorträge 1931–1980. Basel: Birkhäuser, 2014 (1981), 24–34.

Umgangsformen, die, wie erwähnt, von ausländischen Beobachtern wahrgenommen wurden, eine Art Beispielerzählung.

Bemerkenswert ist, dass die fachlich einflussreiche Quelle für neue Architektur zugleich Beispielerzählung sachlicher Lebensführung werden konnte. Muthesius vermittelte dem deutschen Bürgerpublikum, das ohnehin stark auf das englische Vorbild eingestellt war, etwas Nachahmenswertes, das sich vom Gehabe der „adeligbürgerlichen Amtsaristokratie" unterschied. Zwar ein Anstoß von außen, aber für wirtschaftlich ausgerichtetes Verhalten, das den Kaiser Kaiser sein lassen wollte, ein akzeptables Muster. Und von einem preußischen Beamten formuliert.

Für die Emanzipierung einer genuin bürgerlichen Kultur, mit der man Jugendstil und Art nouveau als statuserhöhend, aber bald nicht mehr zeitgemäß zu verstehen lernte, schrieb Muthesius zahlreiche Essays, in denen er die Abkehr vom Eklektizismus des 19. Jahrhunderts als notwendig proklamierte, um Zeitgemäßes zu schaffen. Besonders polemisch in *Stilarchitektur und Baukunst* (1902), stellte er die Weichen für eine Kulturreform, welche die Veränderung ästhetischer Anschauungen durch beispielhafte Architektur voraussetzte und die Lebensbedingungen der arbeitenden Klasse verbesserte.[11] Die künstlerische Essenz lag in der Herstellung von Sachlichkeit. In diesem Begriff offenbarte sich zugleich die Essenz modernen Lebens. Dass Sachlichkeit bald zu einem Allerweltsbegriff wurde, der sich von den englischen Ursprüngen löste, empfand Muthesius keineswegs als störend, zumal der Begriff im Bereich von Technik und Maschine zentrale Bedeutung bekam, wie Scheffler in seinem Plädoyer für den modernen Architekten ausführte.

Bereits vor *Stilarchitektur und Baukunst* plädierte Muthesius 1901 in dem Aufsatz „Kunst und Maschine" dafür, die bisherige Verachtung der Technik zugunsten ihres Einbezugs in die Alltagserfahrung und -ästhetik aufzugeben. Er beginnt den Aufsatz mit einer Programmatik, die für deutsche Designer und Architekten tatsächlich richtunggebend wurde – gegen die Technikdistanz der Arts-and-Crafts-Bewegung. Fast akademisch in seiner Sachlichkeit, beginnt Muthesius mit den Worten: „Unter allen Aufgaben, die uns heute auf dem Gebiet der modernen Kunst noch zu lösen bleiben, ist die richtige Einbeziehung der Maschinenarbeit die schwierigste, zugleich aber die weitreichendste und bedeutungsvollste." Um die schlechten Erzeugnisse der Maschinenarbeit zu überwinden, müsse in die Kunstgewerbeproduktion die Maschine einbezogen werden, da nur so die Schwächen von Morris' Reformpraxis überwunden werden könnten, die in ihren Objekten allenfalls den Reichen zugutekomme. Es folgen Fotobeispiele gelungener Objekte des Kunstgewerbes (die natürlich in den von ihm skizzierten bürgerlichen Haushalt passen),

---

11 Roth, Hermann Muthesius und die Idee der harmonischen Kultur; Kurt Junghanns, Über einige Auswirkungen der verschärften sozialen und politischen Gegensätze im Deutschen Reich auf die Architektur 1898–1917/18, in: Jahrbuch für Geschichte 15 (1977), 329–346.

und Muthesius endet mit den Worten: „Eine jugendfrische Kunstrichtung blickt vorwärts. Sie muss heute die Maschinenarbeit unter ihre Fittiche nehmen, sonst wäre sie dem Schicksal des nahen Endes preisgegeben."[12]

Muthesius wandte sich an Fachleute und interessierte Bürger. Im selben Jahr 1901 verfolgte Frank Lloyd Wright eine ähnliche Programmatik unter dem Titel „The Art and Craft of the Maschine" und trug vor der Chicago Arts and Crafts Society und wenig später vor der Western Society of Engineers ein hymnisches Plädoyer für den Einbezug der Maschine in die Kunst vor.[13] Während die Ingenieure von solcher Erhöhung der Maschine wohl beeindruckt waren, dürften die Vertreter der Arts and Crafts Society diese Herausforderung ihrer Kunstideologie unter Einschluss von William Morris nicht widerspruchslos hingenommen haben. Pevsner zitiert Wrights „Lobeshymne auf unser Zeitalter von Stahl und Dampf ..., das Zeitalter der Maschine, in dem Lokomotiven, Industriemaschinen, Beleuchtungsmaschinen, Kriegsmaschinen und Dampfschiffe den Platz behaupten, den im vorhergehenden Zeitalter Werke der Kunst innehatten". Wrights ungetrübtes Eintreten für die Überlegenheit der Maschine über die Kunst steht, wie Pevsner anmerkt, in Opposition zu Morris, aber auch zu seinen amerikanischen Zeitgenossen, die die Technik wohl in ihrem Nutzen für die Menschheit und speziell die amerikanische Gesellschaft priesen, aber nicht mit Kunst vermischt sehen wollten. So blieb Wright, Sullivans „größter Schüler", „lange ganz vereinzelt in Amerika".[14]

Zwar räumt Pevsner den Vertretern des neuen Stils in Europa in den Vorkriegsjahren keinen durchschlagenden Erfolg ein, lässt aber mit der Emphase seiner Erzählung über die Pioniere dieses Stils keinen Zweifel daran, dass die von Muthesius vorangebrachte Reform für die Entwicklung der modernen Architektur und Produktkultur größte Bedeutung fürs 20. Jahrhundert gewann. Der Kontrast mit dem, was Thomas Tallmadge, wenn auch bedauernd, im selben Jahr im Kapitel „Eclecticism" als repräsentativ für die amerikanische Architektur hinstellte, ist kaum zu übersehen. Immerhin regte sich mit Wright nach 1900 in den USA eine Stimme, die sich von der etablierten Technikgesinnung à la Veblen löste und die Wirkung der Maschine auf die künstlerische Fantasie in hymnisch-optimistischer Weise den Zeitgenossen ans Herz legte.

Der Einzelgänger Wright, der nur wenige Aufträge, jedoch viele private Probleme hatte, fasste 1910 den Entschluss, nach Europa zu reisen und sein Werk in Deutschland zu veröffentlichen. Dort fand er mit der gut illustrierten und kommentierten Ausgabe des Wasmuth Verlages, *Ausgeführte Bauten und Entwürfe von Frank Lloyd Wright*, die große Resonanz, die er erhofft hatte. Die zwei Bände wurden binnen

---

12 Hermann Muthesius, Kunst und Maschine, in: Dekorative Kunst 9 (1901/02), 142, 147.
13 Frank Lloyd Wright, The Art and Craft of the Machine. In: ders., Writings and Buildings, hg. von Edgar Kaufmann und Ben Raeburn. New York: Horizon, 1960, 55–73.
14 Pevsner, Wegbereiter moderner Formgebung, 23 f.

kurzem zur Bibel moderner Architekten, die Wrights ungekünstelten Umgang mit Materialien, Räumen, Wänden und Dächern vorbildlich fanden.[15] Bei seiner Bekanntschaft mit Peter Behrens blieb allerdings unbemerkt, dass zu dieser Zeit die jungen Architekten Walter Gropius und Mies van der Rohe in dessen Berliner Studio arbeiteten, dem auch Jeanneret (Le Corbusier) Kurzbesuche abstattete.[16]

Erwähnenswert ist in diesem Zusammenhang deutsch-amerikanischer Architekturgeschichte, dass der deutsch-amerikanische Germanist Kuno Francke, der an Harvard unterrichtete, seine Kulturvermittlung zwischen den beiden Ländern nicht einseitig verstand, wie oft dargestellt. Mit der Gründung des Germanischen Museums in Harvard organisierte er, von Kaiser Wilhelm angeregt und mitfinanziert, eine für den retrospektiven Kunstgeschmack der Amerikaner passende permanente Ausstellung von Repliken berühmter deutscher Kunstwerke. Allerdings waren die Amerikaner wenig davon erbaut, dass der Kaiser als Ko-Sponsor darauf bestand, dass nicht nur die Goldene Pforte des Freiberger Doms und die Naumburger Stifterstatuen Ekkehard und Uta präsentiert wurden, sondern auch das Hohenzollernerbe in Gestalt des Reiterstandbildes des Großen Kurfürsten sowie Schadows Standbild Friedrichs des Großen.[17] Was immer Professor Francke über diesen preußischen Zusatz dachte, er ist ebenfalls für die Lebensgeschichte Wrights wichtig geworden, indem er dessen Beziehung zu Deutschland mit der Anregung für die Wasmuth-Ausgabe gefestigt hat. Francke kommt ebenfalls das Verdienst zu, 1910 eine Ausstellung amerikanischer Kunst an der Königlichen Akademie der Künste Berlin sowie in München organisiert zu haben.

Von transatlantischen Episoden der Architekturgeschichte zurück zum Thema Umgang mit der Technik nach 1900, als Muthesius einige der wichtigsten Programmpunkte für die Entwicklung von Kunstgewerbe und Architektur auf die Notwendigkeit abstellte, die technischen Objekte und Produktionsprozesse einzubeziehen. Erinnert sei an die Beobachtung, dass in Deutschland die „nackte" Begegnung mit Technik den Amerikanern zugewiesen wurde und dass man sich in vielerlei Formen und Diskussionen um ihre kulturelle Einbettung bemühte. Wie ließ sich das bewerkstelligen, ohne dass im Endeffekt Technik und Ästhetik auseinanderfielen? Muthesius hat diese Problematik, wie Sebastian Müller in seiner bemerkenswerten Studie zusammenfasste, selbst zur konstruktiven Basis gemacht.

---

15 Banham (Die Revolution der Architektur, 121) zitiert Wrights Feststellung: „Einfachheit und inneres Ausgeglichensein sind die Eigenschaften, die den wahren Wert eines jeden Kunstwerkes bestimmen".
16 Anthony Michael Alofsin, Frank Lloyd Wright. The Lessons of Europe, 1910–1922. Diss. Columbia University, 1989, 57 f., 92.
17 Franziska von Ungern-Sternberg, Kulturpolitik zwischen den Kontinenten. Deutschland und Amerika. Das Germanische Museum in Cambridge/Mass. Köln/Weimar/Wien: Böhlau, 1994, 89 f.

Muthesius führte in die Technik-Ästhetik die funktionalistischen Kategorien als spirituelle Ausdruckswerte ein und überwand dadurch das Bedürfnis nach einer Art idealistischer Ästhetisierung durch das applizierte Ornament. Maschine und Technik erscheinen nicht mehr als das potenzierte mechanische Prinzip, das den Geist zerstört, sie werden durch Muthesius vielmehr im Gegenteil zum Prinzip, das eine neue Spiritualität ermöglicht.[18]

In der Vielzahl der theoretischen Entwürfe, die diese und ähnliche Zuordnungen in direkter Bezugnahme auf Ingenieurbauten in ihrer Funktionalität weiterverfolgten, manifestierte sich die Einsicht, dass ein Neuanfang für Architektur vor allem in der Ausrichtung auf Technik geschehen müsse. Was Muthesius alternativ in seiner Publikation über das englische Haus zur gleichen Zeit propagierte, brachte zwar mehr Aufträge ein, blieb aber zumeist in konventionellen Lösungen stecken. Hans Poelzig, neben Peter Behrens und Walter Gropius am innovativsten um die Ausrichtung auf Technik bemüht, bemerkte 1931 rückblickend in einem Vortrag: „Wir haben von der Technik gelernt, über den Begriff Architektur von neuem nachzudenken." Das bedeutete, sich dem Industriebau zuzuwenden: „Wir Älteren, die wir uns vor einem Menschenalter auf den Industriebau stürzten, waren damals geradezu hungrig nach einem Felde, das nicht beackert war, wo nicht eine vorgefaßte, historisierende, stilistische Meinung herrschte."[19] Poelzig entwarf 1911/12 einen von der Technik inspirierten, das heißt voll den Produktionsabläufen verpflichteten Gebäudekomplex der Chemischen Fabrik in Luban bei Posen, der schnell zu einem kanonischen Beispiel moderner deutscher Industriearchitektur avancierte. Walter Gropius stellte diese Fabrikanlage 1911, noch während sie sich im Bau befand, in seinem ebenfalls wegweisenden Vortrag „Monumentale Kunst und Industriebau"[20] als Vorzeigestück der in diesen Jahren aufregendsten Branche der Baukultur vor.

Der professionelle Heißhunger auf diese Bauformen führte tatsächlich zu bleibenden Schöpfungen, die auch die Unterschiede zum amerikanischen Industriebau, der mit Albert Kahn einen herausragenden Meister hervorbrachte, erkennen lassen. Gropius' noch im selben Jahr zusammen mit Adolf Meyer begonnenes Projekt, die Schuhleistenfabrik „Fagus" in Alfeld zu entwerfen, entwickelte sich sogar zu einer Ikone des Neuen Bauens überhaupt, ohne den Charakter des Industriebaus zu verleugnen.[21] Nimmt man den wohl berühmtesten Bau von Gropius' Lehrer, Peter

---

18 Sebastian Müller, Kunst und Industrie. Ideologie und Organisation des Funktionalismus in der Architektur. München: Hanser, 1974, 37.
19 Hans Poelzig, Der Architekt 1931. In: ders., Gesammelte Schriften und Werke, hg. von Julius Posener. Berlin: Mann, 1970, 229.
20 Walter Gropius, Monumentale Kunst und Industriebau. In: ders., Gesammelte Schriften Bd. 3. Berlin: Mann, 1988, 28–51.
21 Ingrid Ostermann, Fabrikbau und Moderne in Deutschland und den Niederlanden der 1920er und 30er Jahre. Berlin: Mann, 2010, 47.

Abb. 7 Walter Gropius vor dem Entwurf für den Chicago Tribune Tower-Wettbewerb von 1922 (1928)

Behrens, hinzu, die Turbinenfabrik der AEG in der Berliner Huttenstraße, die 1909 fertiggestellt wurde, erhärtet sich die These vom Industriebau als der wegweisenden Inspiration der modernen Architektur in Deutschland – zweifellos eine radikale Abkehr von der Architektur des Eklektizismus.

Die von Poelzig besonders eng auf die Produktionsabläufe ausgerichtete „funktionale" Architektur[22] dürfte das beste Beispiel für die vom amerikanischen Technikhistoriker Thomas Hughes in den 1980er Jahren verfolgte Wiederbelebung der Erklärung darstellen, dass Technik die moderne Architektur in Bewegung gesetzt habe. Jedoch spielt Poelzig, von dem Gropius entscheidende Anregungen für die Ausrichtung auf technische Produktionsvorgänge empfing, keine Rolle für Hughes, wenn er ebendiese Ausrichtung behandelt, genauer die aus der Maschinenproduktion hervorgehende architektonische Dynamik. Hughes kritisiert an Architektur-

---

22 Müller, Kunst und Industrie, 55–59.

historikern, dass sie dieses Moment verkennen, das, wie er es stark vereinfachend darstellt, allein Gropius erfasst und umgesetzt habe.[23] Gropius habe Architektur als *„technological enthusiast"* entworfen, im Sinne der von Hughes an amerikanischen Ingenieuren herausgestellten kreativen Dynamik, die er sonst nur noch Le Corbusier zuschrieb.

„Technological enthusiasm" hat zweifellos Hughes' Geschichte von der zweiten Geburt Amerikas aus dem Geist der Technik, *American Genesis,* inspiriert. In ihr spielt Gropius insofern eine wichtige Rolle, als er Technik und Ästhetik ostentativ nicht trennte – eine europäisch inspirierte Auffassung, die sich mit den in den dreißiger Jahren aus Europa immigrierten Architekten und Designern nach und nach durchsetzte. Gropius habe, indem er „ästhetische Erwägungen und Werte ins Ingenieurdesign"[24] einbezog, den ästhetischen Aspekt legitimiert und vorbildlich realisiert. Hughes, der sich trotz seiner Desillusionierung angesichts der Technikentwicklung nach 1945 selbst als „technological enthusiast" betrachtete und diese Einstellung dann auf den amerikanischen Umgang mit Technik generell projizierte, wurde schließlich selbst zur Inspiration dafür, Technikgeschichte als Lebens- und Nationalgeschichte zu betreiben. Aus seiner Verbindung von Wissenschaftsdenken und breitem Kulturverständnis erfuhr die eingangs zitierte Neubelebung der Technikgeschichtsschreibung in den achtziger Jahren entscheidende Impulse.

Hughes erwies dem Lehrer von Gropius, Peter Behrens, den gebührenden Respekt, indem er sowohl auf dessen Meisterwerk, die AEG-Turbinenhalle, als auch auf seine grundlegenden Überlegungen zum Verhältnis von Architekt und Ingenieur, Kunst und Technik, eingeht. Mit seiner Bemühung, „jene Formen" zu erzielen, „die sich direkt von der Maschine ableiten und mit ihr und der Maschinenkonstruktion korrespondieren", habe Behrens Gropius, Ludwig Mies van der Rohe und Le Corbusier vorweggenommen, die, wie erwähnt, alle in seinem Atelier arbeiteten.[25] Was Hughes wohl besonders zu dem Vergleich zwischen deutschen und amerikanischen Architekten animierte, war der intensive professionelle – seit den dreißiger Jahren auch persönliche – Austausch der Architekten über Technik und Kunst, bei dem die Europäer das Terrain des modernen Zweckbaus nicht den Ingenieuren allein überlassen wollten, wenngleich sie ihnen – nicht nur in Frankreich – als Träger der modernen technischen Gesinnung eine zentrale Stellung zuschrieben. Außer Frank Lloyd Wrights hymnischer Verkündung der Macht der Maschine finden sich in jenen Jahren kaum vergleichbare Verlautbarungen in den USA; allerdings sollte man sie angesichts der vorgegebenen Bahnen amerikanischer Ingenieure und Architekten wohl auch nicht suchen wollen.

---

23 Thomas P. Hughes, Gropius, Machine Design, and Mass Production, in: Wissenschaftskolleg Jahrbuch 1983/84, 171–180, hier 172.
24 Hughes, American Genesis, 315.
25 Hughes, American Genesis, 310.

Auch der sachlichste Zweckbau besitze eine ästhetische Dimension, und die müsse der Architekt erfassen: so die deutsche Version in den Worten von Behrens in dem Vortrag „Kunst und Technik" 1910. Daraus folge, dass

> bei aller und wahrhaft begeisterter Anerkennung der Errungenschaften der Technik und des Verkehrs die Sehnsucht nach dem absolut Schönen dennoch in uns durchbricht und wir nicht daran glauben wollen, daß von nun ab nur mehr die Befriedigung, die durch die Exaktheit und äußere Zweckmäßigkeit hervorgerufen wird, an die Stelle der Werte tritt, die uns früher beglückt und erhoben haben.[26]

Das mochte Gropius bereits zu konventionell erscheinen, jedoch gab es der ästhetischen Einbettung der Technik die Richtung, die modernistisch denkende Architekten – etwa auch Le Corbusier in seiner emphatischen Technikbegeisterung – in ihren Industrie- und Zweckbauten betrieben.

Für die Gegenüberstellung mit der amerikanischen Architektur fand Adolf Behne, einer der großen kritischen Vermittler der modernen Kunst, einprägsame Worte:

> Vergleichen wir die Leistung Peter Behrens' mit den amerikanischen Beispielen, so ist der entscheidende Unterschied der, daß Behrens noch auf eine künstlerische Interpretierung durch Form, auf Stilisierung ausgeht, während die Amerikaner die Sache völlig nackt herausstellen. Es ist gewiss, daß Behrens eine außerordentliche Erfrischung, Erweiterung und Erweckung der Form durch die vorurteilslose Anpassung an den Lebensprozeß der Industrie empfangen hat – aber völlig vorurteilslos ist sein Verhalten letzten Endes doch nicht. Er hat manche Konvention preisgegeben, manche Starre und Tradition geopfert, aber ganz an den Zweck, bedingungslos an die Funktion gab er sich nicht.[27]

Im Falle von Behrens gesellte sich zu seiner Erkundung des Kunstgewerbes – er war zunächst Maler, trat 1907 in den Werkbund ein – ein Phänomen, das die deutsche Seite im transatlantischen Vergleich in besonderer Weise kennzeichnet. Wie berichtet, griffen Architekten zu Industrie und Technik aus, um zu neuen Arbeiten zu kommen. Zugleich aber griff auch die Industrie zur Kunst aus, um ihre Produkte zu verbessern, konsumgerecht und attraktiv zu gestalten. Die Jahre sind nicht nur von den Schriften von Muthesius, Naumann, Poelzig, Gropius und anderen Werkbundmitgliedern gekennzeichnet, sondern auch vom Entschluss der größten Elektrofirma des Kontinents, der Allgemeinen Elektricitäts-Gesellschaft,

---

26 Peter Behrens, Kunst und Technik. In: Tilmann Buddensieg, Industriekultur. Peter Behrens und die AEG 1907–1914. Berlin: Mann, 1979, 278–285, hier 280.
27 Adolf Behne, Der moderne Zweckbau. München: Drei Masken, 1926, 30.

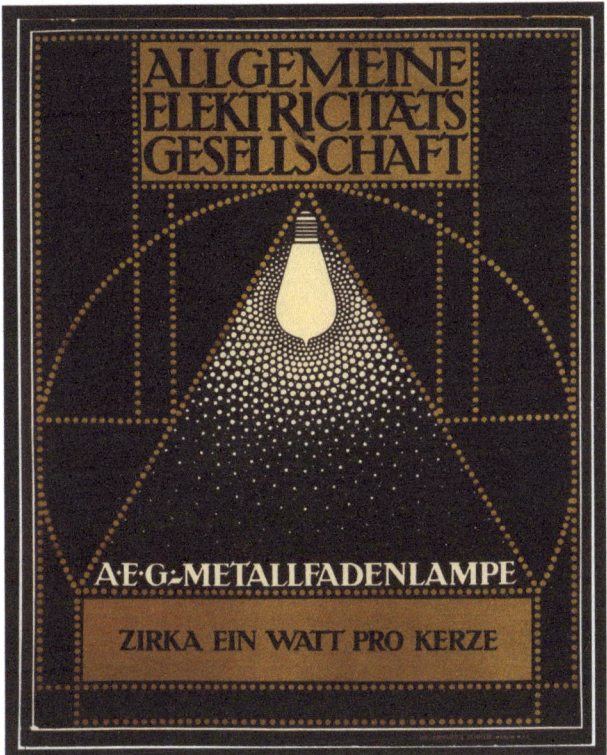

Abb. 8 AEG Metallfadenlampe, Design Peter Behrens 1907

Peter Behrens mit der künstlerischen Gestaltung der im Haushalt benutzten elektrischen Geräte zu betrauen. Von Reuleaux' Verdikt lassen sich immer noch Echos wahrnehmen. Andere Firmen sahen sich im Zugzwang, und Behrens war in dem genannten Vortrag nicht um Worte verlegen, dieser ästhetischen Ausrichtung die Weihen nationaler Wirksamkeit zu verleihen.

„In letzter Linie", explizierte Behrens in „Kunst und Technik",

> ist eine durch ein ganzes Volk gehende Geschmackskultur Zeugnis für die Tüchtigkeit eines Volkes. Das Beispiel der Franzosen, die jahrhundertelang aus ihrer beherrschenden Geschmackskultur bis auf den heutigen Tag Nutzen ziehen konnten, ist beweisend genug. Gerade für Deutschland, das nun die politische Macht errungen hat, ist es wichtig, auch die Macht auf künstlerischem Gebiete zu gewinnen. Gerade für Deutschland ist es von großer Bedeutung, seine materiellen Werte durch geistige differenzierte Arbeit zu erhöhen.[28]

---

28 Behrens, Kunst und Technik, 285.

Von hier aus führte der Weg nicht geradeaus zum International Style, mit dem man das Bauhaus assoziiert hat. In den Jahren vor dem und im Ersten Weltkrieg führte er erst einmal zu den rhetorischen Höhen des Nationalismus, wo sich Kunst und Technik unaufhaltsam voneinander wegbewegten.

10. Von der Moderne zu *modernism*

Eine transatlantische Unternehmung

Ein kurzer Blick zurück. Der Vergleich der verschiedenen Einstellungen zur Technik und ihr Bezug aufeinander mögen den Eindruck erwecken, hier werde eine neuartige transatlantische Kulturgeschichte auf dem Rücken der Technikgeschichte entwickelt. Der Eindruck ist zutreffend. Aber er bedarf der Klärung und Ergänzung. Die Zuordnung der beiden Aufsteigernationen Vereinigte Staaten und Deutsches Reich am Beginn des 20. Jahrhunderts im Hinblick auf ihren Umgang mit dem technischen Fortschritt erweist sich als ein fruchtbarer Zugang zu den transatlantischen Rivalitäten, die bis weit ins 20. Jahrhundert hinein bleibende Spuren hinterlassen haben. Jedoch sollte die den Kapiteln zugrunde liegende Zuordnung im Bereich der Technik nicht zu der Annahme führen, dass die sich darin äußernden Kontraste bereits genügen, um die Dialektik europäisch-amerikanischer Distanzen und Konfrontationen voll zu erfassen. Hierzu gehören Darlegungen auf dem Gebiet der Kultur, die von europäischen Nationen, auch wenn sie sich von Amerika weit entfernt fühlten, als eine Art Selbstschutz kultiviert wurden, ebenso wie solche in den Bereichen von Politik, Militär und Wirtschaft.

Hier nun einige ergänzende Darlegungen im Bereich der Kultur, die in der Epoche zwischen 1880 und 1930 stark auf die Kennzeichnung der Verschiedenheiten zwischen Amerika und Europa im Verhältnis zur Moderne hinauslaufen. Gemeinsam ist die Tatsache, dass in diesem Zeitraum auf beiden Kontinenten traditionelle Auffassungen von Kultur herausgefordert und durch neue Einstellungen ersetzt wurden, die sich in Begriffen und Konzepten der Moderne trafen. Allerdings ist bereits das Wort vom Treffen der Auffassungen eine gelinde Übertreibung der Gemeinsamkeit. Wie in diesem Kapitel, das auf die Jahrhundertwende zurückgreift, deutlich wird, liefert diese Phase eine weitere Version der Übernahme europäischer kultureller Ideen und Schöpfungen vonseiten der USA, jedoch nun in aktiver, teilweise stark polemischer Ausrichtung auf die Schaffung einer amerikanischen Moderne. Ohne Zweifel ein umstrittenes Unterfangen, das auf seine Weise transatlantische Rivalitäten, die von Historikern meist nur im Politischen und Wirtschaftlichen lokalisiert wurden, zum öffentlichen Thema erhoben hat.

Technik tritt in dieser Diskussion zunächst zurück, bleibt aber sichtbar. So wenig sich Technik ohne Umwelt-, Lebens- und Gestaltungsbedingungen in einen Vergleich einbringen lässt, so wenig kann dies mit Kultur geschehen, von den geschichtlich und gesellschaftlich wandelbaren sprachlichen Determinierungen der Begriffe *culture* und *Kultur* bis hin zu den Bedingungen ihrer Produktion, Rezeption und Ideologisierung. Diese Bedingungen änderten sich am Ende des 19. Jahrhunderts mit den Fortschritten der Reproduktionstechniken grundlegend. Mit geradezu bestürzender Intensität gewannen Druckwerke, Zeitungen und Zeitschriften Dominanz über die jeweiligen Öffentlichkeiten, erzeugten mit grafisch-visueller Bereicherung breites Käuferinteresse. Das von Walter Benjamin apostrophierte Zeitalter der technischen Reproduzierbarkeit des Kunstwerks hat die Erfindung neuer Reproduktionstechniken zur Voraussetzung, und hierfür schufen Ingenieure und Erfinder in Europa wie in Amerika die Techniken, mit denen Massen angesprochen werden konnten. Diese Innovationen verschafften einer immens wachsenden Schar von Künstlern, Designern, Autoren und Redakteuren in der expandierenden Kommunikationsindustrie begrenzten Lebensunterhalt. In hoher Anschaulichkeit steigerten sie das öffentliche Gewicht ästhetisch basierter Produktion.

So sehr sich hierbei technologische Parallelen zwischen Europa und Amerika feststellen lassen, so deutlich unterschieden sich die jeweiligen Produktionen, vor allem jedoch die Öffentlichkeiten auf beiden Seiten des Atlantiks. Mehr noch, zum unterschiedlichen Umgang mit Technik lässt sich der unterschiedliche Umgang mit der Reproduktionstechnik hinzurechnen, die bei den Themen des technischen Fortschritts in den USA ein breiteres Publikum voraussetzen konnte. Der kulturelle Bereich sah sich hier seit Langem dem Konzept der Reproduktion verpflichtet. Ein Großteil der künstlerischen und architektonischen Gestaltungen bestimmte sich dabei weniger in der Zuordnung von Original und Variation wie in Europa als in der Zuordnung zu einer Reproduktion, die man nur bedingt anstrebte und, zumindest in der Architektur, in der Referenz auf antike Originale als eigenständige Schöpfung gewürdigt wissen wollte. Miles Orvell ist in *The Real Thing. Imitation and Authenticity in American Culture, 1880–1940* (1989) so weit gegangen, die amerikanische Kultur im 19. Jahrhundert generell als „Culture of Imitation" darzustellen, die jedoch an der Schwelle zum 20. Jahrhundert einer (begrenzteren) Kultur der Authentizität Raum gibt, deren Ausrichtung an Technik und Maschine nach dem Ersten Weltkrieg die erhoffte Eigenständigkeit demonstriert. So überzeugend Orvell „the real thing" mit der Technikorientierung in die Argumentation hereinholt, so anfechtbar ist seine Definition von Authentizität im 20. Jahrhundert. Sie erscheint eher als ein Kompensationsnarrativ für das Etikett *imitation*, zudem kaum von Benjamins Diskussion der Veränderungen des Kunstwerks unter den Bedingungen der Reproduktion berührt, die auch für Amerika gilt.

Die Importqualität der europäischen Kultur in Nordamerika hat dafür gesorgt, dass von Anfang an, insbesondere mit der Gründung der Vereinigten Staaten als unabhängiger Staat, der Diskurs über Kultur einen Resonanzraum zunächst für die Frage, bald das Bedürfnis, schließlich den Drang nach einer genuin amerikanischen Kultur lieferte. Dass sich das nicht mit der Identitätsfindung im technischen Fortschritt erledigen ließ, blieb ein Stachel. Tatsache ist, dass amerikanische Intellektuelle von Emerson, der mit der Radikalität seiner Assoziationen und kulturellen Entwürfe für den schärfsten Kulturkritiker des 19. Jahrhunderts, Friedrich Nietzsche, zu einem Anreger wurde,[1] bis zu Van Wyck Brooks und Randolph Bourne zur Zeit des Ersten Weltkrieges ihre Souveränität gegenüber Europa auch ohne Behauptung einer eigenständigen Kultur erwiesen, in einer prekären Balance öffentlicher Anerkennung ohne pulsierende intellektuelle Öffentlichkeit. Damit blieb auch die Bezugnahme auf Technik, die im Begriff *technology* keine ästhetische Dimension aufwies, eine isolierte Unternehmung, wie Emerson bei seiner Forderung nach einer nationalen Kultur unter Einbezug der Technik feststellen musste. Walt Whitman blieb mit seinem Ruf nach einer Kunst, die der „Wissenschaft und der Moderne" angemessen sei, fast 50 Jahre ohne deutlichen Widerhall.[2] John Dos Passos, der in den dreißiger Jahren vom Schriftsteller als Techniker sprach,[3] nannte 1916 als einziges brauchbares Vorbild Whitman, der eine Kunst inspiriere, die eines Landes würdig sei, das ansonsten „in unserem Rassendurcheinander nichts außer Stahl, Öl und Weizen" produziere.[4]

Der Kult der Moderne als Teil aktueller kultureller Praxis war lange Zeit Sache der Europäer. Unter Anführung von Franzosen verfertigten sie die Ideologie der Jetztzeit als eigenständige Geschichtsperiode, ästhetisch fassbar als Moderne *(modernité)*, in Ablösung bisheriger künstlerischer Praktiken und ästhetischer Überzeugungen. Technischer Fortschritt allein war kulturell fragwürdig – bestenfalls eher eine Sache der Ingenieure und Amerikaner als eine Quelle von Kultur, es sei denn, man gebrauchte Technik, wie es französische Avantgardisten und wenig später Italiener im Futurismus unter Anleitung von Filippo Tommaso Marinetti taten, als Provokation der bürgerlichen Kultur.

In Deutschland war man weniger auf Kunstrevolutionen aus, entwickelte keine Avantgarde im französischen Sinne. In der Reformgesinnung nach 1880, die ihre Impulse stark gegen die kulturelle Versteinerung des kaiserlichen Regimes entwickelte, profilierten sich zunächst Schriftsteller und Theatermacher als Provokateure, die sich, wie es Samuel Lublinski in *Die Bilanz der Moderne* (1904) am engagiertesten beschrieb, im Naturalismus eine erste Fassung der Moderne erarbeiteten. Für sie stelle die industrielle Revolution die „einzige moderne Macht" dar, repräsentiere den Kern des Lebens in der Jetztzeit. Die jungen Dichter begehrten „eben jene Modernität um jeden Preis, die schließlich nicht nur in der Technik, sondern wohl auch in den industriellen Lohnkämpfen ihre gewichtige Rolle spielte".[5] Das

---

1 Hugh Ridley, ' Relations Stop Nowhere'. The Common Literary Foundations of German and American Literature 1830–1917. Amsterdam/New York: Rodopi, 2007, 247–253.
2 Miles Orvell, After the Machine. Visual Arts and the Erasing of Cultural Boundaries. Jackson: University Press of Mississippi, 1995, 3.
3 John Dos Passos, The Writer as Technician. In: American Writers' Congress, hg. von Henry Hart. New York: International Publishers, 1935, 78–82.
4 Dos Passos, Against American Literature, zit. nach Orvell, After the Machine, 7.
5 Samuel Lublinski, Die Bilanz der Moderne. Berlin: S. Cronbach, 1904, 4.

Theater verschaffte der „künstlerischen Moderne", wie sie Bollenbeck vereinfachend nennt, die breiteste Öffentlichkeit.[6] So geschehen, als Kaiser Wilhelm 1894 anlässlich der Premiere von Gerhart Hauptmanns Drama *Die Weber* seine Loge im Deutschen Theater in Berlin kündigte und hierin – im kaiserlichem Verdikt über den Naturalismus – die Durchschlagskraft künstlerischer Wahrnehmung der industriellen Gegenwart bestätigte. Seine Fähigkeit, gewissen Komponenten dieser Gegenwart zu besonderer Aufmerksamkeit, oft sogar Prestige zu verhelfen, wie er es mit der Technik vermochte, kam der Gegenwartsliteratur zugute, sobald sie von seinem Verdammungsspruch getroffen wurde. Diese ungewollte Anerkennung ließ bestimmte Bereiche des Alltagslebens vermittels ästhetischer Assoziationen in Literatur und Kunst neu erfahren.

Lublinski nahm auch die Bindung der Deutschen an Natur und Romantik ins Visier, welche die ausländischen Beobachter noch im Auge hatten, wenn sie der Verwunderung über den neuen sachlichen Geist der Deutschen Ausdruck gaben. Mit Bismarck, Wagner, Schopenhauer sei keine wirkliche Moderne zu machen, konstatierte er. Diese vergangenen Helden seien noch von Romantik und Kleinbürgertum umfangen, während sich das heutige Leben mit Technik und Industrie in ganz anderen Bahnen abspiele.[7] Deutschland, das Land der Musik, Romantik und Kunst, sei mit dem Sieg über Frankreich aufgewacht und in den Bannkreis der Industrie getreten. Die genannten Helden hätten den Schritt in die Moderne eher behindert. Immerhin habe Nietzsche die Nabelschnur zwischen Moderne und einer Romantik zerschnitten, aus der noch Wagner und Schopenhauer stammten. Nietzsche habe die Tür aufgestoßen, indem er „den Zeitgenossen die Augen dafür öffnete, dass eine gewaltige und hochgespannte Seelenstimmung mit einer unmetaphysischen Menschlichkeit und einem wurzelechten Realismus sehr wohl zu vereinigen wäre".[8] Mit hoher Seelenstimmung sei sachlich-realistischer Habitus durchaus zu verbinden – eine deutsche Sache.

Auch den Innovationen der visuellen Kunst kam das Verdikt des Kaisers zugute, als er mit seiner Abfertigung der realistischen und impressionistischen Malerei der Sezessionisten, zu denen der weithin anerkannte Maler Max Liebermann gehörte, als Rinnsteinkunst in der Öffentlichkeit neben Zustimmung viel Empörung auslöste. So traf Wilhelm mit der Propagierung der akademischen Historienmalerei, die seine Hohenzollerndynastie am liebsten auf Pferden verewigte, als Inbegriff deutscher Kunst auf Kritik nicht nur im Inland, sondern anlässlich der Weltausstellung 1904 in St. Louis auch aufseiten von Amerikanern. Ausgerechnet die Weltausstellung in den USA, die mit dem Nachbau des Charlottenburger Schlosses Preußens

---

6 Bollenbeck, Tradition, Avantgarde, Reaktion, 87–90.
7 Lublinski, Die Bilanz der Moderne, 38.
8 Lublinski, Die Bilanz der Moderne, 49.

Glorie demonstrieren sollte, brachte dem nichtfeudalen Design bürgerlich nüchterner Inneneinrichtungen die erste internationale Anerkennung ein. Während die amerikanischen Besucher die ästhetische Verewigung Preußens aussparten, die schon mit den Bismarck- und Moltke-Büsten 1876 wenig Anklang fand, erlebte die Ausrichtung der deutschen Designer an geschmackvoller Sachlichkeit erstaunliche Resonanz.

Hermann Muthesius, der offizielle Beobachter für die deutsche Regierung in St. Louis, machte seine Schilderung zu einer Abrechnung mit der Stagnation der französischen Dekoration, die sich weiterhin auf die Verarbeitung der alten Stilmuster verließ, sowie zu einem Zeugenbericht darüber, dass das deutsche Design gegenüber dem Design anderer Nationen hervorragend abschnitt (wobei er Österreich für das Wagnis besonderen Beifall spendete, „seinen Pavillon ganz der modernen Kunst zu widmen").[9] Als Beamter im preußischen Handelsministerium scheute er sich nicht, den „Feinden alles Modernen", was den Kaiser einschloss, vorzuhalten, dass sie „die Segel streichen müssen". Muthesius fügte an:

> Hier läßt sich nicht mehr darüber diskutieren, ob die moderne Bewegung berechtigt sei, ob sie den zu stellenden Anforderungen gerecht werde, ob sie Lebensdauer in sich trage. Hier haben wir eine Reihe von Leistungen, die an sich völlig überzeugen und vor denen alle Welt, Amerikaner, Europäer und Asiaten mit Entzücken dastehen.[10]

Diese Behauptung vom Durchbruch der Moderne in der angewandten Kunst geschah 1904, im selben Jahr, in dem Samuel Lublinski seine Bilanz der Moderne in der Literatur zog, genauer: das Ende der Moderne in der Literatur konstatierte. Diese Koinzidenz kam nicht von ungefähr. Lublinski machte für das Absinken der Literatur die Auswucherung des Ästhetizismus verantwortlich (die man im Allgemeinen als Neuromantik etikettiert hat), wies demgegenüber auf die steigende Bedeutung der visuellen und angewandten Künste hin. Aufgang und Ende der Moderne im selben Jahr? Oder war es vielmehr ein Zeichen dafür, dass der Leitdiskurs aktueller ästhetischer Aktivitäten von der Literatur auf die visuellen Künste überging?

Das mochte zutreffen, wenn man die Abkehr der Schriftsteller von der industriellen Wirklichkeit um die Jahrhundertwende der Zuwendung von Künstlern, Designern und Architekten zu Industrie und Technik entgegenhält, wozu der Architekturhistoriker Julius Posener das Jahr 1904 als Geburtsstunde moderner, „sachlicher" Architektur hinzufügt – zugleich mit deutlicher Distanzierung vom Jugendstil und seinen ornamental-gefälligen Verführungen, die im Bürgertum viel

---

9 Muthesius, Die Wohnungskunst auf der Welt-Ausstellung in St. Louis, 209.
10 Muthesius, Die Wohnungskunst auf der Welt-Ausstellung in St. Louis, 220.

Widerhall fanden.[11] Allerdings dürfte dieses Argument erst durch zwei Faktoren überzeugen, die diese Ablösung historisch und begrifflich einordnen: zum einen die Bezugnahme auf deutsche und österreichische Entwicklungen, zum andern die Definition des Terminus Moderne, der zu dieser Zeit eine geradezu explosive Vervielfältigung erfuhr, welche Aufstieg ebenso wie Ende, kulturelle Leistung ebenso wie Verlust erfassbar machte.

Zunächst der von Muthesius mit Stolz behandelte Faktor Deutschland. Zwar förderte auch der Kaiser das nationale Profil mithilfe von Kunst, aber Muthesius definierte den deutschen Durchbruch über den Erfolg des (wirtschafts)bürgerlichen Geistes, der im Verbund mit Industrie und Kommerz der Welt ästhetisch überzeugende Produkte ohne Hohenzollernprunk anbot. Muthesius' Aburteilung der französischen dekorativen Kunst repräsentiert nur die Spitze eines Eisbergs französisch-deutscher Konkurrenz im Sektor der Möbel- und Designproduktion, die sich zwischen 1900 und 1914 in scharfen Angriffen entlud.[12] In diesem Zeitraum organisierte sich der Deutsche Werkbund auf relativ breiter Grundlage zahlreicher Künstlerassoziationen und Werkstätten zum Motor einer neuen nationalen Kultur, die sich in Zusammenarbeit mit der Industrie in Produkten manifestierte, mit welchen sich Modernität selbst zum Verkaufswert entwickelte.

Aus deutscher Tradition stammte die Ausrichtung am Konzept des Gesamtkunstwerks, in dem vom Buchumschlag bis zum Essbesteck und Küchenschrank möglichst viele Details des Lebens Gestaltung fanden. Eine spätere amerikanische Darstellung über die Herstellung von *modernity* resümierte diesen Vorgang mit dem Hinweis darauf, dass der Ehrgeiz, einen nationalen Stil zu finden, zur Grundlegung der modernen Designkultur des 20. Jahrhunderts geführt habe:

> Im Vergleich mit zeitgenössischen Tendenzen in England, Österreich und Frankreich waren deutsche Bemühungen formal diffuser. Der Schlüsselbeitrag der deutschen Bewegung hatte direkt weniger mit Stil oder Methode zu tun; der Wille zu stilistischer Einheit ordnete sich dem Willen zu konzeptioneller Einheit unter. Deutschland kreierte mit den Bemühungen um ein nationales *design idiom* eines der ersten Grundgerüste für bedeutsame Debatten über Designpolitik im 20. Jahrhundert. Das wurde unterstützt von bewussten Anstrengungen, Produktivstrukturen für Entwurf, Realisierung und Verbreitung des neuen Designs voranzubringen.[13]

---

11 Posener, Berlin auf dem Wege zu einer neuen Architektur, 9, 23, 26.
12 Nancy J. Troy, Modernism and the Decorative Arts in France. Art Nouveau to Le Corbusier. New Haven/London: Yale University Press, 1991.
13 Laurie A. Stein, German Design and National Identity, 1890–1914. In: Designing Modernity. The Arts of Reform and Persuasion, 1885–1945, hg. von Wendy Kaplan. New York: Thames & Hudson, 1995, 50.

Was die Autorin, Laurie A. Stein, bei der treffenden Charakterisierung der ins Übernationale weisenden Dynamik der deutschen Kunstreform ausließ, war die Tatsache, dass sie auf der Akzeptanz, verschiedentlich auch Umarmung der Technik basierte und mit der Zuordnung zu industrieller Produktion auf die Segnung als hohe Kunst verzichtete – und damit die übernationale Wirkung in den Konsumgesellschaften des 20. Jahrhunderts ermöglichte. Bezog sich die Herausbildung des Konzepts *modernité* in Frankreich im späten 19. Jahrhundert auf hohe Literatur und Kunst, so erfuhr dieses Konzept in der konsumorientierten modernen Reformkultur in Deutschland eine Konkurrenz, die sich in den gegenseitigen Attacken entlud und keineswegs nur die ästhetische, sondern auch die kommerzielle Seite meinte.

Nancy Troy hat diesen Kampf der Modernen genauer herausgearbeitet, der neben den nationalen auch die statusbezogenen Dimensionen betraf und damit der Überlegenheit der französischen Hochkunst die kommerziellen und konzeptionellen Erfolge des werkbundbasierten Designs gegenüberstellte.[14] Dabei konnte sich Troy auf einsichtige französische Kritiker berufen, die den Sachverhalt konstatierten, vor allem aber auf Charles-Édouard Jeanneret-Gris, Le Corbusier, der in Behrens' Atelier gearbeitet hatte und die Umarmung der Technik als Designer und Architekt zu seinem Lebenswerk erkor. In seinem ausführlichen Bericht *Étude sur le mouvement d'art décoratif en Allemagne* gestand Le Corbusier bereits 1912 den deutschen Entwicklungen die Führungsrolle bei der Formung der gestalterischen Moderne zu und schloss mit den Sätzen: „Wenn Paris das Heim der Kunst ist, bleibt Deutschland die große Baustelle der Produktion. Experimente werden dort gemacht, die Kämpfe sind Wirklichkeit geworden: das Gehäuse ist errichtet und die Räume erzählen mit ihrem Wanddekor den Triumph der Ordnung und der Hartnäckigkeit."[15]

Mit den aufbrechenden deutsch-französischen Konfrontationen in Politik und Krieg fühlte Le Corbusier sich jedoch gedrängt, dieser Anerkennung der Deutschen auf einem Gebiet, das Frankreich jahrhundertelang dominiert hatte, das Gewicht für die Zukunft abzusprechen.[16] In seiner Einschätzung des ästhetischen Talents der Deutschen als ziemlich fragwürdig stand er nicht allzu weit entfernt von der Kritik Sombarts und Naumanns, berührte sich mit ihnen auch in der Analyse der Gründe, weshalb Deutsche den Sprung in die Moderne effektiver, weniger von Kunsttraditionen eingezwängt, umzusetzen verstanden. Allerdings entfernte er sich

---

14 Troy, Modernism, speziell Kap. 2.
15 Ch.-E. Jeanneret (Le Corbusier), Étude sur le mouvement d'art décoratif en Allemagne. New York: Da Capo, 1968 (Reprint), 73.
16 Nancy J. Troy, Le Corbusier, Nationalism, and the Decorative Arts in France, 1900–1918. In: Nationalism in the Visual Arts, hg. von Richard A. Etlin. Hanover/London: University Press of New England, 1991, 65–87.

von den beiden mit der Folgerung, dass die Deutschen angesichts des Mangels an ästhetischem Talent diesen Aufschwung nicht durchhalten könnten.

Wenn dabei von den Modernen die Rede ist, weist die wenig ansprechende Pluralisierung von Moderne auf das Dilemma hin, dass dieser Begriff seit dem späten 19. Jahrhundert Allmacht und Einzigartigkeit für ein Phänomen behauptet, das in zahlreichen Variationen je nach Gesellschaft, Kunstbegriff und Zielsetzung seine Formung gefunden hat. Als Ergebnis und zugleich Begleitphänomen der sich ausbreitenden Kommunikations- und Reproduktionsverfahren dieser Periode ist Moderne zunächst als spezifisch europäisches Produkt zu verstehen, während die Kommunikations- und Reproduktionsindustrie in Amerika als Träger des Mittelstandsgeschmacks der Verbreitung modernistischer Tendenzen lange Zeit entgegengearbeitet hat. Von der Inthronisierung eines höheren Kulturverständnisses in den USA ist in den vorangegangenen Kapiteln genügend die Rede gewesen, um hinzusetzen zu können, dass sich diese Distanzierung bis weit über die Jahrhundertwende hinaus gehalten hat, bis sich zumindest in progressiven Zirkeln das Bedürfnis durchsetzte, den jahrhundertealten Import an europäischen Kulturauffassungen und -schöpfungen auch mit dieser fragwürdigen Moderne zu betreiben, jedoch nun endgültig mit genuin amerikanischen Zielsetzungen umzuformen.

Der amerikanische Historiker Henry May hat diesen Prozess zum ersten Mal in seinem 1959 erschienenen Werk *The End of American Innocence. A Study of the First Years of Our Own Time 1912–1917* historisch überzeugend angesprochen. May machte am Jahr 1912 das Ende der viktorianischen und puritanischen Kultur der „Unschuld" sichtbar, indem er darlegte, wie diese Kultur auf einem berühmten Festbankett in New York zu Ehren des Schriftstellers William Dean Howell, des „Dean of American Letters", als nach wie vor gültig bestätigt wurde und wie schnell die Abkehr davon erfolgte. In den Reden bei diesem Bankett und den Pressekommentaren dazu seien vor allem drei Doktrinen der *American civilization* beschworen worden: „erstens die Gewissheit und Universalität der moralischen Werte, zweitens die Unaufhaltsamkeit, speziell in Amerika, des Fortschritts und drittens die Bedeutung der traditionellen literarischen Kultur".[17] In den Folgejahren sei es mit diesen Doktrinen, zumindest unter literarisch Engagierten, schnell bergab gegangen. Howells Stern sei rapide verblasst. Bei der Suche nach einer nationalen amerikanischen Kultur habe man die provokanten europäischen Anregungen aufgenommen und in neue Erfahrungen umgesetzt. Mit Amerikas Eintritt in den Krieg 1917 habe sich generell die Einschätzung Europas gewandelt.

George Santayanas Feststellung über die *„genteel tradition in American Philosophy"* 1913, dass dieser Teil des amerikanischen Geistes zwar nicht auf dem

---

17 Henry F. May, The End of American Innocence. A Study of the First Years of Our Own Time 1912–1917. Oxford/New York: Oxford University Press, 1979 (1959), 6.

Trockenen, aber ziemlich in der Flaute sitze, bekommt hier ihren Kontext, vor allem auch mit seinem Zusatz, dass die andere Hälfte des Geistes von der Technik okkupiert werde, dem „*American will*". In diesen Jahren, in denen Amerikas Profil weitgehend von der technischen Großmachtstellung geprägt wurde, drängte sich diese Seite in die kulturelle Selbsteinschätzung hinein. May macht noch einmal die besondere Einstellung der Amerikaner zur Kultur deutlich, die nicht eigentlich ein Verhalten meinte, sondern die moralische Idee, wie sich Menschen verhalten sollten (und es nicht taten):

> Genauer: Kultur in Amerika bedeutete einen speziellen Teil des Erbes aus der europäischen Vergangenheit, einschließlich höflicher Manieren, Respekt für traditionelle Bildung [*learning*], Wertschätzung der Künste, und darüber hinaus informierter und hingebungsvoller Liebe zur etablierten [*standard*] Literatur. *Standard* bedeutete im Allgemeinen britische Literatur; Kultur mochte eine vage Kenntnis der klassischen und der Renaissance-Tradition implizieren, war aber zumeist etwas, das über England gekommen war. Das stellte einen Teil des Problems dar; Amerikaner hatten lange Zeit versucht, ihre eigene Tradition zu konstruieren, jedoch war die europäische und englische Vergangenheit die einzig erhältliche.[18]

Kultur sei kein Gegner von Fortschritt und Demokratie, sondern eine Ergänzung. Millionen nähmen an ihr teil, richteten sich nach deren Wächtern. Van Wyck Brooks war einer von denen, die sich kritisch auf die amerikanische Tradition beriefen.

May betonte, dass moderne Kultur, die er vom europäischen Naturalismus, Ästhetizismus und Relativismus herleitete, in den USA bereits vor dem Ersten Weltkrieg Fuß fasste, wobei er die Begriffe *modernity* und *modernism* noch nicht gebrauchte. Wie Dorothy Ross in einer repräsentativen Diskussion über *Modernity* in der wichtigsten Zeitschrift amerikanischer Historiker, *The American Historical Review*, 2011 unter dem Titel „American Modernities, Past and Present" erläuterte, wurden diese Begriffe erst nach dem Zweiten Weltkrieg zu zentralen Determinanten der Epoche.[19] Amerika, zu dieser Zeit in vollem Bewusstsein als Weltmacht, erhob *modernity* und *modernization* zu Kennzeichen der amerikanischen Prägung des 20. Jahrhunderts. Angesichts der technischen und wirtschaftlichen Überlegenheit Amerikas gewann der *Modernism*-Begriff seine Durchschlagskraft vom soziologisch entwickelten Konzept der *modernization* her, das die (Nachhol-)Entwicklung

---

18 May, The End of American Innocence, 30.
19 Dorothy Ross, American Modernities, Past and Present, in: The American Historical Review 116 (June 2022), 702–714; siehe auch: Richard Guy Wilson, Dianne H. Pilgrim und Dickran Tashjian, The Machine Age in America 1918–1941. New York: Abrams, 1986 (Katalog), 49, 352, Anm. 7.

traditioneller Gesellschaften nach amerikanischem Vorbild zum Leitthema machte.[20] Damit verschoben sich die vorwiegend ästhetisch kodierten europäischen Ursprünge des Phänomens ins Vage, es sei denn, sie fanden vonseiten Englands eine einseitig auf Literatur als *high modernism* erhöhte Kanonisierung, mit James Joyce als zentralem Helden.

Die für Europa und seine Revolten in Design und Malerei maßgebende visuelle Ausrichtung hielt sich weiterhin an die Termini Moderne und *modernism* als Sammelbegriff für die antitraditionell gerahmte und weitgehend von der Reproduktionstechnologie beeinflusste Kunstpraxis im 20. Jahrhundert. Ihr schlossen sich nach dem Ersten Weltkrieg amerikanische Künstler an, um einen eigenen amerikanischen *modernism* bemüht, dessen Erfolge nach 1945 nicht nur auf den nachgeholten Revolten des Abstract Expressionism, der Pop Art und anderer Strömungen beruhten, sondern auch auf der Verbreitung und geschäftlichen Handhabung des Phänomens in der kulturellen Konfrontation des Kalten Krieges.[21]

Das Gewicht von *modernity* und *modernization* als tragenden Konzepten wurde zudem dadurch verstärkt, dass sie weit über Kunst und Soziologie hinaus auf die nationale Geschichte angewendet wurden. Das hatte allerdings auch zur Folge, dass damit ein wichtiger Teil amerikanischer Geschichtsschreibung herausgefordert wurde: das traditionelle Narrativ vom amerikanischen *exceptionalism* – hier nicht weiter zu verfolgen. Inspirierender ist die Ironie, die sich aus der Tatsache ergibt, dass die Vereinigten Staaten sich lange gegen die Moderne gewehrt haben und europäische Moderne oft als radikal und unverdaulich, als Quelle subversiver Ideen, zu einer Zeit verurteilten, in der Amerika für Europäer zur Inkarnation des Modernen emporstieg, zum Inbegriff des Fortschritts.

Hilfreich, wenngleich nicht wirklich klärend bleibt die vom berühmten isrealischen Soziologen Shmuel Eisenstadt, einem der Initiatoren des *Modernization*-Paradigmas, gewählte Formulierung *multiple modernities/mehrfache Modernitäten*[22]. Im gleichnamigen Band fächert der schwedische Politologe Björn Wittrock die Sachlage unter der vielsagenden Überschrift „Modernity: One, None, or Many? European Origins and Modernity as a Global Condition" auf.[23] Dabei schält sich

---

20 Walt Rostow, The Stages of Economic Growth. A Non-Communist Manifesto. Cambridge: Cambridge University Press, 1960.
21 Als französische Stimme: Serge Guilbaut, How New York Stole the Idea of Modern Art. Abstract Expressionism, Freedom and the Cold War. Chicago: University of Chicago Press, 1983. Als amerikanische Stimme: Daniel Bell, Zur Auflösung der Widersprüche von Modernität und Modernismus: Das Beispiel Amerikas. In: Zur Diagnose der Moderne, hg. von Heinrich Meier. München/Zürich: Piper, 1990, 21–67.
22 S. N. Eisenstadt, Multiple Modernities. In: Multiple Modernities, hg. von Shmuel N. Eisenstadt. New Brunswick/London: Transaction, 2002, 1–29.
23 Björn Wittrock, Modernity: One, None, or Many? European Origins and Modernity as a Global Condition. In: Multiple Modernities, 31–60.

der Kontrast zwischen „*institutional*" und „*cultural modernity*" als ausschlaggebend heraus, mit der Dominanz der „*institutional modernity*", die von Max Weber als schicksalhaft im Bild vom eisernen Käfig des modernen Rationalismus, Materialismus und Bürokratismus vorgegeben worden ist.[24] Gegen diese Unterordnung haben sich Kulturhistoriker mit dem ästhetischen Faszinosum Moderne gewehrt, wobei Dorothy Ross es sich allerdings nicht nehmen ließ, davor zu warnen, die „cultural modernity" gegen die „institutional modernity" auszuspielen.[25] Beide haben sich in verschiedene Forschungsrichtungen eingegraben, deren Geschichte seit 1945 selbst starke Veränderungen erfuhr. Immerhin sind sich Kulturwissenschaftler und Soziologen neuerlich wissenschaftlich nähergekommen und haben sich an der Verfeinerung der Leitnarrative abgearbeitet. Das Nebeneinander verschiedener Modernitäten ist damit zum zeitgemäßen Axiom geworden. Zugleich ist das Verständnis dafür gewachsen, das Konzept einer „falschen Moderne" in seinen historischen Variationen ernst zu nehmen und die Bemühungen um eine „andere Moderne" als festen Bestandteil der Kultur- und Technikgeschichte des 20. Jahrhunderts zu behandeln.[26]

Henry May, noch ohne Bezugnahme auf diese Begriffe, wollte sichergehen, dass Amerikaner den Beginn der Aufnahme der neuen europäischen Strömungen eindeutig *vor* den Ersten Weltkrieg datierten. Jedoch verstärkte er mit seinem Werk eher die Gepflogenheit, den Aufstieg der modernen amerikanischen Kultur auf den Ersten Weltkrieg zu datieren, während dieses Ereignis zunächst und vor allem eine Kritik des bisher europäisch geprägten Kulturverständnisses bewirkte. Bereits nach 1900 existierten in New York Gruppen und Cliquen, etwa in Greenwich Village, die sich dem Bemühen um genuin amerikanische Literatur widmeten, allerdings mit dem Mangel an Sponsoren fertigwerden mussten.[27] Für die Verbreitung ihrer Texte konnten sie zudem von der Zeitschriften- und Druckindustrie kaum Hilfe erwarten, die sich, wie erwähnt, anders als in Europa vom Engagement für moderne Literatur und Kunst lange Zeit fernhielt. Ein aktives Publikum für moderne Entwicklungen existierte noch nicht (worauf auch Charles und Mary Beard in *The Rise of American Civilization* hinwiesen[28]). Es dauerte bis weit in die zwanziger Jahre, dass sich Schriftsteller eindeutig von der von Van Wyck Brooks und H. L. Mencken

---

24 Über Webers eigene skeptische Einschätzung der institutionellen Moderne siehe Detlef K. Peukert, Max Webers Diagnose der Moderne. Göttingen: Vandenhoeck & Ruprecht, 1989.
25 Ross, American Modernities, 748.
26 Thomas Rohkrämer, Eine andere Moderne? Zivilisationskritik, Natur und Technik in Deutschland 1880–1933. Paderborn: Schöningh, 1999.
27 Patricia Bradley, Making American Culture. A Social History, 1900–1920. New York: Palgrave Macmillan, 2009, 102.
28 Charles A. Beard und Mary R. Beard, The Rise of American Civilization, vol. II. New York: Macmillan, 1927, 765.

kritisierten Mittelstandsliteratur voller Harmonie und Optimismus abwandten, deren Süßspeisen noch die Kriegs- und Nachkriegsmoralismen verzuckerten.

Für die visuellen Künstler geschah die Umorientierung durch ein Schockerlebnis – wenn sie es denn als solches wahrnahmen und nicht wie die Kunstkritiker als typisch europäische Verrücktheit abkanzelten. Als solches ist die Armory Show in die Geschichte eingegangen, die 1913 in New York und Chicago nach dem Vorbild der Ausstellung des Sonderbundes Westdeutscher Kunstfreunde und Künstler 1912 in Köln zum ersten Mal in Amerika einen repräsentativen Querschnitt moderner europäischer Moderne zeigte. Die Symbolik dieser Veranstaltung hat oft die originale Leistung der Maler der Ashcan School im vorangehenden Jahrzehnt verdunkelt, die sich nicht in Stil und Techniken, wohl aber im visuellen Protest gegen die *genteel tradition* trafen, deren selbstzufriedener Moral sie mit dem Blick auf die oft hässlichen Realitäten von Stadt und Armut ins Gesicht schlugen.[29]

Zu dieser Zeit entwickelte der Fotograf Alfred Stieglitz, der in New York die Galerie „291" betrieb, mit seiner Kamera ein Programm der Moderne, das zum ersten Mal Technik voll in die visuelle Ästhetik einbezog. Technik, bereits mit der Kamera selbst als ästhetischer Filter aktiviert, könne als kreative Kraft den Übergang in die Kunst vollziehen. Fotografie als künstlerisches Produkt anzuerkennen, bedeute zugleich eine Anerkennung dessen, was Stieglitz mit ikonisch gewordenen Fotos von Stadt, Industrie, Maschine vorführte: Technikmoderne als Kunstmoderne. In den Worten von Jean Epstein:

> All diese Instrumente: Telefone, Mikroskope, Vergrößerungsgläser, Kameras, Linsen, Mikrofone, Grammofone, Autos, Fotoapparate, Flugzeuge sind nicht bloß tote Objekte. In gewissen Momenten werden diese Maschinen Teil von uns selbst, vermitteln zwischen der Welt und uns, filtern Wirklichkeit, wie die Leinwand Radiumstrahlen filtert. Dank ihrer haben wir nicht länger eine einfache, klare, kontinuierliche, konstante Ansicht eines Objektes ... Die Welt ist für Menschen heutzutage wie eine deskriptive Geometrie mit ihren unendlichen Projektionsflächen.[30]

Auf der Armory Show fanden amerikanische Maler wenig Aufmerksamkeit neben den Gemälden von Picasso, Matisse, van Gogh, Gauguin und dem Hauptblickfang „Nude Descending a Staircase, No. 2" von Marcel Duchamp sowie den Bildern der deutschen Malerzirkel „Die Brücke" und „Der Blaue Reiter". Es waren jedoch weniger die Maler als die Kunstkritiker, die sich in dieser Begegnung mit Europa

---

29 Über die amerikanischen Maler s. George H. Roeder, Jr., What Have Modernists Looked At? Experiental Roots of Twentieth-Century American Painting. In: Modernist Culture in America, hg. von Daniel Joseph Singal. Belmont, CA: Wadsworth, 1991, 70–106.

30 Zit. nach Orvell, After the Maschine, 11.

für die Nachwelt blamierten. Kunstkritiker – Journalisten von Tageszeitungen und Unterhaltungszeitschriften – sahen sich als Vertreter des Mittelstandsgeschmacks und im besten Fall als Hüter der *genteel tradition*. In dieser Funktion machten sie die immense Pressekampagne, die im Vorfeld große Erwartungen geweckt hatte, zu einem Scherbengericht über die völlig widersinnige und abstruse Repräsentation von Kunst, eine europäische Neufassung, über die der amerikanische Normalbürger nur den Kopf schütteln könne.[31] Ihre lautstarke Abwehr dieser Herausforderung ihrer Kunstanschauungen hallte noch lange nach, bis weit über die zwanziger Jahre hinaus, verschaffte dem künstlerischen *modernism* unter Amerikanern eine unliebsame und umständliche Aufnahme.

Dazu trug wohl auch die Tatsache bei, dass diese Form der Malerei den Stempel der hohen *(highbrow)* Kunst trug und damit weniger als Herausforderung bisheriger europäischer Kunst als ihre Fortführung verstanden wurde – von der man sich zunehmend distanzierte. Jedoch blieb die Armory Show nicht ohne erstaunlich breiten Widerhall – kaum erwartet, in der *(lowbrow)* Konsumkultur. Die visuellen Provokationen und ungewohnten Farb- und Grafikkompositionen der Europäer übten hier große Faszination aus und stimulierten, ähnlich wie berühmte Werke der hohen Kunst, machtvolle Konsumanreize. Von John Wanamaker in Philadelphia ist bereits berichtet worden, dass er in seiner Kaufhauswerbung nicht nur Kunstwerke vergangener Epochen, sondern jahrelang Plakate Pariser Gegenwartsmaler verwendete. Einige seiner Schaufenster widmete er während der Armory Show „kubistischen Gewändern"; andere Kaufhäuser warben damit in der Mode für den Geschmack des kommenden Jahrzehnts.[32]

Die Frage stellt sich, ob der Rummel um die Armory Show und die Empörung der Kunstkritiker im Namen des Normalbürgers die letzte, bereits kompromittierte Übernahme europäischer Kunst in Amerika darstellt. Diese viel geäußerte Annahme entspricht nicht den Gegebenheiten. Dennoch ist die New Yorker Monumentalausstellung mit 1250 Werken immer als eine Art Energiestoß in der Herausbildung einer genuin amerikanischen Moderne gewertet worden. Das manifestierte sich in der visuellen Kunst viel stärker als in der Literatur, für die May eine historische Referenz nur in Form des erwähnten Festbanketts konstruieren konnte. Insofern Kunst auf Verkaufs- und Ausstellungspraxis angewiesen ist und im Wert von Galeristen und Käufern abhängt, haben sich hier die Stationen ihrer transatlantischen Entwicklungen im 20. Jahrhundert klarer abgezeichnet. So gewann die direkte Beziehung amerikanischer Maler, Kunstsammler und Galeristen zu Paris im Prozess der Anerkennung der europäischen Moderne in der Weltkriegsperiode

---

31 Bradley, Making American Culture, Kap. 8: Modern Art Meets Modern Marketing. The Armory Show, 117–134.
32 Bradley, Making American Culture, 133.

noch stärker an Gewicht, insofern der Krieg an der Seite Frankreichs größere Nähe zu, aber auch größere Entfremdung von den europäischen Realitäten bescherte.[33]

Was sich hier abspielte, hat Gertrude Stein, die einflussreiche Amerikanerin in Paris, in ihrem Erinnerungsbuch *Paris France* (1940) reflektiert. Ein Buch lakonisch und idiosynkratisch wie die Anteilnahme der Schriftstellerin am Aufstieg amerikanischer Künstler und Autoren, die den Aufenthalt in Europa suchten, während sie an amerikanischen Karrieren arbeiteten. Mit ihrem Umzug nach Paris 1903 und der Gründung einer Galerie 1905 zusammen mit ihrem Bruder Leo kam Gertrude Stein sehr schnell ins Geschäft mit modernen Malern – Matisse, Cézanne, Picasso – und kultivierte einen Ort, an dem sich bald namhafte französische Künstler und amerikanische Schriftsteller trafen. Paris bilde den natürlichen Hintergrund für das 20. Jahrhundert, fasste sie ihre Erfahrungen zusammen. Die Ausweitung ihres Pariser Zirkels vor Augen, der in den zwanziger Jahren literarische Exilanten wie Ernest Hemingway und F. Scott Fitzgerald einbezog, erreichte Gertrude Stein eine Balance zwischen der Perspektive der europäischen Moderne und der des amerikanischen Glaubens, dass das 20. Jahrhundert das Jahrhundert Amerikas werde. Amerika habe gewusst, dass ihm dieses Jahrhundert zukomme, habe einen Glanz hineinprojiziert, der keinen Stoff für „creative activity" darstellte. Das 20. Jahrhundert sei Sache Amerikas, aber Amerika müsse nach Frankreich gehen, damit es geschehe.[34]

---

33 Malcolm Bradbury, The Nonhomemade World. European and American Modernism. In: Modernist Culture in America, 28–41.
34 Gertrude Stein, Paris France. New York: Scribner's Sons, 1940, 24.

11. Militärs, Ingenieure und die Abgründe der Sachlichkeit im Krieg

Wie reagierte der berühmteste amerikanische Techniker auf den europäischen Krieg? 1915, im Jahr nach dem Kriegsausbruch im neutralen Amerika befragt, fand Thomas Alva Edison Krieg „*inefficient*". Krieg sei ineffizient. Das wisse jeder. Edison fügte den bedeutsamen Satz an: „Effizienz, die das Individuum unterdrückt, ist ineffizient."

Der berühmteste Erfinder seiner Zeit erweiterte diese erfrischenden Feststellungen in einem Interview, das der bekannte Journalist Edward Marshall in der *New York Times* über die Frage führte, wie sich die Vereinigten Staaten auf einen möglichen Kriegseintritt vorbereiten sollten. Edison hatte dazu einen Plan für *Preparedness* entworfen, der das Land unbesiegbar mache, ohne die Bevölkerung steuerlich zu stark zu belasten. Er ließ erkennen, dass man diese Dinge, die in Europa die erbittertsten Nationalismen, schärfsten Hassgesänge und tödlichsten Schlachten bewirkten, sachlich einschätzen könne, um für sie andere, amerikanische Lösungen zu finden. Dem entsprach sein Urteil:

> Ich glaube, dass die Entwicklungen des europäischen Krieges über alle Zweifel hinaus die Unbrauchbarkeit großer stehender Armeen bewiesen haben. [...] Es ist ein Krieg des Schützengrabenkampfes. Was zählt all das ausgefeilte Manövertraining im Schützengrabenkampf? Und was bedeutet die Tatsache, dass es nicht viel zählt? Sicherlich, dass die Welt einen Riesenbetrag an Geld in unnötigem militärischen Drill und unbrauchbaren Festungen verschwendet hat. Ich kann die Situation nicht anders verstehen.[1]

Für Edison war entschieden, dass die Amerikaner mit ihrer technischen Begabung bessere Lösungen finden würden:

> Wir haben immer neue Dinge gemacht oder alte Dinge neu gemacht, und das sind häufig bessere Dinge und bessere Lösungen gewesen als die, die Europa entwickelt hat. Warum sollten wir seiner Führung auf einer militärischen Bahn folgen, die sich als verhängnisvoll erwiesen hat? Der europäische Plan für Kriegsbereitschaft hat wirklich Krieg provoziert. Wir sollten einen Plan für Kriegsbereitschaft entwickeln, der das nicht tut, uns aber trotzdem angemessen schützt. Wir sollten unsere Männer nicht der Industrie wegnehmen und übertrainieren, sondern sollten zwei Millionen Gewehre in perfekter

---

1 Edward Marshall, Edison's Plan for Preparedness. In: Changing Attitudes Toward American Technology, hg. von Thomas Parke Hughes. New York: Harper & Row, 1975, 194 f.

Ordnung bereitstellen, sogar geölt, dazu Rüstungshallen, ausgestattet mit der besten Maschinerie für kurzfristigen Einsatz und, wenn erforderlich, die Produktion von 100.000 neuen Gewehren jeden Tag.[2]

In seinem *Preparedness*-Plan, mit dem er zugleich den Verlautbarungen des Anti-Preparedness Committee[3] antwortete, erörtert Edison viele Details dieses Bereitstellungskonzepts, das die schnelle Abrufbarkeit und Einsatzbereitschaft der Technik zugrunde legt, vor allem aber das Vertrauen voraussetzt, dass die technische Organisation in einem so großflächigen Land funktioniert und das Training genügend Führungskräfte hervorbringt. Es bleibt bei der Annahme, dass die Amerikaner das Training der Tausende viel schneller und effektiver organisieren können und ihre Industrie das entsprechende Kriegsgerät pünktlich liefern würde, ganz abgesehen davon, dass diese das Kriegsgerät, um die Ausgaben zu bändigen, nur auf Abruf zur Verfügung stellen müsse.

Deutlich der Plan eines Ingenieurs, eines amerikanischen Ingenieurs, der der Technik vertraut, die Probleme zu lösen, die die Europäer nicht bewältigen. „Moderne Kriegsführung", merkte Edison an, „ist mehr eine Sache der Maschinen als der Menschen".[4] Davon sind Echos in der amerikanischen Kriegsführung des 20. Jahrhunderts nicht zu überhören, obgleich das Übersee-Engagement (das Edison nicht einbezog) viele der Probleme der Massenheere brachte, denen Edison zu entgehen glaubte. Jedenfalls ist seine Feststellung über die verhängnisvolle Realität der stehenden Massenheere und ihrer Auslösefunktion für den Krieg, wenn man an die strategische Selbsteinschnürung durch den Schlieffen-Plan denkt, zutreffend geblieben.

Was dann 1917 geschah, nachdem Präsident Woodrow Wilson am 6. April dem Deutschen Reich den Krieg erklärt hatte, entzog sich in beträchtlichem Maße dem Glauben an die Technik als Patentlösung für die Kriegsführung. Es kam zu der Massenmobilisierung, die der Ingenieur hatte vermeiden wollen. Was allerdings bereitstand, war das Fabriksystem, wie der Militärhistoriker Dennis Showalter analysiert hat:

> Die USA waren der erste moderne Staat, der ein Massenheer nach industriellen Maßstäben gleichsam aus dem Nichts schuf. Deutschlands Mobilmachung für den Weltkrieg war eine bürokratische gewesen, das Ergebnis von vier Jahrzehnten administrativer Planungen. Die Großbritanniens war eine handwerkliche gewesen, das Ergebnis der Arbeit der kleinen

---

2 Marshall, Edison's Plan, 195.
3 Oswald Garrison Villard, Preparedness. A Series of Eight Articles in the New York Evening Post for the Anti-Preparedness Committee. Washington, D.C., 1915.
4 Marshall, Edison's Plan, 196.

Produktionseinheiten, die alle im Dienst der gemeinsamen Sache zusammengearbeitet haben. Amerika hingegen griff auf das Fabriksystem zurück.⁵

Am Fabriksystem hat Technik, ob im Krieg oder im Frieden, einen organisationsbedingten Anteil. Jedoch ist damit nicht das Kriegsgerät gemeint, das Edison im Auge hatte und durch Erfindungen bereichern wollte.

Hier besaßen die kriegführenden Mächte in Europa einen erheblichen, obgleich mit unzähligen Toten erkauften Vorsprung an Wissen und Praxis. Er gebührte nicht der vor dem Krieg besonders von Kaiser Wilhelm II. geförderten sichtbarsten Erscheinungsform der Technik: dem Schlachtschiffbau, der politisch zum Reinfall wurde.⁶ Der vom Kaiser als Inbegriff der technischen Macht des Reiches gefeierte, von Admiral Tirpitz als kriegsentscheidend propagierte Aufbau einer Schlachtflotte entwickelte sich sowohl politisch als auch kriegstechnisch zum Desaster. Was bis zu 60 Prozent der Rüstungsausgaben verschlang, ruhte zumeist beschäftigungslos in deutschen Häfen, erwies sich als nutzlos bei der Bemühung, Englands Dominanz zu brechen.

Vor 1914 hatten die führenden Armeen in der Welt einstimmig einen „schnellen, desorganisierenden technischen Wandel" abgelehnt.⁷ Was über Eisenbahnbeförderung hinausging, war auf Pferdetransport angewiesen – aber schon bei der Marneschlacht gelangten Soldaten mit Pariser Taxis zur Front, und Verduns Versorgung durch die endlose Kette von Lastwagen auf der *Voie Sacrée* lieferte ein weithin beachtetes Beispiel für den Einsatz der Technik. Aufklärung durch Kavallerie wurde von Flugzeugen und Tankwagen übernommen. Der technische Wandel kam sogar sehr schnell, jedoch anders und keineswegs glamourös, wie Joachim Radkau erläutert:

> Vor allem der Stellungskrieg im Westen mit seinen Materialschlachten, dem MG- und artilleristischen „Trommelfeuer", den Gas- und Panzerangriffen [der Engländer] wurde von vielen Beteiligten als Technikschock – von manchen auch als Technikrausch – erfahren. Mehr als zuvor erschien nunmehr, in Deutschland wie in Westeuropa, der technische Fortschritt und insbesondere der Fortschritt zur „wissenschaftlichen" Technik, zur Großtechnik und zur typisierten Massenproduktion als unausweichlicher Sachzwang. Die Überzeugung von der Unbesiegbarkeit des technischen Fortschritts war der Glaube,

---

5 Dennis E. Showalter, Streitkräfte (USA). In: Enzyklopädie Erster Weltkrieg, hg. von Gerhard Hirschfeld, Gerd Krumeich, Irina Renz. 2. Aufl. Paderborn: Schöningh, 2004, 904–910, hier 906.
6 Über Kaiser Wilhelms impulsive, von den Militärs kritisch aufgenommene oder unterdrückte Kriegsstrategien siehe Eric Dorn Brose, The Kaiser's Army. The Politics of Military Technology in Germany during the Machine Age, 1870–1918. Oxford: Oxford University Press, 2001, bes. Kap. 6, 112–137.
7 William H. McNeill, The Pursuit of Power. Technology, Armed Forces, and Society since A.D. 1000. Chicago: University of Chicago Press, 1982, 334.

der in Deutschland Krieg und Niederlage am ungetrübtesten überstand, wenn er auch die Techniker nicht unbedingt beliebter machte.[8]

Man mag hinzufügen, dass der Glaube an die Unbesiegbarkeit der Technik auch vor dem Krieg existierte, danach jedoch vom Kampfgeschehen, wie es Wilhelm Lamszus bereits 1912 in seiner biografisch gehaltenen Schrift *Das Menschenschlachthaus* in bestürzender Weise realistisch vorausnahm, eine Verhängnisqualität erhielt, die selbst in Amerika, und selbst bei Edison, Aufmerksamkeit fand. Dem anderthalbjährigen Kriegseinsatz des Landes gemäß wurde dort allerdings der Technikenthusiasmus kaum gebrochen. Kaum verwunderlich, dass Deutsche nach dem Krieg zunächst dazu tendierten, Technik nur dann zu akzeptieren, wenn sie in Form der „amerikanischen" Technik als Beschleunigung und Effizienzsteigerung daherkam und mit der Diskussion über Taylorismus und Fordismus alle möglichen Rationalisierungsmaßnahmen bereitstellte.

Edisons Technikeuphorie wurde von vielen amerikanischen Ingenieuren geteilt, jedoch akzeptierten ihn die Militärs nicht als Ratgeber. In der Folge beklagte er sich darüber, dass seine Forschung über die Früherkennung von U-Booten von der Navy nicht beachtet würde. Die deutschen Ingenieure tendierten ebenfalls, obgleich unter zensurierter Dämpfung, zum Vorwurf, die Militärs seien unfähig, die technologischen Erfordernisse sachverständig in ihre Führungsarbeit einzubeziehen.

Über diesen Vorwurf, der bereits während des Krieges, vor allem aber danach ins Politische und Revanchistische ausgeweitet wurde, ist viel gestritten worden. Von Technophobie der militärischen Führer wurde gesprochen, von ihrem Versagen auf dem Gebiet der Technik, das letzten Endes die Deutschen den Sieg gekostet habe. Auf die großen Versäumnisse bei der Bereitstellung schneller technischer Einheiten sowie das mangelnde Verständnis für die bald dominierende Rolle von Logistik wurde vielmals hingewiesen. Eric Dorn Brose fügt dem in *The Kaiser's Army*[9] noch andere schwerwiegende Versäumnisse hinzu. Brose liefert zugleich gute Gründe, warum die Folgerung, der Krieg sei ihretwegen für die Deutschen verloren gegangen, unrichtig ist. Damit korrespondiert die Darstellung von William McNeill, der die Aufmerksamkeit darauf lenkt, dass die deutsche Industrie selbst noch im Entscheidungsjahr 1918, als die Deutschen trotz der Erschöpfung zu ihrer letzten großen Offensive antraten, dringliche Waffen und Materialien lieferte.[10] Wenn die Deutschen einen möglichen Sieg verpasst hätten, dann habe das am

---

8 Radkau, Technik in Deutschland, 239 f.
9 Brose, The Kaiser's Army; 69–111; Gerhard P. Gross, The Myth and Reality of German Warfare. Operational Thinking from Moltke the Elder to Heusinger. Lexington: University of Kentucky Press, 2016, 87–91.
10 McNeill, The Pursuit of Power, 340.

Mangel bei Transport, Verpflegung und Treibstoff gelegen. In der technischen Ausstattung hätten sie zwar die Entwicklung des Panzers versäumt, jedoch eine Skala an effizienten Waffen zum Einsatz gebracht.

Allerdings muss hier, ohne das Thema den Experten streitig zu machen, angemerkt werden, dass sich der Einbezug des Ersten Weltkrieges in eine historische Darstellung des Umgangs mit der Technik nicht mit den Fragen nach Bereitstellung des benötigten Kriegsgeräts und seiner Handhabung vonseiten der Militärs erledigt. Zweifellos leisteten die Engländer in ihrer Konzentration auf technologische Innovationen wie Panzer auf diesem Gebiet mehr. Das verschaffte ihnen aber keineswegs die oft angenommene Überlegenheit, insofern sie an „personenbezogenen Herrschaftsformen" in der Armee festhielten.[11] Demgegenüber konzentrierte sich die 3. Oberste Heeresleitung mit Hindenburg und Ludendorff ab 1916 in radikaler Weise auf die Industrialisierung der Kriegsführung, das heißt auf „eine militärische Maschinenkultur mit ihren eigenen instrumentalen Zwängen, die dann von den Ideologen der Frontkämpfergeneration zur neuen Freiheit und Gleichheit stilisiert wurde". In seiner bahnbrechenden Studie *Deutsche Rüstungspolitik 1860–1980* (1984) hat Michael Geyer diesen grundsätzlichen Wandel in der Kriegsführung im 20. Jahrhundert analysiert, in dem sich der Umgang mit der Technik zu einer Fusion von Mensch und Maschine verhärtet: „Der Kern der neuen Einsatzprinzipien des deutschen Feldheeres bestand in der rigorosen Substitution von Menschen durch Maschinen. Die Waffe selber – die ‚Kriegsmaschine', wie es im Ersten Weltkrieg hieß – wurde zum Mittel und Ausgangspunkt des militärischen Einsatzes und der Organisation militärischer Einheiten."[12]

Geyer belässt diese Analyse nicht ohne den Blick auf den Wandel des Verhaltens. Dabei tritt der vom industriellen und bürokratischen Alltag geformte sachliche Habitus in eine neue Beleuchtung als die für die Industriearbeit und nun Kriegsarbeit unerlässliche Verhaltensform.

Die Bewegung des Soldaten im Feld wurde nicht mehr durch Disziplin von oben, durch Regeln, Vorschriften und die persönliche Kontrolle durch den Offizier, sondern durch die Ausnutzung von Geländeeigenschaften, durch das je persönliche und sachgemäße Verhalten des Soldaten unter Feindeinwirkung und durch die Nutzung günstiger Gelegenheiten bestimmt. Sein Verhalten und das Verhalten ganzer Einheiten wurden durch die Maximierung der eigenen Feuerleistung und die Minimierung der Feindeinwirkung geleitet.[13]

---

11 Michael Geyer, Deutsche Rüstungspolitik 1860–1980. Frankfurt: Suhrkamp, 1984, 102.
12 Geyer, Deutsche Rüstungspolitik, 101.
13 Geyer, Deutsche Rüstungspolitik, 100. Differenzierend anhand von Feldpostbriefen: Klaus Latzel, Die Soldaten des industrialisierten Krieges – „Fabrikarbeiter der Zerstörung"? Eine Zeugenbefragung zu

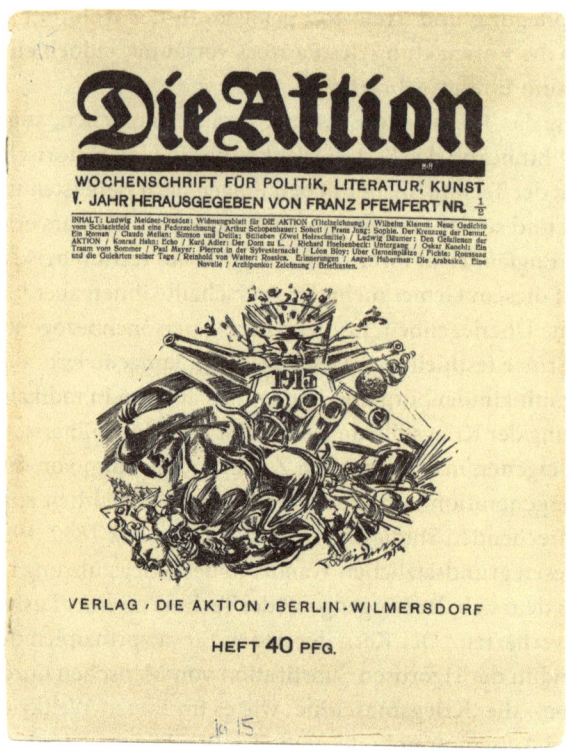

Abb. 9 „Die Maschine als Antlitz des Krieges". Die Aktion, Titelbild von Ludwig Meidner 1915

Bei dieser Form von Sachlichkeit nimmt Krieg den Charakter von Arbeit, sogar Präzisionsarbeit an, die nichts mit dem Sturm auf Langemarck zu tun hat, mit dem eine riesige vaterländische Propaganda das soldatische Verhalten als Opferhandlung kodierte. Schon Lamszus entleerte im *Menschenschlachthaus* jeglichen Gedanken an Heldentum und Opfertod mit Sätzen wie „Wir laufen ja nicht einmal an Menschen an. Maschinen sind auf uns gezückt. Wir laufen ja nur gegen Maschinen an."[14]

Wenn bei der Gleichsetzung von Mensch und Maschine der Begriff der Sachlichkeit ins Spiel kam, deuteten sich damit auch die zweifelhaften Seiten dieses Konzepts und seiner Ausweitung auf die bürgerlichen Lebensformen an. Der Kul-

---

Gewalt, Arbeit und Gewöhnung. In: Der Tod als Maschinist. Der industrialisierte Krieg 1914–1918, hg. von Rolf Spieker und Bernd Ulrich (Katalog). Bramsche: Rasch, 1998, 125–141.

14 Wilhelm Lamszus, Das Menschenschlachthaus. Bilder vom kommenden Krieg. Hamburg: Janssen, 1912, 70.

turkritiker Karl Scheffler, dessen eingängige Deutung des Sachlichkeitsbegriffs im Verhalten und in der Architektur zitiert worden ist, verortete 1912 die Sachlichkeit im Denken der Deutschen so:

> Wenn es eine Aufgabe gibt, die dem Deutschen dieser Jahrzehnte wichtig ist, so ist es die, sich auf allen Gebieten zu sinnlicher Lebensfülle, voraussetzungsloser Sachlichkeit und kräftiger Anschauungsfreude zu erziehen. Im Wirtschaftlichen ist diese Arbeit bereits zu großen Teilen geleistet worden; in allen geistigen Fragen ist der Deutsche aber immer noch der unglückliche Dualist, dem Ideal und Wirklichkeit zweierlei sind, der Ideenknecht, der das wahrhaft Ideale – das bis zum Grunde immer ganz wirklich ist – nicht zu erkennen vermag.[15]

Schefflers Dualismus ist unvollständig, hilft jedoch bei der Beurteilung der Denkformen zu Beginn des 20. Jahrhunderts. Er wusste nur zu gut, dass alle modernen Nationen ihre Selbstdefinition über Dualismen bewerkstelligen – unlogisch, wie dieses Prinzip zumeist ist. Was er herausstellte, waren Verhaltensformen, nicht Prinzipien, und erstere verlieren in politischen Bewertungen, sei es im Hinblick auf Institutionen, Parteien oder Organisationen, schnell an Profil und Aussagekraft. So geschehen, wenn sich Historiker der Gesellschaft des Kaiserreiches zuwandten und in Bezug auf den Kriegsausbruch den Appell an die Einigkeit der Nation für das Phänomen selbst erklärten. Den Appell an die nationale Einigkeit haben amerikanische Eliten, wie Randolph Bourne unmutig konstatierte, unter Wilsons Anleitung in nicht weniger rhetorischen Formen nachgeholt. In Deutschland, wo die Presse schnell unter Zensur fiel, kam den Professoren ein Meinungsmonopol zu, das sie weidlich ausnutzten, indem sie ihre Appelle an den Nationalismus zur Wiedereroberung des hegemonialen Diskurses über Kultur einspannten. In ihrer schnell geformten heldisch-idealistischen Rhetorik gegen die Zivilisation des Westens luden sie ihre Aggressionen gegen die Säkularisierung des Kulturdenkens ab, die in ihrem eigenen Land angesichts von Technik und Industrie mit dem Begriff der Sachlichkeit einen akzeptablen Namen gewann. Der internationale Skandal um den Absturz der deutschen Kultur flammte auf, als die Ideenknechte diese Kultur als militärische Waffe kodierten, das heißt als Teil des deutschen Militärs ausgaben. Dieses Militär hatte gleich zu Beginn des Krieges mit der Zerstörung der Bibliothek in Löwen sein mangelndes Interesse an kulturellen Werten offenbart.

Dass ausgerechnet das Militär von einem linken Publizisten mit dem Begriff der Sachlichkeit assoziiert wurde, gehört zu den verschlungenen Wegen, die dieses Konzept unter den Bedingungen des Krieges nahm. Wilhelm Herzog, ein Freund Heinrich Manns, bedachte kurz nach Kriegsbeginn ausgerechnet Offiziere mit

---

15 Karl Scheffler, Nationalphrasen. In: ders., Gesammelte Essays. Leipzig: Insel, 1912, 222.

dem Attribut „sachlich". Herzog, der sich mit seiner liberalen, antiwilhelminischen Zeitschrift *Das Forum* bis zum Verbot Zugang zur Öffentlichkeit verschaffte, fand, dass Offiziere „sachlicher, klüger, menschlicher das Ungeheure zu sehen und zu werten wissen als die, deren Beruf es sein sollte, uns Deuter und Klärer zu sein". In Belgien sei er von der „wohltuend ruhigen Art" der Offiziere überrascht worden,

> die in so schroffem Gegensatz zu dem bramarbasierenden Geschwätz der zuhausegebliebenen Zeitgenossen steht. Nicht einer, der die Franzosen feig, die Engländer nach Simplizissimusart mit Marmeladetöpfen zeichnete. Alle sprechen mit Anerkennung vom Feind, dem sie nun seit drei Monaten gegenüberliegen, und den sie zu besiegen, aber nicht zu beschimpfen suchen.[16]

Bereits in dieser Einschätzung des Militärs als sachlich lässt sich erkennen, was aus der Sachlichkeit als ziviler Verhaltensnorm unter den Bedingungen des Krieges werden kann. Denn unerwähnt bleibt bei Herzog der Elefant im Raum: die überaus brutale Kriegsführung des deutschen Heeres beim Überfall auf das neutrale Belgien, in dem sich dann die Offiziere sachlich über die Feinde auslassen konnten. Dieser Aspekt hat dem Konzept der Sachlichkeit die Option der Unmenschlichkeit verliehen, die in den Folgejahrzehnten bis zum Zweiten Weltkrieg zu der verheerenden Akzeptanz der Gewalt vonseiten der Deutschen beigetragen hat.

Damit ist die wohl dunkelste Seite dieses sehr deutschen, unübersetzbaren Begriffes Sachlichkeit benannt.[17] Hier sei zur Klärung angefügt, dass sich zwar Kriegsbereitschaft sowohl in dieser Form des Sachlichkeitsdenkens als auch in der Propagandasprache der Professoren äußerte, jedoch in ihrer zeitlichen Abfolge wahrgenommen werden muss. Zweifellos beherrschte die Sprache des Professorennationalismus die Anfangsphase des Krieges, als die Diskrepanz zwischen den kulturellen Ausdrucksformen des 19. Jahrhunderts und der Realität des modernen Krieges im Rauschen der nationalistischen Mobilisierung in der Öffentlichkeit der Gebildeten kaum aufs Korn genommen wurde.[18] (Anders reagierten die Unterschichten und

---

16 Wilhelm Herzog, Die Überschätzung der Kunst, in: Das Forum 1, Bd. 2 (1914/15), 445–458, hier 457.

17 Dies soll hier hervorgehoben werden, da es hilft, die nie ganz befriedigende Analyse des Militarismus der Deutschen zu ergänzen, auch wenn inzwischen der Militarismus der Militär- und kaiserlichen Führungsschichten vom Militarismus des Bürgertums differenziert wird. Stig Förster, The Nation at Arms. Concepts of Nationalism and War in Germany, 1866–1914. In: German and American Nationalism. A Comparative Perspective, hg. von Hartmut Lehmann und Hermann Wellenreuther. Oxford/New York: Berg, 1999, 233–262.

18 Aribert Reimann, Der große Krieg der Sprachen. Untersuchungen zur historischen Semantik in Deutschland und England zur Zeit des Ersten Weltkrieges. Essen: Klartext, 2000, 15.

die unmittelbar vom Kampfgeschehen Betroffenen.) Spätestens im Jahr 1916, angesichts der Schlachten von Verdun und an der Somme, hatte sich die Kraft der Gebildetenrhetorik gegenüber der Begegnung mit dem Wirken der Kriegsmaschine erschöpft. Hier begann die Sprache der Sachlichkeit zu herrschen, mit der sich die Techniker der Kriegsmaschine verständigten – was mit der Absage an die nationalkulturelle Propaganda sogar eine gewisse Internationalität der Kriegsingenieure ermöglichte.

Diese Internationalität, die sich im Technikbezug manifestierte, mag als Kuriosum über den gewaltigen Schlachten vergessen worden sein, ist es jedoch wert, mit einem erstaunlich informationsreichen Zeugnis erwähnt zu werden. Im Jahr 1916 erschien eine deutsche Ingenieurszeitschrift, die es sich, ihren ersten Worten zufolge, vornahm, „eine Revue der technischen Fortschritte in allen Kulturstaaten" zu sein. Die *Zeitschrift für technischen Fortschritt*, ein eindrucksvolles, wenngleich kurzlebiges Unternehmen, das auch militärkritische Beiträge einschloss, übersetzte und druckte 1916 die Jahresansprache, die der englische Ingenieur William Cawthorne Unwin, der Vorsitzende der Institution of Mechanical Engineers, im Vorjahr über die Ingenieurleistungen Englands und Deutschlands gehalten hatte (und die zuvor in der Zeitschrift *The Engineer* erschienen war). In dieser Rede manifestierte sich neben der teils kritischen, teils bewundernden Einschätzung der effizienten, mit Wissenschaft verbundenen deutschen Technik, wie sie seit Jahren in England gepflegt worden war,[19] der Geist sachlicher Abschätzung, der inmitten der mörderischen Feindschaft die technischen Grundlagen des Krieges im Auge behielt, wie sie für beide Seiten galten, gleichermaßen engagiert und distanziert, damit allerdings auch irreführend über die tödlichen Auswirkungen. Die Tatsache, dass es die Herausgeber der Zeitschrift, H. Lux und Heinrich Michalski, mitten im Krieg darauf anlegten, „die technischen Errungenschaften sowohl unter dem Gesichtspunkt der praktisch-wissenschaftlichen Leistung als auch und vor allem unter Würdigung ihrer wirtschaftlichen und kulturellen Augenblicks- und Zukunftswerte zu betrachten"[20], bezeugt, dass auch auf deutscher Expertenseite der Umgang mit Technik im Krieg keineswegs nur als Beförderung des Massentötens konzipiert wurde.

Offenbar fanden es die Herausgeber an der Zeit, dass Ingenieure – über ihre Klagen hinaus, dass die Militärs der jeweiligen Heere ihre Arbeit zu wenig wertschätzten und damit in den Schützengräben stecken blieben – dem internationalen Charakter ihrer Technikperspektive Ausdruck verliehen. Am meisten Anerkennung erfuhren Ingenieure wohl in Großbritannien, wo Premierminister Lloyd George

---

19 Searle, The Quest for National Efficiency.
20 H. Lux und Heinrich Michalski, Zur Einführung, in: Zeitschrift für technischen Fortschritt 1:1 (2. Mai 1916), 1.

die Worte zugeschrieben wurden, dass der jetzige Krieg ein Ingenieur-Krieg sei, da ein größerer Bedarf an Ausrüstung als an Leuten herrsche. Cawthorne Unwins Feststellung lautete:

> Wenn in diesem Kriege die Arbeit des Ingenieurs eine neue Bedeutung gewonnen hat, wenn der Erfolg von der enormen Beschaffung der Munition abhängt, wenn, wie Mr. Lloyd George sagte, „die Beschaffung von Kriegsmunition nicht nur den Erfolg bringt, sondern auch Leben schonen heißt", dann liegt auf den Schultern der Ingenieure eine große Verantwortung. Es werden von ihnen die größten Leistungen verlangt, vielleicht auch mehr Opfer als von den anderen, mit Ausnahme derer an der Front. Es ist klar – wenn es auch nur allmählich anerkannt wird –, daß der Krieg so gewaltig ist, daß sich alle Vorausberechnungen des notwendigen Kriegsbedarfs als viel zu gering erweisen, besonders da England nicht nur seinen eigenen Bedarf, sondern auch den seiner Verbündeten hat decken müssen.[21]

So auf Deutsch zu lesen in der Rede eines englischen Ingenieurs im Jahr der Sommeschlacht, in der sich 100.000 englische, französische und deutsche Soldaten mit ihren tödlichen Kampfmaschinen gegenüberlagen. Auch das gehörte zur dunkleren Seite technischer Sachlichkeit, denn es verminderte, indem es sich auf das Ingenieursdenken der anderen Seite berief, nicht die Realität des durch Technik ermöglichten Massentötens.

Zurück zu Wilhelm Herzog, der die Sachlichkeit nicht vollends den Militärs und den Technikern ausliefern wollte. Er verstand sie auch als einen „Aufklärungsdienst"[22], den man zur Entlarvung der kriegsbegeisterten Zeitgenossen nutzen sollte. Unter ihnen bedachte er Thomas Mann für seine bramarbasierende Heiligung des Krieges als „Reinigung, Befreiung, als ungeheure Hoffnung" mit einer gepfefferten Abrechnung.[23] Den von den Intellektuellen verkündeten „Neuen Geist" speiste Herzog mit den Worten ab: „Hat man diesen unwahrscheinlich plumpen Aufruf der neunundneunzig Professoren gelesen?" Herzog irrte sich nur bei der Zählung der Professoren und Künstler – es waren 93 –, die in dem Aufruf dem deutschen Militär eine nie zuvor behauptete Absolution seiner Kampfpraxis erteilten, gipfelnd im Satz: „Ohne den deutschen Militarismus wäre die deutsche Kultur

---

21 W. Cawthorne Unwin, Deutsche und englische Leistungen auf technischem Gebiet, in: Zeitschrift für technischen Fortschritt 1:7 (13. Juni 1916), 181–188, hier 181 f.
22 Wilhelm Herzog, Der Phrasenrausch und seine Bekämpfer, in: Das Forum 1 (Februar 1915), 577.
23 Herzog, Die Überschätzung der Kunst, 451–455.

längst vom Erdboden getilgt."[24] Es wurde zum Kernsatz der Propaganda gegen das Deutsche Reich.

Mit dem „Neuen Geist" hatte Herzog die andere Seite des Dualismus im Sinn. Er lokalisierte ihn bei denen, „die – angesichts des Ungeheuerlichen – still geblieben sind", das heißt in Schefflers Definition nicht bei den „Ideenknechten", vielmehr bei denen, die ihre Arbeit weiter verrichteten, „selbstdenkende Arbeiter, Beamte, Offiziere, Kaufleute, ja sogar einige Künstler und Gelehrte", und nicht zuletzt bei den „aus dem Felde Heimkehrenden", all denen, die „sachlich und gerecht sein wollen".[25] Jemand musste die Arbeit leisten, wofür Herzog, leicht romantisierend, die Professionellen der bürgerlichen Mittelklasse namhaft machte, nicht ohne auf ihre entscheidende Schwäche hinzuweisen, unpolitisch zu sein.

Noch schwereres Geschütz fuhr der Münchner Kulturkritiker Oscar A. H. Schmitz in der ebenfalls liberalen Zeitschrift *Der Neue Merkur* auf, wenn er feststellte: „Wir sehen eine fleißige obere Mittelklasse von Technikern, exakten Wissenschaftlern, Geschäftsleuten, Ärzten, Beamten: Soldaten des praktischen Lebens. In geistigen, künstlerischen, philosophischen, ja politischen Fragen waren sie nur ungeschickt mitredende Laien; ihr eigener Ruhm ist die Tüchtigkeit." „Ohne Glauben, waren sie dennoch von einem geistigen Bedürfnis wie von einem Fieber erfüllt, aber ihr Individualismus, ihr Kult persönlicher Rechte, versagte ihnen jede Gruppenbildung, und machte sie gleich bündnisunfähig für die Linke wie für die Rechte." Was Schmitz anschließend mit „Radikalismus" als Unzufriedenheit mit dem Bestehenden meint, bleibt unklar; dafür gibt er einen treffenden Kommentar zu den von Huret, Dawson und anderen beobachteten Gesellschaftsschichten vor dem Ersten Weltkrieg, denen Sachlichkeit zur modernen Verpflichtung wurde: „Diese klügelnde Befangenheit im Radikalismus war daran schuld, daß diejenige Klasse, welcher der wirtschaftliche Aufschwung unseres Landes und ein großer Teil unserer wissenschaftlichen Entwicklung zu danken ist, staatlich so vollkommen unbrauchbar und dadurch ein großes Hemmnis für eine fruchtbare Politik gewesen ist."[26] Bei dieser Bestandsaufnahme der wirklichen Leistungen spielten der Kaiser und die Feudalschicht, die Schmitz an anderer Stelle aufs Korn nahm, keine Rolle.

Das widersprach zweifellos der Fixierung auf Kaiser Wilhelm II., an der sich die meisten ausländischen Kommentatoren in ihrer bereits vor 1914 immer kritischeren Einschätzung der Deutschen als einer Nation festhakten, welcher der Aufstieg als Industriemacht zu Kopf gestiegen sei. Sie nahmen das auftrumpfende Benehmen

---

24 Jürgen von Ungern-Sternberg und Wolfgang von Ungern-Sternberg, Der Aufruf „An die Kulturwelt". Das Manifest der 93 und die Anfänge der Kriegspropaganda im Ersten Weltkrieg. Stuttgart: Steiner, 1996, 145.
25 Wilhelm Herzog, Der neue Geist, in: Das Forum 1, Bd. 2 (1914/15), 463–468, hier 464 f.
26 Oscar A. H. Schmitz, Die Geistigkeit vor dem Krieg, in: Der Neue Merkur 1, Bd. 2 (1915), 656–664, hier 663 f.

des Kaisers, das von vielen nachgeahmt wurde, als Ausdruck der nun etablierten deutschen Gesellschaft. Sie stellten nicht zu Unrecht fest, dass sich auch die Vertreter von Wissenschaft und Erziehung, die der Welt früher Vorbild gewesen waren, von diesem Protzhabitus zu Arroganz und Missachtung ausländischer Forscher verleiten ließen. Wie erwähnt, trieb diese Wendung zu krassem Nationalismus vor allem in Amerika, wo man mit der deutschen Wissenschaft in Konkurrenz getreten war, viele ihrer Verehrer zur Abkehr.

Aufschlussreich für diese kulturelle Ernüchterung ist das unter amerikanischen Intellektuellen breit zirkulierende, im Jahr nach dem Kriegsbeginn erschienene Buch Thorstein Veblens, *Imperial Germany and the Industrial Revolution*. Es galt als Wegweiser, um die deutsche Gesellschaft in ihrer undemokratischen Exotik besser zu verstehen. Veblen stülpte, wie er es im selben Jahr ebenfalls mit Japan als Aufsteigernation tat, sein Axiom vom Konflikt zwischen technischem Fortschritt und gesellschaftlicher Resistenz auf die nach außen sichtbar antiquierte Gesellschaft. Sein Hauptargument war, dass das Reich in seinem kaiserlich-dynastischen Habitus stecken geblieben sei, mit dem es Technik als etwas Manipulierbares, Wertfreies im Schnellverfahren absorbierte. Im Hinblick auf Japans ähnliche Strukturen fasste Veblen pointiert zusammen, dass man den „Gebrauch moderner technischer Mittel anachronistisch mit dem mittelalterlichen Geist serviler Solidarität kombiniert habe".[27] Demgegenüber hätten in England „die Wandlungen der Industrie langsam genug stattgefunden, um ihre Wirkung auf die Denkgewohnheiten der Gemeinschaft zu entfalten und die institutionellen Konventionen derart umzuformen, dass sie den technischen Wandlungen antworten konnten".[28] Aufgrund der langsamen Entwicklung habe sich in England somit eine demokratisierende Umstellung des Habitus ereignet, mit der sich eine sachliche Haltung entwickeln konnte. Diese stehe dem Typus persönlich abhängiger Loyalität feindlich gegenüber, der sich im preußischen Feudalismus ebenso wie im „Geist des Alten Japan" manifestiere.

Bereits diese Unterscheidung, bei der sich Veblens Unkenntnis der Einflüsse der Technik auf das Verhalten der Deutschen vor dem Ersten Weltkrieg äußert, lenkt den Blick darauf, dass er mit seiner Methodik, Verhaltensformen zur Analyse politischer und wirtschaftlicher Prozesse heranzuziehen, zu Spekulationen griff, sobald er die realen Verhaltensveränderungen verpasste. Zwar kannte Veblen, der Sohn norwegischer Einwanderer, Europa, aber seine Kenntnis der deutschen Gesellschaft zwischen 1880 und 1914 hatte mit den tatsächlichen Habitus-Wandlungen nicht mitgehalten. In seinem selektiven Gebrauch des Habituellen (und der Bezugnahme auf Japan) unterschlug Veblen die Intention wirtschaftlich engagierter

---

27 Thorstein Veblen, The Opportunity of Japan. In: Journal of Race Development 6 (1915), 23–38. Dazu Carter Goodrich, The Case of the New Countries. In: Thorstein Veblen. A Critical Appraisal, hg. von Douglas F. Dowd. Ithaca, NY: Cornell University Press, 1958, 267.
28 Zit. nach Goodrich, The Case of the New Countries, 267.

Bürgerschichten, modern zu leben und zu arbeiten, ganz zu schweigen von der öffentlichen Kodierung der Moderne in Kunst und Design sowie den verschiedensten Manifestationen der Zivilgesellschaft in einer ausgedehnten Vereins- und Verbandskultur. Er charakterisierte die deutsche Bevölkerung nach alten Formeln als passive Untertanen, setzte den preußischen Feudalhabitus absolut als Fortschrittshindernis und konstruierte daraus das Argument von einer Sackgasse, in der es zu einer demokratisierenden Dynamik des Fortschritts nicht kommen kann.[29]

Veblens These förderte die Gleichsetzung des preußischen Autoritätssystems mit der deutschen Gesellschaft, der er im Gegensatz zu England eine eigene Modernisierung und Sachlichkeit nicht zugestand.[30] In seiner Ansicht, dass Deutschland in seiner Industrialisierung England folgte, ließ er gerade die von ihm so zentral gebrauchten Verhaltensformen und ihre Veränderungen aus, die das deutsch-englische Verhältnis nachdrücklich prägten.[31] Damit blieb er in Klischees stecken, die viele seiner Leser angesichts des Krieges teilten. Der deutschen Kultur sagte er „eine rückständige Haftung an gewissen mittelalterlichen Denkweisen" nach und konstatierte, „dass jede Bemühung, am Kern dieser absonderlichen deutschen Kultur *in statu quo* in den Grenzen des Vaterlandes festzuhalten, ebenfalls wertlos wäre; wegen des kulturellen Schemas ist sie veraltet und nicht mehr bei sich selbst, da sie teils archaisch ist und teils ziemlich neu."[32]

Die Erwiderung kam von einem seiner intellektuellen Kollegen, Randolph Bourne, der *Imperial Germany and the Industrial Revolution* nach Wilsons Kriegserklärung in seinem Artikel „War and the Intellectuals" im Juni 1917 neben John Deweys *German Philosophy and Politics* und Simon Pattens *Culture and War* zu den wenigen zitierbaren Äußerungen amerikanischer Intellektueller über Deutschland im Krieg rechnete. Bourne griff Veblens Darstellung nicht direkt an, entzog ihr jedoch mit seinen gleichzeitig erschienenen Artikeln über das Deutsche Reich, die im obigen Kapitel „Kultur und Technik" behandelt sind, entscheidende Argumente und Überzeugungskraft. Bournes 1915 in *The New*

---

29 Thorstein Veblen, Imperial Germany and the Industrial Revolution. New York: Huebsch, 1918, 222.
30 Dass eine derartige, stark auf selektiven Habitusklischees beruhende Analyse noch im späteren 20. Jahrhundert dazu diente, den Deutschen einen Sonderweg in der westlichen Modernisierung zuzuschreiben, ist bemerkenswert und wohl durch die Bemühung, für den Nationalsozialismus Kontinuitäten vom Wilhelminismus her festzumachen, befördert worden. Hans-Ulrich Wehler versah diese Deutung in seiner *Deutschen Gesellschaftsgeschichte* mit der Fußnote, dass Veblen das Verdienst bleibe, „frühzeitig diese Interpretation entwickelt zu haben", Hans-Ulrich Wehler, Deutsche Gesellschaftsgeschichte, Bd. 3. München: Beck, 1995, 1258. Siehe dagegen die Analyse des deutschen Bürgertums im Kaiserreich im Vergleich mit dem Bürgertum anderer Länder in Margaret Lavinia Andersons Aufsatz, Das Deutsche Kaiserreich in vergleichender Perspektive, in: Geschichte und Gesellschaft 44 (2018), 367–398.
31 George W. F. Hallgarten, Imperialismus vor 1914, Bd. 2. München: Beck, 1951, 398 f.
32 Veblen, Imperial Germany and the Industrial Revolution, 230.

Republic erschienener, als Provokation empfundener Artikel „American Use for German Ideals" zeichnete das Bild dieser Nation in einem sozial und ästhetisch orientierten Umbruch. Amerika könne nicht bei der Verurteilung des Militarismus und Untertanendenkens stehen bleiben, sondern müsse die Manifestationen und Ideale dieses kollektiven Modernismus wahrnehmen, müsse selbst moderne Ideale entwickeln, die damit wetteifern könnten. Amerikas Geschmacks- und Kulturideale seien im 19. Jahrhundert stehen geblieben.

In der Differenz dieser beiden angesehenen Repräsentanten amerikanischer Gesellschaftskritik zur Zeit des in Europa wütenden Krieges manifestierten sich tiefe Gräben, die sich angesichts der von den USA offiziell eingenommenen Neutralität noch vertieften. In den Artikeln „War and the Intellecuals" und „Twilight of Idols" nahm Bourne kein Blatt vor den Mund, wenn er die Art und Weise geißelte, mit der amerikanische Intellektuelle den Krieg als Option erörterten, den selbst gesteckten moralischen Zielen zum Erfolg zu verhelfen. Er stellte die moralische Doppelzüngigkeit seines Lehrers Dewey bloß, wenn sich dieser als Pragmatist und Friedensdenker in die Kriegseuphorie hineinziehen lasse, um Krieg als Mobilisator gesellschaftlicher Moral zu bejahen, Das sei das Opfer der Millionen Toten nicht wert. Ohnehin habe Dewey kein erkennbares Programm als Lösung parat. (Dewey sagte sich später von dieser Auffassung wieder los.)

In „War and the Intellectuals" geißelte Bourne die Gedankenlosigkeit der intellektuellen Kriegstreiberei, die vor allem vom Willen angestachelt werde, im Kräftemessen der Weltmächte mitzuhalten. Die amerikanischen seien nicht besser als die deutschen und französischen Intellektuellen, die Krieg als Verteidigung ihrer Kultur rechtfertigten, oder die englischen, die ihn führten, um die „internationale Ehre" zu retten. Die amerikanischen Intellektuellen hätten die Jahre der Neutralität ohne ernsthaften Vorstoß zugunsten von Waffenstillstands- und Friedensvermittlung verstreichen lassen. So seien sie auf das primitive Motto verfallen: „War is in the interest of democracy!" Sie hätten vergessen, dass der wirkliche Gegner der Krieg sei und nicht das kaiserliche Deutschland.[33]

Bourne hatte wohl recht, dass sich die Gruppe um die Zeitschrift *The New Republic*, allen voran Walter Lippmann und Herbert Croly, nach einigen Kriegsjahren kaum mehr von Präsident Wilson unterschied, wenn sie schließlich den Eintritt Amerikas in den Krieg gegen alle Verlautbarungen, sich nicht in dieses europäische Gemetzel einzuschalten, befürwortete, um die moralischen Ziele umzusetzen, die der Progressivismus und die Hoffnung auf einen dauerhaften Frieden vorgaben. Bourne hatte unrecht, wenn er über die große Friedensbewegung, genauer Antimilitarismusbewegung, an der sich Feministen und Sozialisten beteiligten, hinwegging, die in diesen Jahren in allen Teilen des Landes den isolationistischen Puls seiner

---

33 Bourne, War and the Intellectuals, 11, 13.

heterogenen Bevölkerung maß und in der American Union Against Militarism (AUAM) entsprechend überzeugende Kampagnen gegen den Kriegseintritt organisierte. Für Wilson wurde diese Bewegung, als er sich, gegen seine Wahlkampfparole von 1916, zum Kriegseintritt entschloss, zu einem Problem, dessen Ausmaße sich an den harten Gegenmaßnahmen ablesen lässt, die er mithilfe der Justiz und der Espionage und Sedition Acts gegen Tausende verordnete, die für Antikriegsreden im Gefängnis landeten.[34]

Einige Wochen vor Kriegsausbruch, am Nationalfeiertag, dem 4. Juli 1914, hatte Präsident Wilson in seiner Festrede ausgerufen: „Was machen wir mit dem Einfluss und der Macht dieser großen Nation? Spielen wir nur die alte Rolle, diese Macht für unseren Aufstieg und materiellen Vorteil umzusetzen?"[35] Theodore Roosevelt, der „Realpolitiker", hatte kein Problem mit einer bejahenden Antwort. Für Wilson war sie rhetorisch gewesen, dem antieuropäischen, isolationistischen Denken gemäß, das die amerikanische Tradition bestimmte. Die Verkündung des uneingeschränkten U-Boot-Krieges vonseiten der Militärmacht Deutschland gab ihm das Instrument zur Hand, die Bevölkerung auf seinen Kriegsentschluss einzustimmen. Er entschied sich, die Neutralität, die die USA mit vielen Nationen teilten, zugunsten der Kriegsbeteiligung aufzugeben, um unter dem Motto „Frieden ohne Sieger" mit Tausenden amerikanischer Soldaten in dem festgefahrenen, erschöpfenden Kampf eine Entscheidung herbeizuführen.

Unter den Debatten der Neutralen über die beiden Kriegsparteien in Europa war die amerikanische zunehmend in eine scharfe innenpolitische Konfrontation gemündet, die sich mehr und mehr in der Auseinandersetzung über die Selbstermächtigung des Landes verfing, die Wilson in seiner Fragestellung rhetorisch beschwor. Zunächst nahm die stark von England beeinflusste Propaganda gegen den Kaiser und das militaristische Deutschland als Antipoden zur amerikanischen Demokratie einen Großteil öffentlicher Auseinandersetzungen in Anspruch. Indem man Deutschamerikaner immer öfter verdächtigte, mit dieser Macht dank Sprache und Kultur gemeinsame Sache zu machen, wuchs in dieser zunehmend auf Konfrontation eingestellten Gesellschaft eine Verdächtigungs- und Ausschließungsideologie, welche die *German Americans,* bisher als loyale Bürger geschätzt, zur Befestigung ihrer ethnischen Identität trieb und damit noch größere Verdächtigungen in Bewegung setzte. Die antideutsche Hysterie hat dazu geführt, die in

---

34 Michael Kazin, War Against War. The American Fight for Peace, 1914–1918. New York: Simon & Schuster, 2017. Eine vergleichende Analyse der Friedensbewegungen liefert Christof Mauch, Pazifismus und politische Kultur. Die organisierte Friedensbewegung in den USA und Deutschland in vergleichender Perspektive, 1900–1917. In: Zwei Wege in die Moderne, 261–292.
35 Zit. nach David M. Kennedy, Over Here. The First World War and American Society. New York/Oxford: Harvard University Press, 1980, 256.

unzähligen Kommunen gutgeheißene Präsenz der deutschen Ethnie in den USA als öffentlichen Faktor weitgehend zu marginalisieren.[36]

Diese Marginalisierung hat deutschen Zeitgenossen und Historikern allerdings vielfach die Perspektive auf die generelle Konfrontationsmentalität der Amerikaner in diesen kriegsüberschatteten Jahren verstellt, so etwa auf die Tatsache, dass der Vorwurf der Illoyalität weit über die ethnische Zugehörigkeit hinaus Antikriegsaktivität und den Vorwurf des Kommunismus einbezog – den populären Jargon aufnehmend, dass der „Hun Scare" in den „Red Scare" mündete.[37] In dieser Hysterie kochte Wilsons Propagandist George Creel sein Gift bald auch für die Durchsetzung des Sedition Act. Die humane Programmatik der Progressivisten, mit der sich Wilson rechtfertigte, ging mit dem Scheitern des Konzepts vom „Frieden ohne Sieger" verloren und sorgte für einer große Enttäuschungswelle unter den Intellektuellen bis weit in die zwanziger Jahre hinein.

Es entsprach dem ursprünglichen Sinn von Neutralität, wenn das *Atlantic Monthly* 1916 einen bekannten Publizisten in einem anderen neutralen Land bat, einen Artikel zu schreiben „über die mutmaßlichen Ergebnisse, die sich für das neutrale Europa im Falle eines deutlichen Sieges entweder der Deutschen oder der Briten ergeben würden".[38] Der bekannte niederländische Publizist Leo Simons ging mit vielen Einzelheiten kühl zu Werke und entschied dann: Für die Neutralen sei keine der Optionen erfreulich. Beide Seiten stünden sich, nach dem schockierend inhumanen Verhalten der deutschen Armee zu Beginn des Krieges, dann aber der Verachtung der Zivilbevölkerung in der britischen Blockade an inhumanem Militarismus nicht nach. Nach zwei Jahren Krieg nähere sich die politische Atmosphäre beider Länder an: „England wird militaristischer, mehr dabei ‚keinen Unsinn zu ertragen', weniger hochgemut und liberal, konservativer, chauvinistischer und protektionistischer; Deutschland weniger feudal, offener gegenüber modernen und gemäßigten Ansichten, weniger militaristisch im tiefsten Herzen der Menschen."[39]

---

36 Frederick C. Luebke, Bonds of Loyalty. German-Americans and World War I. DeKalb: Northern Illinois University Press, 1974; Jörg Nagler, Nationale Minoritäten im Krieg. „Feindliche Ausländer" und die amerikanische Heimatfront im Ersten Weltkrieg. Hamburg: Hamburger Edition, 2000.

37 Trommler, The *Lusitania Effect*: America's Mobilization against Germany in World War I, in: German Studies Review 32:2 (2009), 241–266. Getrieben vom Verdacht gegen die Deutschamerikaner, warnte die War College Division wiederholt vor der Spionagetätigkeit der Deutschen in der Armee. Trotz heftigster Anstrengungen konnte die Military Intelligence Division jedoch keinerlei Spionagenetz entdecken (David R. Woodward, The American Army and the First World War. Cambridge: Cambridge University Press, 2014, 65). Eine andere Sache sind Sabotageakte gegen amerikanische Anlagen, so 1916 die Sprengung des Tom-River-Munitionsdepots im New Yorker Hafen, s. Reinhard Doerries, Imperial Challenge. Ambassador Count Bernstorff and German-American Relations, 1908–1917. Chapel Hill/London: University of North Carolina Press, 1998, 188 f.

38 Leo Simons, Neutral Europe and the War, in: The Atlantic Monthly 116 (1916), 666–681, hier 666.

39 Simons, Neutral Europe and the War, 677.

Aus den Beobachtungen über England, Deutschland und Frankreich aus erster Hand zog Simons eine Bilanz für die Zukunft, die in ihrer historischen Treffsicherheit Schaudern hervorruft. Davon seien nur die Sätze zitiert, die direkt auf Versailles vorausdeuten:

> Ein „entscheidender" Sieg einer der Gruppen kann keine andere Bedeutung haben als ein Sieg, der die eine Seite auf Gedeih und Verderb der anderen Seite ausliefert und den Sieger die Bedingungen diktieren lässt. Charakter und Kosten dieses Krieges lassen wenig Zweifel über den Inhalt dieser Bedingungen. In dem Moment, in dem die besiegte Seite sie akzeptieren muss, werden alle Heftigkeiten, Leidenschaften, Hass, Rachegefühle, die wir alle während des Krieges miterlebt haben, gemeinsam aufflammen und die Feindessachen zu Asche zu verbrennen versuchen. Die Chauvinisten und 150-Prozentigen unter den Siegern werden herumschreien, dass es ihre Stunde sei. Keine Freundlichkeit moderater Meinung, kein Gefühl für gemeinsame Humanität, kein Sinn für die gemeinsame europäische Zukunft wird sie in Schranken halten.[40]

Als Wilson sich entschloss, das Gewicht der amerikanischen Armee in die Waagschale zu werfen, war diese Zukunft vorausbedingt. Damit sollte es keinen Verhandlungsfrieden zweier Parteien geben, die, wie zu vermuten war, nach ein, zwei weiteren Jahren endlosen Grabenkampfes erschöpft wären und deren Bevölkerungen ein Ende verlangten. Den Frieden ohne Sieg, den er angekündigt hatte, sollte es nicht geben.[41]

Was Simons den Amerikanern 1916 zu bedenken gab, berührte sich, was die ähnliche Kampfkraft der Gegner anbetraf, mit Einschätzungen der jeweiligen Militärs. In der zitierten *Zeitschrift für technischen Fortschritt* kam 1916 auch eine gewichtige amerikanische Stimme zu Wort: Raymond Bacon von der Carnegie Mellon University, der 1915 den umfassenden Vortrag „Forschung und Fortschritt in der amerikanischen Industrie"[42] auf der ersten National Exhibition of Chemical Industries in New York hielt. Bacons auch in der britischen Zeitschrift *Chemical News* abgedruckter Vortrag war als Weckruf an die amerikanischen Unternehmer konzipiert, mehr mit der Wissenschaft zusammenzuarbeiten. Was die chemische Industrie angehe, in der die Deutschen auf mehreren Gebieten das Monopol besäßen und eindeutig in den USA dominierten, müsse man alles daransetzen, diesen Vorsprung aufzuholen: Allerdings bedürfe das einer langjährigen Ausbildungsarbeit.

---

40 Simons, Neutral Europe and the War, 677 f.
41 Kazin, War Against War, XV f., 260–266.
42 Raymond Bacon, Forschung und Fortschritt in der amerikanischen Industrie, in: Zeitschrift für technischen Fortschritt 1:9 (27. Juni 1916), 242–249.

Angesichts dieses weithin publizierten Weckrufs an die chemische Industrie lässt sich besser nachvollziehen, was nach dem Eintritt der USA in den Krieg mit den Investitionen der deutschen Industrien geschah, darunter der chemischen und pharmazeutischen Industrie, und mit ihren Tausenden von Patenten. Der von Präsident Wilson eingesetzte Alien Property Custodian, A. Mitchell Palmer, betrieb ab Oktober 1917 nichts weniger als die vollkommene Enteignung dieser Industrie in den Vereinigten Staaten, die selbst die Engländer schockierte, weil sie im Eilverfahren die USA zur chemischen Vormacht in der Welt befördern sollte. Noch in der letzten Woche vor dem Waffenstillstand vervollständigte Palmer diese Aktion, indem er 4500 konfiszierte Patente zu Schleuderpreisen an die neu gegründete Chemical Foundation verkaufte, die sie an chemische Unternehmen lizenzierte. Womit er, wie der Historiker David Kennedy in seiner Aufarbeitung dieses Geschehens anmerkte, Wilsons Behauptung qualifizierte, „dass Amerika allein unter den Großmächten an ökonomischen Gewinnen durch den Krieg nicht interessiert sei".[43]

Das hatte mit den Zielen der Progressivisten nichts mehr zu tun. Es war Teil der Selbstermächtigung des Landes im Krieg, die Wilson rhetorisch umrissen hatte. Der Erste Weltkrieg brachte nicht nur die Lösung vom Kulturdenken Europas, das den Aufstieg der Vereinigten Staaten zur modernen Nation begleitete, sondern auch von den wirtschaftlichen und finanziellen Abhängigkeiten, zumeist von Großbritannien, im wissenschaftlich-industriellen Bereich vorwiegend von Deutschland.

Auch auf deutscher Seite beförderte der Krieg einen Wandel im Selbstverständnis als Nation, hier allerdings im Scheitern der Selbstermächtigung als die andere Aufsteigernation in der Welt. Dabei spielte Technik jewels eine zentrale, jedoch nicht die einzige Rolle, auch wenn, wie Radkau resümierte, der Glaube von der Unbesiegbarkeit des technischen Fortschritts über die Niederlage hinaus erhalten blieb. So wenig wie Edisons Technikengagement ausreichte, um die amerikanische Kriegsführung nach vorn zu katapultieren, so wenig reichte der auch in Deutschland gelobte Einsatz der Ingenieure aus, um der Militärmaschine entscheidende Vorteile zu verschaffen.

In diesem Punkt fühlten sich die deutschen Ingenieure von der Öffentlichkeit falsch beurteilt. Zum einen fand sich nach der Niederlage eine Gruppe von Sachverständigen zusammen, um mit einem Sammelwerk all den technischen Leistungen gerecht zu werden, die die deutsche Kriegsmaschine bis kurz vor dem Ende kompetent und aufopferungsvoll am Laufen gehalten hätten. Der Tenor des Werkes schloss sich an die nicht unkritische Bestandsaufnahme der *Zeitschrift für technischen Fortschritt* an. Das Resultat, *Die Technik im Weltkriege* (1920), dokumentiert

---

43 Kennedy, Over Here, 313.

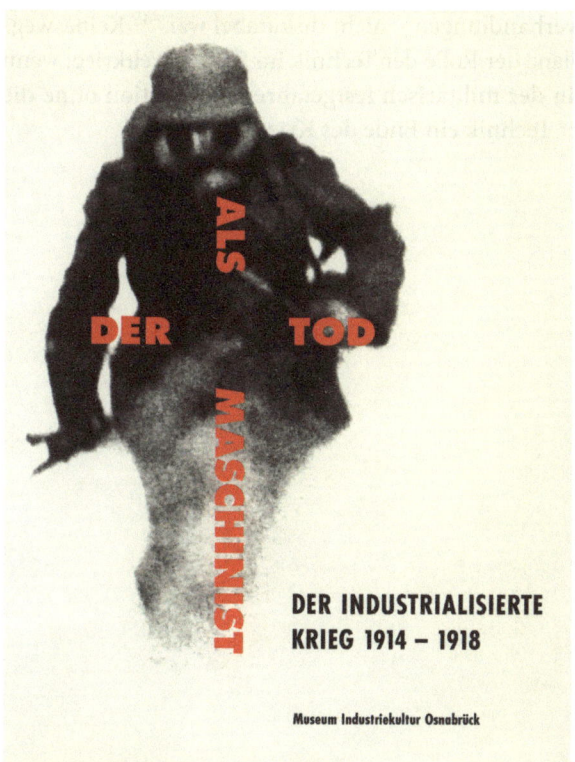

Abb. 10 Der Tod als Maschinist. Der industrialisierte Krieg
1914–1918 (Titelbild des Kataloges 1998)

eine starke Leistungsbilanz in den meisten Bereichen. Zum andern – und wesentlich lautstärker – regte sich von verschiedenen Seiten, am kraftvollsten vom Berliner Technikprofessor Alois Riedler 1921 in *Die neue Technik* vorgetragen, die Polemik, dass die Militärs die volle – und im Endeffekt siegreiche – Entfaltung der Technik verhindert und damit die Niederlage herbeigeführt hätten. „Den hochtönenden Reden von der Bedeutung der Technik im technischen Kriege hat die sachunkundige Führung an keiner Stelle entsprochen", resümierte Riedler.[44]

Joachim Radkau ist der Polemik – einer Art Dolchstoßlegende der Ingenieure – nachgegangen und hat, Geyer zustimmend, das technizistische Denken auch bei den Militärs in genügender Stärke lokalisiert, so etwa mit der Feststellung: „Der U-Boot-Krieg versprach in der hoffnungslos festgefahrenen militärischen Situation von 1916 einen technischen Ausweg für all diejenigen, denen ein politischer Ausweg –

---

44 Alois Riedler, Die neue Technik. Berlin: Siegismund, 1921, 36.

die Einleitung von Friedensverhandlungen – nicht diskutabel war."[45] Keineswegs eine überzeugend positive Bilanz der Rolle der Technik im Ersten Weltkrieg, wenn man an die Chance denkt, in der militärisch festgefahrenen Situation ohne die fragwürdige Hilfestellung der Technik ein Ende des Krieges zu suchen.

---

45 Radkau, Technik in Deutschland, 248.

12. *Weimar Culture*

Abschied von der alten Sachlichkeit

Als man in den sechziger Jahren in (West-)Deutschland, mit Anstößen aus Amerika, die kulturelle Vielfalt der Weimarer Republik wiederentdeckte und aufzuarbeiten begann, merkte man, dass es mit einer positiven Gegenerzählung gegen das schlechte politische Image der gescheiterten Republik nicht getan sei. Zwar zog die Wiederentdeckung jener künstlerisch und intellektuell reichen Periode in Deutschland, die in den USA längst größere Wertschätzung gefunden hatte, das Gefühl nach sich, dass hiermit gegen den kulturellen Kahlschlag der nachfolgenden Nazijahre ein verschleuderter Besitz wiederzufinden sei. Jedoch ließ sich nicht übersehen, dass, je mehr man von den visuellen und intellektuellen Innovationen dieser Periode verstand, umso mehr deren Herkunft aus der Zeit vor dem Ersten Weltkrieg erkennbar wurde.

Der exilierte, nach Deutschland zurückgekehrte Philosoph und Kultursoziologe Helmuth Plessner machte es 1962 in seinem Essay „Die Legende von den zwanziger Jahren" klar:

> Wie tief die Erschütterung auch war, welche der erste Weltkrieg und sein Ende auslösten, nie hätte sie es vermocht, so viele begabte Kräfte auf den Plan zu rufen, wenn sie nicht schon dagewesen wären. Die Zäsur von 1918 markiert nicht den geistigen Umschwung und Neubeginn, der vielmehr schon eine zwanzigjährige Geschichte hinter sich hatte und ohne den verhältnismäßig rasch erworbenen Wohlstand des späten Industrialismus Deutschlands, seine Arbeiterbewegung und seine neue leisure class nicht zu denken ist.[1]

Ihm folgte wenige Jahre später der Berliner Emigrant Peter Gay, ein Repräsentant der jüdischen, nach Amerika verschlagenen Intelligenz, mit der Feststellung:

> Es kann kein Zweifel bestehen: der Weimarer Stil wurde vor der Weimarer Republik geboren. Der Krieg gab ihm eine politische Fassung und einen grellen Ton und belastete ihn mit einem tödlichen Konflikt; die Revolution verschaffte ihm noch nie da gewesene Möglichkeiten. Aber die Republik brachte wenig hervor: Sie befreite etwas, das bereits vorhanden war.[2]

---

1 Helmuth Plessner, Die Legende von den zwanziger Jahren. In: ders., Diesseits der Utopie, 88.
2 Peter Gay, Weimar Culture. The Outsider as Insider. New York/Evanston: Harper & Row, 1968, 5 f.

Mit seinem Großessay, der 1968 unter dem Titel *Weimar Culture* als Buch veröffentlicht und bald übersetzt wurde, setzte Gay den Ton für die Verehrung der Kultur der Weimarer Republik in Anerkennung der Verdienste der Vorkriegszeit, obgleich nicht unbedingt in der Klärung dessen, was diese Verdienste im Einzelnen gebracht hatten. Viele Historiker haben sich mit solchen Hinweisen begnügt, dann aber den Ersten Weltkrieg als „Urkatastrophe des 20. Jahrhunderts", wie ihn der amerikanische Diplomat und Historiker George F. Kennan genannt hat, zum Schöpfer der modernen Kultur promoviert.

Letzteres geschah mit den entsprechenden Vorbehalten, wie etwa in England, wo man dazu tendierte, dem Krieg den Durchbruch der literarischen Moderne zuzuweisen. Wie Robert Wohl in seiner vergleichenden Studie der europäischen Länder dargelegt hat, spielt dabei eine Rolle, dass England von dem schlimmsten Kriegsgeschehen weniger als Frankreich, Deutschland und Russland belastet wurde und in der engen Korrespondenz mit den Vereinigten Staaten einen gewissen Gleichmut bewahren konnte. Weshalb, beim Fehlen von künstlerischen Revolten, wie sie Europa vor 1914 bewegten, die Umbruchstimmung vornehmlich aufs Literarische begrenzt blieb und von Poeten des Krieges bestimmt wurde.[3] Demgegenüber artikulierten sich auf dem Kontinent in den künstlerischen Provokationen von Futurismus, Kubismus und Expressionismus viel kraftvollere Ausdrucksformen. Sie entsprangen dem Revoltegeist der Vorkriegsjahre und wollten sich nicht mit der Reformbewegung der Jahrhundertwende verwechselt sehen, die inzwischen von gewichtigen Teilen der Bürgergesellschaft absorbiert worden war. Mit dem wilhelminischen Kompromiss wollten die deutschen Expressionisten nichts zu tun haben.

Gay überging zunächst diese Unterscheidung, ließ dann aber keinen Zweifel daran, dass die Kultur der Weimarer Republik sowohl von der Revoltebewegung der jungen Generation als auch von der künstlerischen Reformbewegung um 1900 geprägt wurde. Allerdings verschob er die Perspektive auf die Nachkriegsjahre, wenn er von der Revolte der Söhne im Expressionismus und der Rache der Väter im Auf und Ab der Sachlichkeit sprach. Damit erfasste er vor allem eine den Freud-Forscher (der er auch war) kennzeichnende psychologische Dynamik hinter dem Wechsel der Generationen, die auf die Vorkriegszeit und ihre expressionistische Revolte gegen die „alte" Sachlichkeit zutraf.

Um das Profil der „alten" Sachlichkeit noch etwas schärfer zu umreißen, sei zumindest erwähnt, dass mit ihrer Definition in der Gegenwartsanalyse bei Max Weber, Georg Simmel, Werner Sombart und der Phänomenologie bei Edmund Husserl zu Jahrhundertbeginn theoretische Axiome entwickelt oder bestätigt wurden, die ihre Legitimität aus der „Lebensführung" (Weber), das heißt der jeweiligen

---

3 Robert Wohl, The Generation of 1914. Cambridge, MA: Harvard University Press, 1979, 85–121.

Teilnahme an der gegebenen Alltagswelt bezogen. Husserls berühmt gewordener Ruf „zu den Sachen" habe, wie Plessner mit einem passenden Vergleich bemerkt, auf die junge Generation der Philosophen gewirkt „wie die Forderung der Pleinairmalerei auf die Akademiker um die Mitte des 19. Jahrhunderts gewirkt haben muß". „Hier war ein Weg, die Philosophie in die moderne Arbeitswelt einzugliedern, das Historisieren und Relativieren, das Bücherschreiben über Bücher in der Philosophie zu überwinden und durchzustoßen zu den Sachen selber."[4]

Für die dunklere Seite der Sachlichkeit hat Richard Hamann in seinem kulturmorphologisch entwickelten Konzept genügend Raum gelassen, wenn er auf den „Sachlichkeitstrieb" der Deutschen hinweist, der sich zur Besessenheit steigern kann und im Denken in Sachzwängen ein technisch und bürokratisch verengtes Bild der Moderne ansteuert. Das hat dem *„institutional modernism"* etwa in den Formulierungen von Max Weber Ausdruck gegeben, der früh auf „Objektivität" als Haltung gegenüber der Welt bestand und später die unmenschliche Seite von Rationalisierung und Bürokratisierung als „stahlhartem Gehäuse" mit einer aus der Technik gegriffenen Metapher verband. Der „Apparat" der modernen Großindustrie übe „auf die Menschen und ihren ‚Lebensstil'" spezifische Wirkungen aus; Weber betonte, wie die industrielle Techno-Struktur „das geistige Antlitz des Menschengeschlechts fast bis zur Unkenntlichkeit verändert hat und weiter verändern wird".[5] Das hat, wie dargelegt, im Krieg zur physischen und moralischen Katastrophe geführt, insofern die Auslieferung an sogenannte Sachzwänge[6] nichts anderes als eine Rechtfertigung der Kriegsmaschine bedeutete.

Die dunkleren Seiten hatten sich schon in den Vorkriegsjahren angekündigt, als die neue Kultur technisch und wirtschaftlich effizienter Sachlichkeit und ihre zunehmende Akzeptanz im Wirtschaftsleben unter Außenseitern und Künstlern wachsendes Misstrauen weckte. Sachlichkeit vermochte gegenüber der militärisch aufgeputzten Kaiserkultur durchaus ein modernes Lebens- und Kunstgefühl zu etikettieren. Jedoch konnte sich unter ihrem Zeichen die Anerkennung der gegebenen gesellschaftlichen Zustände auch zu einer Fesselung der Fantasie verfestigen,

---

4 Helmuth Plessner, Husserl in Göttingen. In: ders., Diesseits der Utopie, 147; Michael Großheim, „Zu den Sachen selbst!" Die neue Sachlichkeit der Phänomenologen. In: Die (k)alte Sachlichkeit. Herkunft und Wirkungen eines Konzepts, hg. von Moritz Baßler und Ewout van der Knaap. Würzburg: Königshausen & Neumann, 2004, 145–159.

5 Max Weber, Methodologische Einleitung für die Erhebung des Vereins für Sozialpolitik über Auslese und Anpassung (Berufswahl und Berufsschicksal) der Arbeiterschaft der geschlossenen Großindustrie. In: ders., Gesammelte Aufsätze zur Soziologie und Sozialpolitik. Tübingen: Mohr, 1924, 60. Dazu Volker Heins, Max Weber zur Einführung. Hamburg: Junius, 1997, 77.

6 Willibald Steinmetz, Anbetung und Dämonisierung des „Sachzwangs". Zur Archäologie einer deutschen Redefigur. In: Obsessionen. Beherrschende Gedanken im wissenschaftlichen Zeitalter, hg. von Michael Jeismann. Frankfurt: Suhrkamp, 1993, 293–333.

die jede Abweichung vom bürgerlich goutierten Verhalten beiseiteschob oder maßregelte.

Im Abweichen, Ausscheren, Eigene-Wege-Gehen liegen die Antriebe der Jugendbewegung, die sich zu dieser Zeit als Generationsprotest, genauer als Protest der männlichen Jugend, vor allem in der Großstadt formierte. Ähnlich trugen junge Autoren ihre Abweichung, ihr Ausscheren aus dem von Sachlichkeit beherrschten Alltag und seiner Sprache in die Öffentlichkeit, gründeten Zeitschriften und gaben Manifeste heraus. Sie griffen die europaweit wachsende, künstlerisch produktive Selbstverständigung auf, beanspruchten bald den Terminus Expressionismus für ihr Tun, rückten ihre Entlarvung bürgerlicher Normalität in einen utopischen Horizont – Warnung und Beschwörung kommender Revolten und Revolutionen. Dabei standen Kaiser und Militär weniger im Blickpunkt (die wurden vom Münchner *Simplicissimus* bereits eindrucksvoll karikiert) als die Autorität der Bürgerfamilien, denen die meist jungen Männer entstammten und die deren unwirtschaftlichem, irrationalem, utopischem Verhalten kaum Entfaltung gestatteten. Auf einem oft abgedruckten Foto von der „Tagung der Geistigen" auf der Burg Lauenstein 1917 ist der Generationskontrast in den Figuren von Max Weber und Ernst Toller ikonisch geworden.[7] Max Weber, der bärtige Professor, hält als Kritiker des akademischen Establishments eine seiner großen Reden über die Notwendigkeit gesellschaftlicher Umformung. Ernst Toller, der junge Expressionist, sieht zu dem großen Vorbild auf, in der Hoffnung, dass Weber der Jugend aus seinem Wissensschatz den Weg weist. Nicht mehr im Foto enthalten ist Tollers große Enttäuschung darüber, dass die Hoffnungen der Jugend auf weltverändernde Ideen mit der von Weber geforderten kritischen Nüchternheit nicht erfüllt werden können. Ausgerechnet in Heidelberg, als einer von Webers Studenten, begann Toller seine Karriere als Expressionist und Revolteur, die ihn schließlich als einen der Anführer der Münchner Räterepublik ins Gefängnis brachte und zum viel gefeierten und umstrittenen Dramatiker machte.

Gedichte und Theatertexte weckten in der sich rapide entwickelnden Kommunikationsgesellschaft besonderes Interesse an künstlerischer Radikalität. Die lyrischen Schibboleths der Impressionisten und Neuromantiker wie Liliencron und Hofmannsthal boten den Expressionisten zu wenig Feuer. Um neue Funken springen zu lassen, drängten sie die bereits konventionell gewordene Anerkennung der Moderne brüsk beiseite. Ihr Ausdrucksbemühen korrespondierte mit den antirealistischen Farben- und Gefühlsexplosionen junger Malergruppierungen wie der Dresdener „Brücke" und des Münchner „Blauen Reiters", reichte mit ihren Manifesten und Publikumsauftritten bald über das Fachpublikum hinaus. Eine zentrale

---

7 Ein Gipfel für Morgen. Kontroversen 1917/18 um die Neuordnung Deutschlands auf Burg Lauenstein, hg. von Meike G. Werner. Göttingen: Wallstein, 2021, 245.

Provokation lag im Drängen der Jüngeren, das Selbstbewusstsein, mit dem sich der Bürger im Habitus über den Untertanen hinaushob und Eigenprofil erwarb, literarisch ins Fragwürdige zu verschieben.[8] Mit dem utopischen Höhenflug koppelte sich eine neuartige Dissoziierung des (selbstbewussten) Ich – zwar eine Evokation von Modernität, jedoch nicht gerade ein Beitrag zur politisch-gesellschaftlichen Verselbstständigung des deutschen Bürgers.

Technik selbst wurde auf die Bühne gebracht, jedoch von der geläufigen Anerkennung ihrer Nutzung für gesellschaftliche Ziele und die Herstellung von Sachgütern entblößt. In der Deutung von Expressionisten, etwa bei Georg Kaiser in *Gas* oder Ernst Toller in *Masse Mensch* und *Die Maschinenstürmer* wird sie als Maschine, als drohender Apparat monumentalisiert, der den falschen Umgang mit Technik vor Augen führt, dem aber kein „richtiger" Umgang entgegengestellt werden kann.[9] Ein von Technikgegnern viel gebrauchtes Motiv, das in den Technikfantasien der zwanziger Jahre weiterhin Heimatrecht genoss und noch bei Fritz Lang in seinem Film *Metropolis* Verwendung fand.

Das entfernte sich bewusst von Sachlichkeit. Sensible Mitglieder des Werkbundes wurden sich zu dieser Zeit bewusst, dass es von der Klärung und Befreiung durch sachlich gestaltete Formen nur weniger Schritte bedurfte, um zur Dogmatisierung des neuen Geschmacks überzugehen. Sie gaben der Ambivalenz des Begriffs Sachlichkeit, wenn er sich zu einer belehrenden Symbolstrategie bestimmten Handelns zu verfestigen drohte, in vielerlei Umschreibungen Ausdruck. Ihre Manöver, Kunst, Kunstgewerbe und Architektur in einer dem Export verpflichteten Gesellschaft kreativ zu erhalten, gingen der lange erwarteten Grundsatzdiskussion auf der Werkbundausstellung 1914 in Köln über Typisierung und künstlerische Freiheit voraus. Sie wird hier erwähnt, weil sie Gropius' Aversion gegen die vom Wirtschaftsexport bestimmte Typisierung öffentlich machte, die von Muthesius nach einer denkwürdig selbstkritischen Beschreibung der Werkbundentwicklung programmatisch vorgetragen wurde.[10] Wenn sich Werkbundkollegen wie Henry van de Velde, Rudolf Bosselt, August Endell, Hermann Obrist und Bruno Taut, die sich primär als Künstler verstanden, mit Gropius in der Opposition vereinten, bezeugten sie Gegnerschaft zum Zwangscharakter exportorientierter Typisierung, zugleich Opposition gegen den von Posener später so genannten „wilhelminischen Kompromiß", den der Werkbund unter der Ägide von Friedrich Naumann und Hermann Muthesius einging.

---

8 Silvio Vietta und Hans-Georg Kemper, Expressionismus. München: Fink, 1975, 30–49.
9 Harro Segeberg, Technik-Bilder in der Literatur des zwanzigsten Jahrhunderts, in: Technik in der Literatur. Ein Forschungsüberblick und zwölf Aufsätze, hg. von Harro Segeberg. Frankfurt: Suhrkamp, 1987, 411–435.
10 Schwartz, The Werkbund, 148.

Das war der Abschied von der „alten" Sachlichkeit, zumindest einer von vielen, die zumeist mit der Feststellung einhergingen, der Werkbund sei mit so hohen Idealen für die ästhetische Umerziehung der Deutschen angetreten, dass ihre Verfehlung kaum überrasche. Muthesius selbst war sich der Überforderung bewusst, steuerte aber nicht gegen die etwa von Ernst Jäckh betriebene Zuordnung zum imperialen Staat an.[11] Es brachte dem Werkbund in der Revolutionsphase 1918/19 geharnischte Ablehnung als allzu nahe am untergegangenen Staat ein. Dank der auch einige Zeit im Krieg aufrechterhaltenen internationalen Verbindungen, besonders mit England, sowie eines geschickten Taktierens in der Gründungsphase der Weimarer Republik, an dem Theodor Heuss als Sekretär maßgeblich beteiligt war, verschaffte sich der Werkbund jedoch eine zentrale Position bei der Ausarbeitung der staatlichen Symbolik, die in der demokratischen Republik ganz anders angelegt sein musste als im Kaiserstaat.

In der wohl ausgewogensten Kritik der Vorkriegsphase des Werkbundes hat Walter Riezler, der Direktor des Städtischen Museums in Stettin, 1916 die Problematik dieser Organisation formuliert, in deren Wirken die Moderne in Deutschland als Reform der Kultur mehr als anderswo eine umfassende Ausrichtung erhielt. Entscheidend ist die Feststellung, dass man, um die Erfolge des Werkbundes zu beurteilen, die vorhandene in Kitsch- und Massenprodukten verbreitete Alltagskultur und den begrenzten künstlerischen Geschmack der Deutschen in den Blick nehmen sollte. (Nur das österreichische Haus fand Riezler auf der Ausstellung 1914 originell und ästhetisch überzeugend.) Riezler konzediert: „Da nun der Werkbund von der hohen Baukunst bis zum einfachen Gerät, von der Maschine bis zum Frauengewand alles in seinen Arbeitsplan oder in sein Interesse aufgenommen hat, ist es nicht leicht, mit einem Namen das Ziel, das er sich gesteckt hat, zu benennen." Immerhin habe der Werkbund, wenngleich mit allzu vielen Erziehungs- und Bevormundungsprogrammen, eine moderne Produktkultur auf den Weg gebracht. Jedoch:

> Vor jedem Optimismus muß hier gewarnt werden; wahrscheinlich hat niemand für möglich gehalten, daß nach all der Belehrung, die auf das deutsche Publikum in den letzten Jahrzehnten losgelassen wurde, noch eine so umfangreiche Schundproduktion entstehen konnte, wie sie dieser Krieg bei uns gezeitigt hat. Wir stehen hier, wenn wir das Ziel wirklich in einer „Durchformung aller Dinge" sehen, nicht [sic!] darin, daß, wie heute schon, überhaupt gut geformte Dinge hergestellt werden, in der Tat erst am Anfang der Entwicklung.

---

11 Hermann Muthesius, Die Werkbundarbeit der Zukunft. Vortrag auf der Werkbund-Tagung Köln 1914. In: Zwischen Kunst und Industrie. Der Deutsche Werkbund. Hg. von Die Neue Sammlung. München: Die Neue Sammlung/Staatliches Museum für Angewandte Kunst, 1975, 85–96.

Nur eine große Organisation wie der Werkbund könne diese Aufgabe zum Erfolg führen.¹²

Dass es anders kam, ist zuallererst dem Kriegsgeschehen, der Verarmung der deutschen Gesellschaft und dem revolutionären Umdenken der Künstler zuzurechnen. Gropius' bewusst expressionistische Stilisierung der öffentlichen Begründung des Bauhauses 1919 nahm den Künstlerprotest auf, mit dem sich Expressionisten gegen die Bürgergesellschaft in Manifesten, Gedichten und Bildern Publizität verschafften. Im revolutionären Programm des Berliner „Arbeitsrates für Kunst" machte Gropius deutlich, dass er sich nicht mehr dem Establishment zugehörig fühlte, in dem er sich als Architekt recht erfolgreich freigeschwommen hatte:

Der beweglich-lebendige Schöpfergeist, ungewöhnlich und unberechenbar, bäumt sich gegen die engen Grenzen des staatlichen Gesetzes, gegen das Zwangskleid des bürgerlichen Durchschnitts auf. Verhindert jedoch der Staat mit seinen Mitteln der Gewalt das freie Wachstum dieser „anormalen" Geistesbefruchter, so schneidet er sich selbst den Lebensfaden ab.¹³

Zu den Paradoxien dieser historischen Umbruchsphase gehörte die Nachricht, dass der später von der Rechten regierte Staat von Thüringen keineswegs den Lebensfaden abschnitt, sondern die ehemals Großherzogliche Kunstgewerbeschule in Weimar einem solchen Revoltemacher zur Umformung zum Staatlichen Bauhaus in die Hände gab. Gropius, der „bis 1916/17 als Vorkämpfer für Mechanisierung"¹⁴ aufgetreten war, traf sich in der rhetorischen Kodierung seiner Hoffnungen, die auf einen Neubau der Gesellschaft von Handwerk und tradierten Praktiken her zielten, mit einer Reihe von Designkollegen wie Bruno Taut, blieb im Umkreis von Künstlern wie dem Amerikaner Lyonel Feininger, der das Bauhaus-Manifest mit einer hoch aufstrebenden mittelalterlichen Kathedrale illustrierte, und behielt für die Gründung des Bauhauses die mittelalterlichen Bezüge in der Handwerksausbildung bei.

Um zu ermessen, wie diese Umbruchsphase nicht nur solche Paradoxien hervorbrachte, sondern für einen kulturellen Neuanfang, den man erstrebte, Chancen, Utopien und Schocks bereithielt, wird man noch einmal auf den Krieg verwiesen, allerdings auf eine wenig beachtete Seite seiner Erfahrung und seines Endes im nationalen Erleben.

---

12 Walter Riezler, Die Kulturarbeit des deutschen Werkbundes. München: Bruckmann, 1916, 14, 37.
13 Walter Gropius in Ja! Stimmen des Arbeitsrates für Kunst in Berlin. Charlottenburg im November 1919, 31.
14 Winfried Nerdinger, Der Architekt Walter Gropius. Berlin: Mann, 1996, 13.

Den Schlüssel haben Historiker in der Feststellung des wohl verlässlichsten bürgerlichen Zeitzeugen Ernst Troeltsch gefunden, wenn er die kurze, mit noch nicht getroffenen Entscheidungen schicksalsschwangere Periode direkt nach dem Waffenstillstand als Traumland charakterisiert: „Das Traumland der Waffenstillstandsperiode, wo jeder sich ohne die Bedingungen und realen Sachfolgen des bevorstehenden Friedens die Zukunft phantastisch, pessimistisch oder heroisch ausmalen konnte, ist geschlossen."[15] Mit diesem Aussitzen der Geschichte für einen kurzen Moment, welchen Sozialdemokraten, Kommunisten, Freikorpskämpfer ebenso wie Künstler und politische Akteure für ihre neuen Entwürfe nutzten, in der Hoffnung, dass Wilson seine Versprechungen für einen gnädigen Frieden wahr machen würde, fand sich das Reich, zusammen mit den anderen Kriegsverlierern Österreich und Ungarn wiederum isoliert. Als Kampfplatz der Illusionen stand es jedoch, wie vor allem von Engländern festgestellt, nicht allein. Der kanadische Historiker Gordon Martel zitiert die geradezu besessene Etikettierung der Nachkriegsphase vonseiten der Briten mit „*Age of Illusion*" und „*The Illusion of Peace*", die das kulturelle Desillusionsgefühl der Folgejahre einleitete. Den Amerikanern schreibt er ebenfalls ein Traumland zu: Amerikaner träumten während des Krieges davon, dass europäische Geschichte beendet sei und Weltgeschichte (mit Amerikas Dominanz) beginnen sollte.[16]

Genauere Untersuchungen des Alltagslebens der Deutschen während des Krieges erweisen, dass ihre Illusionierung keineswegs erst eine Sache des Waffenstillstandes darstellt. Dank der Militärpropaganda und -zensur über die wirkliche Kriegslage (und -lüge) uninformiert, kämpften und arbeiteten sie mit der Verinnerlichung der politischen Einkreisung des Landes, entwickelten auch im Privaten eine Trotzhaltung gegen alle drängenden Herausforderungen feindlicher Angriffe. Die vor dem Krieg zu nationalen Siegen aufgebauschten Erfolge der deutschen Arbeit, Wissenschaft und Technik stiegen zu einmaligen, nun militärisch beseelten und verteidigten Besitztümern auf. In diesem Krieg stand ihre Aufrechterhaltung als Garanten der Nation auf dem Spiel. Das führte zu einer technisch-wissenschaftlichen Ausstattung der deutschen Sphäre, die sich immer mehr zu einem von Propaganda und Selbsterhaltungstrieb beherrschten Innenraum entwickelte, in dem die Industrie mit der Schaffung von Ersatzstoffen und die Bevölkerung mit Einschränkungen und Notbehelfen der von England geführten Blockade die Stirn bot.

---

15 Ernst Troeltsch, Spektator-Briefe. Aufsätze über die deutsche Revolution und die Weltpolitik 1918/ 1922, hg. von Hans Baron. Tübingen: Mohr, 1924, 69; Klaus Schwabe, Germany's Peace Aims and the Domestic and International Constraints. In: The Treaty of Versailles. A Reassessment after 75 Years, hg. von Manfred Boemeke u. a. Cambridge: Cambridge University Press, 1998, 42; Margaret MacMillan, Peacemakers. The Paris Conference of 1919 and the Attempt to End War. London: Murray, 2001, 470–495.
16 Gordon Martel, A Comment. In: The Treaty of Versailles, 621.

Der Technikhistoriker Ulrich Wengenroth hat diese Selbsterhaltungsdynamik als „Flucht in den Käfig" definiert, mit der die Deutschen in einer scheinbar kämpferischen Selbstisolation ihren Absturz in die wissenschaftlich-technische Zweitklassigkeit selbst organisiert hätten. Wengenroth umreißt damit zunächst die Parameter des Niedergangs, verliert sich dann aber mit der Verurteilung der wilhelminischen, industriellen und autarkiebesessenen politischen Eliten in einer Generalverdammung der deutschen Moderne ohne Berücksichtigung der Reformströmungen, ohne Erwähnung der von Frankreich bis weit in die zwanziger Jahre bestimmten Blockadepolitik gegen die deutsche Wissenschaft und Technik und ohne jede Korrespondenz mit den Verhältnissen in den feindlichen und neutralen Ländern. Ganz dem technischen und neoliberalen Denken verpflichtet ist seine Verurteilung der Innovationen als Bremsklotz, wobei er offensichtlich das kulturelle Potenzial auslässt: „Das deutsche Innovationssystem erfuhr in der ersten Hälfte des 20. Jahrhunderts eine politisch-kulturelle Prägung, die es im Modernisierungswettlauf ausbremste."[17] Der von Wengenroth verehrte amerikanische Technikhistoriker Thomas Hughes hätte ihm entgegengehalten, dass er Entscheidendes auslasse.[18]

Gewiss ist, dass die Deutschen Mitte 1919 mit der Realität internationaler Nachkriegspolitik peinvoll konfrontiert wurden. Die Stunde der Wahrheit kam, als die harschen Bedingungen des Vertrags von Versailles verkündet wurden. In ihnen war von Wilsons Versprechen nicht mehr die Rede. Hier blies ein eisiger Wind die projizierten Kontinuitäten des Selbsterhaltungsinnenraums beiseite. Hier wurde die Fetischisierung des Militärs als Garant nationaler Identität zum Schlag ins Gesicht (und zur Geburt der Dolchstoßlegende). Kaum verwunderlich, dass die Folgen für die politische Psyche verheerend waren und es einige Zeit dauerte, bis die neue Republik für ihren wirtschaftlichen Aufbau den rechten Zugang fand. Dabei spielte in der zensurbefreiten Kommunikationsindustrie die Beschäftigung mit Amerika eine zunehmend wichtige Rolle.

Was es bedeutete, nach dieser Isolierung nach Paris fahren zu können, nachdem nur neutrale Länder wie Holland und Schweden der Wirtschaft und die Schweiz einigen Künstlern, etwa den Dadaisten, eine gewisse Internationalität beschert

---

17 Ulrich Wengenroth, Die Flucht in den Käfig. Wissenschafts- und Innovationskultur in Deutschland 1900–1960. In: Wissenschaften und Wissenschaftspolitik. Bestandsaufnahmen zu Formationen, Brüchen und Kontinuitäten im Deutschland des 20. Jahrhunderts, hg. von Rüdiger vom Bruch und Brigitte Kaderas. Stuttgart: Steiner, 2002, 53 f. Eine abgewogenere Darstellung bei Sören Flachowsky, Krisenmanagement durch institutionalisierte Gemeinschaftsarbeit. Zur Kooperation von Wissenschaft, Industrie und Militär zwischen 1914 und 1933. In: Gebrochene Wissenschaftskulturen. Universität und Politik im 20. Jahrhundert, hg. von Michael Grüttner u. a. Göttingen: Vandenhoeck & Ruprecht, 2020, 83–106.
18 Hughes, Human-Built World, 112–118.

hatten – abgesehen von Werkbund- und Ingenieurskontakten in den ersten Kriegsjahren –, hat der Berliner Kunsthändler Paul Westheim 1921 in seiner Zeitschrift *Das Kunstblatt* festgehalten. Westheim spricht von der „katastrophalen Valuta, die uns auch mit einer so schrecklichen geistigen Blockade umspannt", und stellt fest, deutsche und französische Kunst hätten sich seit 1914 „vollkommen auseinander entwickelt".[19] Aus Westheims Beobachtung resultiert, dass die Isolierung den Expressionismus mitgeformt habe: „In Deutschland hat man den Weg eingeschlagen zu Romantik und Ekstase, in Frankreich ist man durch Cézanne und Picasso sehr sachlich geworden, fanatisch objektiv, über alle Maßen bewußt"[20] – was er mit dem Kubismus als weitreichender Gestaltungsgrundlage der künstlerischen Moderne untermauert.

Westheims Blick nach draußen, in eine andere Kriegs- und Nachkriegserfahrung liefert Einsichten in die Umstände, welche die konträren Motivationen von Expressionismus und Sachlichkeit differenzierter beleuchten, als es deutsche Kunst- und Literaturhistoriker mit Blick auf die zwanziger Jahre im Allgemeinen betrieben haben. Als Gegenbewegung zur (alten) Sachlichkeit nimmt der Expressionismus in dieser Isolation mit den Bildern von Gewalt und Menschenverbrüderung eine sehr deutsche Färbung an, deren Utopismus Teil der Hoffnungen auf eine Neugründung der Gesellschaft bildete. Die Utopie hatte ihre Berechtigung. Aber sie verdorrte in der Isolation. Mit dem Krieg sei Sachlichkeit in der Welt längst eine allgemeine Sache geworden, lässt sich mit Westheim folgern, wenn er feststellte, man spreche „bei uns auch gern von einem sog. Neuen Realismus oder Naturalismus, der sich in der Welt ankündige. Wozu zu sagen ist, dass das ein Problem ist, das man, Rußland ausgenommen, draußen in der Welt gar nicht haben kann."[21]

So viel in den zwanziger und später in den siebziger Jahren über die Neue Sachlichkeit als künstlerische Gegenbewegung zum Expressionismus geschrieben worden ist, so wenig ist das dem Expressionismus als Gegenbewegung zur (alten) Sachlichkeit gerecht geworden. Für die Differenzierung der deutschen Moderne ist die teilweise recht unbeholfene Künstlerrevolte nach 1910 von einschneidenderer Bedeutung als die Umstellung der Schriftsteller und Maler Mitte zwanziger Jahre auf jenen von Westheim apostrophierten Neuen Realismus oder Naturalismus. Letzterer brachte nur wenige künstlerische Risiken mit sich, erschien dem Publikum als adäquate Bewältigung der industriellen Wirklichkeit und vollzog für Deutschland den Anschluss an die von der Selbstisolation unberührten internationalen Kunstströmungen der Nachkriegszeit.

---

19 Paul Westheim, Kunst in Frankreich, in: Das Kunstblatt 5 (1921), 354, 356.
20 Westheim, Kunst in Frankreich, 356.
21 Westheim, Kunst in Frankreich, 362.

In den ersten Jahren des Jahrhunderts ging es bei der kreativen Orientierung an Sachlichkeit um die Schaffung einer modernen Kultur. Bei der Neuen Sachlichkeit der zwanziger Jahre handelte es sich um ein weithin sanktioniertes ästhetisches Konzept, die technisch-industrielle Welt realistisch zu sehen und in Literatur und Malerei abzubilden. Ihr wertvollster Beitrag liegt wohl darin, dass sie, anders als im bürgerlich-elitären Denken der Vorkriegszeit, der Weimarer Republik eine glaubhafte Referenz für die Ausbildung einer demokratischen Massenkultur geliefert hat, wenngleich stark von der Phase wirtschaftlicher Erholung zwischen 1924 und 1929 abhängig. Jost Hermand verstand Neue Sachlichkeit als „Haltung", „die den Wert einer Gesellschaft nicht mehr allein an ihren höchsten geistigen und kulturellen Leistungen mißt, sondern eine Gesellschaftsordnung ins Auge faßt, in der das Nützliche und Brauchbare in einem demokratisch-pragmatischen Sinn im Vordergrund steht".[22]

Zwar wurde, wie Helmut Lethen, in Fortführung seiner eigenen frühen Arbeit über die Neue Sachlichkeit, reflektiert hat, auch in den zwanziger Jahren Max Webers „Wertfreiheit" und „Objektivität" zur Legitimation des neuen Realismus gebraucht. Dabei sei es, wie Lethen anfügt, vor allem darum gegangen, auf den „Habitus der Entschlossenheit, auf Gesinnungsethik und trügerische Sinngebung verzichten zu wollen".[23] Es fragt sich allerdings, ob man die Definition dieser Sachlichkeit auf einen willensmäßigen Habitus verengen kann, der für und gegen Demokratie, für und gegen Kunst gerichtet sein konnte, ob nun mit „zynischer Vernunft" (Peter Sloterdijk) identifiziert oder dem „kommunalen Fachbeamtentum" (Willibald Steinmetz) zuzurechnen. Sicher ist nur, dass in der Weimarer Republik ein der internationalen Desillusionsstimmung entsprechender habitueller und künstlerischer Realismus entstand. Wenn er in der deutschen Literatur zu einer Bewegung, geradezu zu einem Stil gemacht werden konnte, spricht das für einen kreativen Nachholprozess in der Einstellung auf eine offene Kommunikationsgesellschaft mit demokratischem Potenzial.[24]

Für diese hier erläuterte Differenzierung zwischen alter und neuer Sachlichkeit, die hin und wieder auch Zeitgenossen beschäftigte, hat Detlev Peukert in seiner ka-

---

22 Jost Hermand, Neue Sachlichkeit. Stil, Wirtschaftsform oder Lebenspraxis? In: Weltbürger – Textwelten. Helmut Kreuzer zum Dank. Frankfurt: Lang, 1995, 327; Jost Hermand, Frank Trommler, Die Kultur der Weimarer Republik. München: Nymphenburger, 1978, 40–45.

23 Helmut Lethen, Unheimliche Nachbarschaften. Neues vom neusachlichen Jahrzehnt. In: Jahrbuch zur Literatur der Weimarer Republik 1 (1995), 88.

24 Die retrospektive Konzentration der Neuen Sachlichkeit auf eine „ästhetische Kategorie" in der Literatur ist zwar mit einer Fülle von Zeugnissen von Autoren belohnt worden, hat jedoch die von den Autoren gelebte Vernetzung im gesellschaftlichen, politischen und habituellen Kontext stark vereinseitigt. Sabina Becker, Neue Sachlichkeit. 2 Bde. Band I: Die Ästhetik der neusachlichen Literatur (1920–1933). Köln/Weimar/Wien: Böhlau, 2000, 37.

nonisch gewordenen Studie *Die Weimarer Republik* (1987) mit der Unterscheidung zwischen der „klassischen" Moderne vor 1914 und den „Krisenjahren der Moderne" in der Weimarer Republik eine von Politik und Wirtschaft bestimmte Bestätigung geliefert. Peukerts an Max Weber geschulter Blick richtet sich auf die Entwicklungspotenziale dieser Moderne im Industriekapitalismus, in der Bürokratisierung, in den sozialtechnischen Integrationsstrategien, im funktionsreich ausgreifenden Staatsapparat sowie im Führungsanspruch technisch-wissenschaftlichen Denkens. Historisch heißt das, auf die Kontinuität dieser Moderne bezogen:

> Was seit der Jahrhundertwende in Wissenschaft und Kunst, im Städtebau, in der Technik und in der Medizin, in der geistigen Reflexion wie in der alltäglichen Lebenswelt entwickelt wurde, probte unsere heute noch gegenwärtige Lebensform, gestaltete sie klassisch aus. In den Jahren zwischen Erstem Weltkrieg und Weltwirtschaftskrise setzte sich die klassische Moderne auf breiter Front durch, entfaltete ihre Widersprüche und stürzte in ihre tiefste Krise. „Weimar" spielte uns in kurzer Zeit und in rasantem Tempo die faszinierenden und die fatalen Möglichkeiten unserer modernen Welt vor.[25]

Die Stärke von Peukerts Untersuchung ist zugleich ihr Problem: die einseitige Ausrichtung auf Deutschland, die zugleich erlaubt, sowohl die Kontinuitäten über den Krieg hinweg genauer zu beleuchten als auch, wie Peukert betont, den ästhetischen und kulturellen Entwicklungen mehr Raum zu verschaffen als in der Geschichtsschreibung üblich. Er unterläuft sozusagen die Unterscheidung mehrerer Modernismen, die seit dem Erscheinen seines Buches den internationalen Diskurs über moderne Geschichte geprägt hat, wie es an der von Björn Wittrock vorgenommenen Gegenüberstellung von *institutional* und *cultural modernity* erläutert worden ist. Da Dorothy Ross davor warnte, die *cultural modernity* gegen die *institutional modernity*, das heißt die wirtschaftliche, technische und bürokratische Modernisierung, auszuspielen, soll dies auch hier nicht geschehen. Peter Gays und Helmuth Plessners Axiom von der kulturellen Kontinuität, die den großen Weimarer Schöpfungen erst die volle Entfaltung ermöglichte, behauptet jedenfalls seinen eigenen Platz gegenüber der *institutional modernity*, mit welcher Soziologen, Technik- und Sozialhistoriker die Kontinuitäten in der ersten Hälfte des 20. Jahrhunderts definiert haben.

---

25 Detlev Peukert, Die Weimarer Republik. Krisenjahre der Klassischen Moderne. Frankfurt: Suhrkamp, 1987, 11.

13. Weimar

Fünfmal Technik in verschiedenen Zusammenhängen

Angesichts der mannigfaltigen Praktiken und Zielsetzungen, mit denen die Deutschen in der Weimarer Republik ihr Verhältnis zur Technik ausbildeten, bietet sich, um diese verschiedenen Praktiken zugänglich zu machen, die Differenzierung in mehrere Narrative an. Die Schwankungen im generellen Verhältnis zur Technik beleuchtete 1980 ein Ausstellungskatalog unter dem Titel *Kunst und Technik in den 20er Jahren,* wenn er die „Technikfeindschaft nach Kriegsende" erwähnt, der in der Stabilisierungsphase eine gewisse Technikbegeisterung folgte, bevor sich in der Weltwirtschaftskrise nach 1930 das weithin aufgehellte Bild verdunkelte und die von neusachlichen Malern sichtbar gemachte verstörende Präsenz der Technik ein allgemeines Gefühl traf.[1]

Die Bezugnahme auf Sachlichkeit, deren Habitus vor dem Krieg eine so inspirierende Wirkung zeitigte, dass sie eine Kulturreform prägte, erlangte in der Mitte des Jahrzehnts neue Bedeutung, Man wies ihr im Begriff der Neuen Sachlichkeit die künstlerischen Domänen von Malerei, Design, Literatur, Musik zu und schloss zumeist auch die Architektur ein. Eine Kulturreform war damit nicht mehr verbunden. Als Echo auf das neue Technikinteresse gewährte Sachlichkeit einen semantischen Schlüssel für den Umgang mit der sich weiter urbanisierenden und technisierenden Wirklichkeit. Allerdings verband sich damit kein zentrales Narrativ, mit dem der Umgang mit Technik in dieser Periode zu fassen wäre.

Unter den fünf hier aufgeführten (Teil-)Narrativen gebührt dem in Industriepublikationen und Ingenieurzeitschriften, aber auch in der Tagespresse heftig diskutierten Konzept der *Rationalisierung* der Vorrang, dem sich ab Mitte der zwanziger Jahre ein in der Öffentlichkeit wesentlich leidenschaftlicher behandeltes Thema zur Seite stellte: *Amerikanismus* als Form des Umgangs mit Technik. Für das populäre Image der Technik in der Weimarer Republik wohl noch markanter war, zweitens, die öffentliche Ausrichtung an technischen Großleistungen, sei es im Blick auf Rennwagen oder Luftschiffe, Schnelldampfer oder Transatlantikflüge, Kinopaläste oder Lichtinszenierungen, auf architektonische Innovationen oder den Berliner Funkturm mit den dazugehörigen Radioübertragungen. Technik markiert auch das dritte hier behandelte Narrativ, soweit es die Ausrichtung modernistischer Architektur an Stahl, Glas und Beton erfasst, die mit dem Bauhaus ein wirksames Sprachrohr fand. Viertens verdient eine nur auf kurze Zeit von der wirtschaftlichen

---

1 Kunst und Technik in den 20er Jahren. Neue Sachlichkeit und Gegenständlicher Konstruktivismus. 2. Juli–10. August 1980. München: Städtische Galerie im Lenbachhaus, 1980, 34.

Stabilisierung in der zweiten Hälfte der zwanziger Jahre ermöglichte Bewegung, Kunst und Technik, Mensch und Maschine zu versöhnen, eine eigene Erwähnung. Damit benachbart, jedoch auf Kampf und Krieg ausgerichtet, ist fünftens die von Ernst Jünger und seinen Frontkämpferkollegen verfolgte Hochstufung der Technik als Grundimpuls für eine totale Mobilmachung der Gesellschaft.

13.1 Rationalisierung und Amerikanismus

Die Erkundung der Rationalisierung hatte bereits vor dem Krieg mit der Diskussion über Taylorismus eingesetzt. Sie erhielt nun angesichts der Bemühungen um den wirtschaftlichen Wiederaufbau nach der deutschen Niederlage besondere Impulse und gewann mit Henry Fords Erfolg als Industrieunternehmer, vor allem seiner 1923 zum Bestseller avancierten Autobiografie, zugleich das Gewicht einer kulturellen Reflexion über das Verhältnis von Europa und Amerika.

Bei der Massenfabrikation von Gütern ließen sich kriegsbedingte Eigenentwicklungen mit amerikanischen Produktionsmethoden kombinieren. Die von der Industrie, etwa mit dem 1921 gegründeten Reichskuratorium für Wirtschaftlichkeit, vorgenommenen Umstellungen auf produktivere Methoden bauten auf Bestehendem auf. Dass die Umstellung vieler Betriebe auf eine neu anlaufende Friedensproduktion unter dem Terminus Rationalisierung propagiert wurde, war eine griffige Vereinfachung, mit der sich Historiker recht einseitig auf ein Konzept festgelegt haben, dessen öffentliche Durchschlagskraft sich vor allem dem „Amerikanisierungsschub" dieser Jahre verdankt. Den „Amerikanisierungsschub" hat der Technikhistoriker Joachim Radkau wie folgt zusammengefasst:

> Wie nie zuvor gab es Anlaß, die Frage leidenschaftlich zu erörtern, ob amerikanische Produktions- und Lebensstile auf Deutschland übertragen und den deutschen Bedingungen entsprechend modifiziert werden könnten oder scharf abzulehnen seien. Taylor und Ford, die Autoritäten der Rationalisierer, hatten als Personen nichts miteinander zu tun; in Deutschland wurden sie jedoch teils als komplementäre, teils auch als kontrastierende Prinzipien begriffen. Bei Taylor war die Steigerung der Produktivität eine Sache der Verbesserung der menschlichen Motivation und Arbeitsmotorik, bei Ford eine Angelegenheit des technischen Systems.[2]

Genau genommen galt diese Amerikaeuphorie via Technik, zugleich Technikeuphorie via Amerika voll erst für die zweite Hälfte der zwanziger Jahre, nachdem

---

2 Radkau, Technik in Deutschland, 270; Mary Nolan, Visions of Modernity. American Business and the Modernization of Germany. New York/Oxford: Oxford University Press, 1994.

die Vereinigten Staaten mit dem Dawes-Plan von 1924, der die volle Regeneration der Industrie mit Krediten ermöglichte, aus dem Dunst der Kontroversen um den Friedensstifter Woodrow Wilson und seinen „Verrat" an den Kriegsverlierern Deutschland, Österreich und Ungarn herausgetreten waren. Das heißt aber nicht, dass das technisch unterlegte Amerikabild weniger im Nebel eigener Projektionen verschwamm. Es war nur nicht mehr von politischer Distanz, sondern von der Beschäftigung mit Produktionsmentalitäten und der Aktivierung kultureller Klischees gekennzeichnet, die sich in der Wiederaufnahme der Effizienzbewegung noch deutlicher als vor dem Krieg im Alltag manifestierten. Als amerikanisch wurde vor allem die Beschleunigung des Lebens charakterisiert, wozu der Ingenieur Theodor Lüddecke mit seinem Buch *Das amerikanische Wirtschaftstempo als Bedrohung Europas* (1925) ein vielzitiertes Motto lieferte.[3] Die Feststellungen von Amerikaexperten wie Friedrich Schönemann und Moritz Julius Bonn, dass sich viele Probleme in den Beziehungen der beiden Länder vor allem daraus ergäben, dass sie voneinander wenig wüssten,[4] lassen angesichts der Amerikaeuphorie der zwanziger Jahre auch die umgekehrte Folgerung zu, dass sich diese ungewöhnliche Nähe nur in solcher Ignoranz, in diesem Fall der deutschen Unkenntnis des transatlantischen Rivalen und seiner Mentalität begründete. Den man nun weniger als Rivalen, denn als Vorbild und Ratgeber einzuschätzen lernte.

In den genannten Begriffen kristallisierte sich das prominenteste Narrativ des Technikumgangs in den zwanziger Jahren. Zuallererst verstanden sich Rationalisierung und Amerikanisierung als Kodeworte für die in diesem Ausmaß bisher nicht gekannte Popularisierung moderner Produktionstechniken. Mit ihnen ließen sich alle möglichen und unmöglichen technischen Verfahren kennzeichnen, welche konventioneller Etikettierung entgingen und es damit oft schwer hatten, Investitionen anzulocken. Zugleich lassen beide Termini keinen Zweifel daran, dass sie dem technischen Fortschritt eine deutsche Einbettung verschafften, insofern Rationalisierung eine deutsche Wortprägung darstellte, die dem früher mit Sachlichkeit formulierten technischen Habitus eigen war, sich aber eindeutig von dessen ästhetischem Beiklang fernhielt, und Amerikanisierung die unverblümt nackte Indienststellung der Technik auf den Begriff brachte, wie es bereits vor 1914 geschehen war. Jeder der beiden Begriffe erfasst in gewisser Distanz eine andere Dimension des Umgangs mit der Technik, jedoch wecken weder Rationalisierung

---

3 Über Theodor Lüddeckes zugleich pro- und antiamerikanische Einstellung als – von vielen konservativen Wirtschaftsexperten vertretene – Vorbedingung für Deutschlands wirtschaftlichen Wiederaufstieg siehe Klautke, Unbegrenzte Möglichkeiten. 284 f.
4 Friedrich Schönemann, Amerikakunde. Eine zeitgemäße Forderung. Bremen: Angelsachsen-Verlag, 1921, 4, 11 und passim; Bonn, Amerika als Feind. München/Berlin: G. Müller, 1917; ders., Die Kultur der Vereinigten Staaten von Amerika. Berlin: Wegweiser, 1930, 10.

noch Amerikanisierung Assoziationen an ästhetische oder gar künstlerische Verarbeitung. Die von Industriellen und Ingenieuren offengelassene ästhetische Domäne im Umgang mit der industriellen Realität verstanden Schriftsteller, Künstler, Designer und Architekten als ihr Gebiet, das sie zugänglich machten, zu dem der Zutritt allerdings nur durch die Auflösung des hohen Kunstbegriffs möglich war.

Dass bei dieser begrifflichen Eigenproduktion ein anderes Land, dem technischen Vorbild gemäß Amerika, zur Referenz erkoren wurde, wurde in der Weimarer Republik breit angegriffen und breit verteidigt; das Wort von der „Eigenamerikanisierung" (Winfried Fluck) gilt sowohl für die auf der Evozierung von Taylor und Ford basierte Bewunderung wie für die gegen Taylor und Ford gerichtete Verurteilung Amerikas – ein weites Gebiet, das seine eigene Historiografie gefunden hat.[5] Davon unabhängig haben sich jedoch Fords Leitideen über die Rationalisierung von Arbeit und Organisation, genauer über die Ökonomie von Menschen als Arbeiter und Konsumenten in der Gesellschaftsplanung unter dem Begriff des Fordismus als Modell erhalten. Es ist von verschiedenen politischen Systemen bis weit über den Zweiten Weltkrieg hinaus in West und Ost genutzt worden.

Was von den Rationalisierungsdiskursen überdeckt wurde, hat der amerikanische Technikhistoriker Kees Gispen von der Kodierung befreit und auf einen weniger positiven Nenner gebracht. In dieser Periode manifestierte sich auch im Bereich von Industrie und Technik, wie Gispen feststellte, was bei der Erforschung der *cultural modernity* vielmals aufgewiesen worden ist: dass sie weniger von der Innovation als von der Konsolidierung und Organisation bereits vor dem Krieg geschaffener Innovationen lebte. Die Rationalisierung entsprang der Notwendigkeit, mit weniger finanziellen Mitteln und beschränkten Absatzmärkten eine langsam anlaufende Produktion zum Laufen zu bringen. Dazu kam, dass der Weimarer Staat, der zwar manche prominenten Technikprojekte förderte, generell der industriellen Innovationstätigkeit wenig Unterstützung gewährte, unter anderem die für Erfindungen ausschlaggebende Patentierung mit hohen Gebühren belastete. Unternehmer schreckten vor größeren Investitionen zurück, was Gispen unter Hinweis auf die Vorkriegsperiode wie folgt kommentiert:

Die Tendenz war eine Abwendung von der früheren Betonung auf ständigem Entwerfen und Produzieren neuer, verschiedener Modelle in kleinen Serien, von Flexibilität gegenüber Kunden und Konsumenten sowie technischem Perfektionismus. Es war deshalb eine Krisenperiode für den unabhängigen Erfinder, aber auch den Industrieforscher, insofern

---

5 Die weit verbreiteten Überfremdungsängste analysiert Michael Wala in eingängiger Weise: Amerikanisierung und Überfremdungsängste. Amerikanische Technologie und Kultur in der Weimarer Republik. In: Technologie und Kultur, 121–146.

sich beide in einer radikalen, antikapitalistischen und Anti-Establishment-orientierten Technikkritik der Weimarer Gesellschaft verfingen.[6]

Damit gewannen auch die neuen Klagen der Ingenieure ihren Kontext, die keineswegs auf eine ihren Ambitionen gemäße generelle Anerkennung setzen konnten. Einem großen Angebot von Ingenieuren und Ingenieurstudenten – eine an sich erfreuliche Bestätigung der Bedeutung der Technik in Deutschland – stand nur eine begrenzte Zahl von Berufsmöglichkeiten gegenüber. Das Überangebot von Ingenieuren wurde in der Weltwirtschaftskrise zum brennenden Problem.

13.2 Nationale Technikbegeisterung

Frühere Untersuchungen zur Weimarer Republik haben dem Verhältnis zur Technik angesichts der verhängnisvollen und erklärungsbedürftigen politischen Entwicklungen weniger Bedeutung zuerkannt als spätere, auf Modernismus und Massenkultur ausgerichtete, in denen der von Peukert herausgehobene Gedanke vom Experimentiercharakter der ersten deutschen Demokratie eine Fülle von Beobachtungen zu neuen Kultur- und Kommunikationstechniken angeregt hat. Das änderte nichts an den von Gispen erwähnten Einschränkungen aufseiten von Staat und Industrie, der Feststellung einer Krisenperiode für technische Innovatoren sowie Gerald Feldmans Hinweis darauf, dass technische Fortschritte im allgemeinen stärker den konservativ-autoritären als den demokratischen Institutionen zugutekamen.[7]

Die Geschichte der Technikbegeisterung in der zweiten Hälfte der zwanziger Jahre lässt somit nur bedingt Schlüsse auf die Weimarer Republik als Hort moderner Technik zu. Die Anerkennung der Technik im weitesten Sinne nährte sich eher von anderen Faktoren, sei es vom Stolz auf aufsehenerregende Maschinen, sei es vom Stolz auf sportliche Spitzenleistungen mit Rennwagen, Luftschiffen, Überseedampfern. So stieg der Zeppelin *ZR-3*, den man 1924 als *LZ 126* für die Atlantiküberquerung feierte, wonach ihn die USA unter dem Namen *Los Angeles* als Kriegskompensation in Dienst nahmen, zu einer Ikone der Technikeuphorie auf. Ähnliches geschah mit dem Luftschiff *Graf Zeppelin* nach seiner Weltumkreisung 1929 sowie dem Schnelldampfer *Bremen*, der im selben Jahr unter großer Anteilnahme der Bevölkerung das Blaue Band für die schnellste Atlantiküberquerung

---

6 Kees Gispen, National Socialism and the Technological Culture of the Weimar Republic, in: Central European History 25:4 (1992), 387–406, hier 396. Über die größeren wirtschaftlichen Zusammenhänge siehe Harold James, The German Slump. Politics and Economics, 1924–1936. Oxford: Clarendon, 1986, 110–161.

7 Gerald D. Feldman, The Weimar Republic: A Problem of Modernization?, in: Archiv für Sozialgeschichte 26 (1986), 25.

erwarb, und dem Schwesterschiff *Europa,* dem dasselbe 1930 gelang. Nachdem der amerikanische Aviator Charles Lindbergh 1927 mit der ersten Nonstop-West-Ost-Überquerung des Atlantiks zum berühmtesten Mann der Welt avancierte, gelangten 1928 auch die deutschen Piloten Günther von Hünefeld und Hermann Köhl zusammen mit dem Iren James Fitzmaurice mit der ersten Nonstop-Ost-West-Überquerung in einem Junkers-Flugzeug zu den höheren Sphären der Berühmtheit. Raumfahrt, zumeist als Schnapsidee bespöttelt, regte als eine nicht von Versailles verbotene Technik die Fantasie an. Ihr bahnte der Rumäniendeutsche Hermann Oberth mit der Schrift *Die Rakete zu den Planetenräumen* eine erste Schneise,[8] auf der 1928 der Autokönig Fritz von Opel mit seinem Raketenauto auf der Berliner Avus vor 2000 Zuschauern ein großes Technikspektakel lieferte, dem 1929 Fritz Lang mit dem Science-Fiction-Film *Frau im Mond* folgte.

In der Luftfahrt erwarb sich Deutschland eine Spitzenposition, die nicht auf irgendwelchen Rekorden beruhte, sondern ausgerechnet auf dem Versailler Vertrag, der die Entwicklung von Militärflugzeugen verbot. Wie der französische Luftfahrtexperte und Deutschlandreisende Jacques Mortane 1928 nicht ohne Bedauern in seinem Deutschlandbuch *La Nouvelle Allemagne* schrieb, beförderte dieses Verbot die Entwicklung der Verkehrsluftfahrt, in der die Lufthansa (damals Luft-Hansa) international erfolgreich wurde. Mortane schrieb:

> Das deutsche Flugnetz ist gegenwärtig das grösste der Welt und diese fabelhafte Leistung ist in der Hauptsache das Werk – der Alliierten. Das ist kein Paradox, wenn man bedenkt, dass der Vertrag von Versailles, der den Deutschen jede Militär-Luftfahrt verbot, sie geradezu gezwungen hat, sich mit aller Energie auf das einzige Gebiet zu werfen, das ihnen offenblieb: die Verkehrsluftfahrt.

Er selbst habe, fügte Mortane hinzu, seit dem Tage, an dem der Vertrag unterzeichnet wurde, immer wieder darauf hingewiesen.

> Wir haben ihnen zu einem beispiellosen Lufterfolg verholfen. Und wir haben dies getan, indem wir sie gezwungen haben, uns ihr gesamtes altes Material auszuliefern. Und was tun wir? Wir flicken unsere Kriegsflugzeuge aus und nennen sie Verkehrsflugzeuge. Die Deutschen aber haben von vorn angefangen und mit vollendeter Technik etwas Neues geschaffen.[9]

---

8 Michael J. Neufeld, Weimar Culture and Futuristic Technology. The Rocketry and Spaceflight Fad in Germany, 1923–1933, in: Technology and Culture 31:4 (1990), 725–752.

9 Zit. nach der deutschen Ausgabe Jacques Mortane, Das neue Deutschland. Zürich/Leipzig: Orell Füssli, 1928, 58. Auf die damals heftig geführte Debatte über deutsche und französische Aviatik sei hier nur hingewiesen: Marieluise Christadler, Aviatischer Mythos und Modernität in Frankreich. In: Grenzgänge. Kulturelle Begegnungen zwischen Deutschland und Frankreich. Essen: Die blaue Eule,

Angesichts dieser aufwühlenden Beobachtung mag eine generelle Bemerkung über Mortanes Deutschland-Buch von Nutzen sein. Im Geist der Locarno-Versöhnung zwischen Frankreich und Deutschland und mit einem Vorwort von Aristide Briand versehen, lieferte es eine Bestandsaufnahme der Weimarer Republik, die in ihrer Authentizität, Lebendigkeit und Ausführlichkeit die im selben Jahr erschienene bürokratische Bestandsaufnahme der Regierung, *Zehn Jahre Deutsche Geschichte 1918–1928*, in den Schatten stellt.[10] Mortane kombinierte die Beobachtungen einer Reise durch Deutschland mit zahlreichen Interviews, die an Jules Hurets authentische Berichte von 1908 erinnern, sowie kommentierten Eigenberichten der Experten über Wirtschaft und Wissenschaft, besonders ausführlich über Kultur und Kunst, einschließlich der Stellung der Frau, der Architektur und des Bauhauses sowie einer scharf gegen die völkische Rechte gerichteten Kritik, die Thomas Mann beisteuerte. Letztere korrespondierte mit der zentralen Frage des Franzosen (aller Franzosen): ob die Deutschen tatsächlich von Revanche und Kriegsbereitschaft abgelassen hätten.

Die Geschichte der deutschen Erfolge in der Technik hat viele Facetten. Die Erfolge reihten sich in die internationale Orientierung dieser Jahre auf technische Höchstleistungen ein, inspirierten noch den amerikanischen Deutschlandexperten Henry Cord Meyer zu der Feststellung, dass Deutschland damit nach der Misere der Inflation und der Ruhrbesetzung und nach der diplomatischen Wiederanerkennung durch die Locarno-Verträge „zurückgekehrt" sei: „Es erschienen Symbole eines erstaunlichen industriellen *Comeback* Deutschlands: der Graf Zeppelin in der Luft, die Bremen als Königin der Meere. *Well, at Last!* Hier war das gute, fleißige Deutschland, das wir kannten."[11] Demgegenüber feierten viele Deutsche diese Erfolge zwar auch als nationales *Comeback*, verbanden damit jedoch, eingedenk der Restriktionen durch den Versailler Vertrag, die Berufung auf Widerstand und schließlich den Triumph über die Widrigkeiten der Nachkriegswelt – in einem Nachhall der jahrelangen Selbsteinkapselung, die durch Versailles abgebrochen war und sich im Revanchedenken zu erneuern drohte.

Diese Geschichte bietet zugleich Einblick in den Umgang mit der Technik in der Populärkultur, die zum Verständnis der Weimarer Republik als Experimentierfeld einer – wie sie Peukert nannte – krisenhaften Moderne in den Medien, vor allem Film, Rundfunk, Grammofon und Fotografie, sowie in sportlichen und politischen Massenveranstaltungen unabdingbar ist. Der Weimarforscher Peter Fritzsche hat darauf aufmerksam gemacht, dass sich die größte Illustrierte des

---

1988, 113–129; Peter Fritzsche, A Nation of Flyers. German Aviation and the Popular Imagination. Cambridge, MA/London: Harvard University Press, 1992.
10 Zehn Jahre Deutsche Geschichte 1918–1928. Berlin: Otto Stollberg, 1928.
11 Henry Cord Meyer, Five Images of Germany. Half A Century of American Views on German History. Washington, D.C.: Service Center for Teachers of History, 1960, 17.

Landes, die *Berliner Illustrirte Zeitung,* neben anderen Publikationen wie *Die Woche* mit der Popularisierung des „Fortschritts der Technik", den sie mit zahlreichen Berichten präsentierte, ein spezielles Profil erwarb.[12] Fritzsches Augenmerk richtet sich nicht zu Unrecht auf die militante Tendenz dieser Reportagen, die den nationalen Minderwertigkeitskomplex immer noch spüren lässt, indem sie ihn mit der Projektion des neuen, technisch versierten deutschen Menschentypus, Mann und Frau, kompensiert. „Der Soldat war das Grundmodell, mit dem andere, vielmals aktivierte Typen vorgestellt wurden: Athleten, Arbeiter, Techniker und ‚die neue Frau.'" Deutsche Frauen

> wurden prominent profiliert und sorgfältig von rein häuslichen Typen, die in Osteuropa noch dominierten, sowie dem frivolen „Sportgirl" oder „Luftgirl", einem neuen Modetyp", abgehoben. Stark, unabhängig, selbstsicher, projizierte die neue Frau athletische Fähigkeiten und technische Kenntnisse, behielt aber ihre Weiblichkeit bei. Dass nicht nur Männer, sondern auch Frauen „Strahlungsmöglichkeiten" besaßen, beleuchtet auf dramatische Weise, wie die imaginierten Postulate der technischen Gegenwart und die Erneuerungsmöglichkeiten der zukünftigen Nation sogar die gewohnten Genderkategorien revidierten.[13]

Dass der aufwendigste Film in der deutschen Filmproduktion der zwanziger Jahre, Fritz Langs *Metropolis* (1927), nicht nur Technik ins Zentrum stellte, sondern die Kontrolle über Technik mit der Kreierung und Überwindung einer Roboterfrau ins Bild brachte, hat verwirrt und ist dennoch mit der tricktechnisch innovativen Formung der weiblichen Gestalt Maria aus der Robotergestalt zu einer zentralen Ikone der Technikleidenschaft dieser Jahre geworden.[14] Lang setzte für die Dämonisierung der Technik eine Reihe von expressionistischen Maschinenvisionen in Bewegung, ging darüber hinaus, gemäß dem Drehbuch seiner Frau Thea von Harbou, zur Gleichsetzung der Technik mit der Frau über. Diese Dämonisierung griff lange zurückreichende Motive auf, schloss keineswegs an die Stilisierung der „neuen Frau" an, unterwarf vielmehr die Manipulation der gefährlichen wie der rettenden Qualitäten dieser doppelten Maria voll dem zwiefachen Image der

---

12 Etwa „Fortschritt der Technik", Berliner Illustrirte Zeitung Nr. 44, 31. Oktober 1925, erläutert von Peter Fritzsche in The Economy of Experience in Weimar Germany. In: Weimar Publics/Weimar Subjects. Rethinking the Political Culture of Germany in the 1920s, hg. von Kathleen Canning u. a. New York/Oxford: Berghahn, 2010, 376.
13 Fritzsche, The Economy of Experience, 377 f.
14 Andreas Huyssen, Der Vamp und die Maschine: Fritz Langs Metropolis. In: ders., After the Great Divide. Modernism, Mass Culture, Postmodernism. Bloomington/Indianapolis: Indiana University Press, 1986, 65–81.

Maschine. Mit der ins Monumentale übersteigerten, an New Yorks Skyline gemahnenden Hochhauskulisse mit Autobahnen und Flugzeugen hat *Metropolis* die Utopievisionen auf lange Zeit bestimmt.

Derart viel Technik im Film bildete jedoch die Ausnahme in den Filmen der zwanziger Jahre. Das schnelle Wachstum der Filmindustrie verdankte zwar den technischen Fortschritten, die im Tonfilm gipfelten, wichtige Komponenten, stützte sich aber in allen Ländern vorwiegend auf die Herstellung von Illusionen. Als erfolgreichster Hersteller der Illusionen setzte sich nach dem Bankrott der deutschen Ufa die amerikanische Filmindustrie in Europa durch, Hollywood wurde der wohl mächtigste Exporteur amerikanischer Hervorbringungen, weit einflussreicher als die Maschinen-, Auto- und Finanzindustrie. Es produzierte eine Traumwelt, in der sich der Europäer den amerikanischen Traum, der einst die Auswanderer angetrieben hatte, ohne große Anstrengung aneignen konnte. Es war gewiss das alte, begüterte, einfache Amerika, das sich da abbildete, nicht das aktuell industrialisierte, das nach dem Schwarzen Freitag von 1929 seinen Glanz verlor. Hollywood überlebte, weil es mit seinen Filmstars zugleich einen Ersatz für die verlorenen Eliten, die gekrönten Häupter lieferte. Immerhin erholte sich die deutsche Filmindustrie so weit, dass sie in der europäischen Unterhaltungskultur den französischen, britischen und italienischen Produktionen starke Konkurrenz machte.

13.3 Technik als Faktor in moderner Architektur

Was die Geschichte der Architektur und ihrer engen Beziehung zur Technik in den zwanziger Jahren betrifft, hat Walter Gropius selbst dafür gesorgt, dass sein und der Anteil des Bauhauses daran in das Narrativ eingegangen sind, das Nikolaus Pevsner mit *Pioneers of Modern Design. From William Morris to Walter Gropius* (1936) und Sigfried Giedion mit *Space, Time and Architecture* (1941) kanonisch formuliert haben. Der in der Geschichte des Bauhauses beiseitegeschobenen antitechnischen Anfangsphase gebührt insofern Aufmerksamkeit, als sich in ihr noch die Kriegs- und Nachkriegsisolierung der Deutschen manifestierte. Wie erwähnt, formte Gropius seine Revolte stark im expressionistischen Geist. In der rhetorischen Kodierung seiner Hoffnungen, die auf einen Neubau der Gesellschaft von Handwerk und tradierten Praktiken her zielten, traf er sich mit einer Reihe von Architekten wie Bruno Taut, blieb im Umkreis von Künstlern wie dem Amerikaner Lyonel Feininger, der das Bauhaus-Manifest mit einer hoch aufstrebenden mittelalterlichen Kathedrale illustrierte, und behielt für die Gründung des Bauhauses die mittelalterlichen Bezüge in der Handwerksausbildung bei. Mit der expressionistischen Ausdrucksfindung, welche revolutionär-utopistischen Antrieben entsprang, dauerte es seine Zeit, bis sich die von Westheim dokumentierte Begegnung mit internationalen Strömungen kreativ niederschlug.

Das geschah 1921 im Bauhaus durch den Besuch von Theo van Doesburg, einem Vertreter der holländischen De-Stijl-Gruppe. Dem Besuch, einem viel zitierten Erweckungserlebnis, sagte Oskar Schlemmer nach, er habe zur „Krise im Bauhaus" geführt. Doesburg negierte „das Handwerk ... zugunsten des modernen Mittels: die Maschine".[15] In seinem Vortrag „Der Wille zum Stil", den Doesburg in Jena, Weimar und Berlin hielt, zielte er auf die Technik:

> Wenn es richtig ist, daß Kultur im weitesten Sinne Unabhängigkeit von der Natur bedeutet, dann darf uns nicht wundern, weshalb für das kulturelle Stilwollen die Maschine im Vordergrund steht. Die Maschine ist das Phänomen geistiger Disziplin par excellence. Materialismus als Lebens- und Kunstauffassung hat das Handwerk als unmittelbar seelischen Ausdruck betrachtet. Die neue geistige Kunstauffassung hat nicht nur die Maschine als Schönheit empfunden, sondern sie hat ihre unendlichen Ausdrucksmöglichkeiten sofort anerkannt. Für einen Stil, dessen Aufgabe nicht mehr darin besteht, individualistische Einzelheiten, wie lose Bilder, Schmucksachen oder Privatwohnungen, zu schaffen, sondern den ökonomischen Verhältnissen entsprechend ganze Stadtteile, Wolkenkratzer, Flugzeug-Stationen kollektiv in Angriff zu nehmen, kann eine handwerkliche Ausführung nicht in Frage kommen. Hier kann nur die Maschine entscheidend sein.[16]

Ein Programm, das tatsächlich aufweckte. Im Zentrum steht die Begegnung mit internationalen Strömungen. Für die Umstellung des Bauhauses 1922/23 lieferten die Berichte über die holländischen und russischen Entwicklungen entscheidende Impulse. Doesburg verwies selbst darauf:

> Nicht nur in Holland, sondern auch in Rußland (von 1917 ab) ging diese neue Bewegung „von der Ästhetik zur materiellen Verwirklichung" aus der konsequenten Entwicklung der Malerei (in Holland aus dem Neoplastizismus, in Rußland aus dem Suprematismus und Proun) hervor. Jetzt erst werden sich die Architekten ihrer Ausdrucksmittel bewußt.[17]

Le Corbusiers Übertragung bildkünstlerischer Elemente, die er bei seinem Freund Amédée Ozenfant kennenlernte, auf die Architektur gehört ebenfalls in diese Zeit. Zentral auch bei ihm die Maschine: In dem reich illustrierten Buch *Vers une architecture* (1923) erhöhte Le Corbusier die Ausrichtung der Architektur an der Technik zu einer Art Grundgesetz, das ihn zum meistzitierten und -attackierten Architekten der Zwischenkriegszeit machte. In dieser architektonischen und urbanistischen

---

15 De Stijl. Schriften und Manifeste, hg. von Hagen Bächler und Herbert Letsch. Leipzig/Weimar: Gustav Kiepenheuer, 1984. Vorwort der Herausgeber, 36, Anm. 20.
16 Theo van Doesburg, Der Wille zum Stil. In: De Stijl, 171 f.
17 Theo van Doesburg, Von der Neuen Ästhetik zur materiellen Verwirklichung. In: De Stijl, 181.

Vision kristallisierten sich die Hoffnungen, mit der Technik das Fundament einer befreit lebenden Gesellschaft zu schaffen. Seit jeher hat allerdings der duale Aufbau dieses Werkes irritiert, insofern Le Corbusier nach der Aufforderung, die Architektur so unvoreingenommen und funktionell zu gestalten wie einen Ozeandampfer, ein Flugzeug oder ein Auto, zu der Empfehlung greift, sich dabei an klassische Proportionsgesetze wie etwa den Goldenen Schnitt zu halten. Trotz des Paradoxes ein Zeichen, Bauen bei aller Präzision als Kunst zu betreiben.

Mit dieser Publikation befeuerte Le Corbusier die schnell wachsende internationale Publizistik über moderne Architektur als technische Schöpfung. In Deutschland hatte sich der Werkbund bereits mit einer Vielzahl von Veröffentlichungen, die die Technik einbezogen, ein einflussreiches Publikum erschlossen. Gropius und das Bauhaus folgten in diesen Spuren, brachten sich mit einer Vielzahl von Schriften und Ansprachen in die öffentlichen Debatten ein. Dies war so effektiv, dass das Bauhaus in der Auseinandersetzung über die Moderne eine paradigmatische Rolle erhielt, welche die anderen überaus produktiven Akademien und Kunstgewerbeschulen in Düsseldorf, Berlin, Wien, Breslau, München, Halle und Karlsruhe in den Schatten stellte. Gropius selbst hatte daran entscheidenden Anteil, er stieg, vor allem nach dem gelungenen Design des neuen Bauhauses in Dessau 1925, zum führenden Repräsentanten auf. Mit Mies van der Rohe, dem Leiter der Architekturausstellung des Deutschen Werkbundes 1927 in Stuttgart-Weißenhof, der sich mit dem deutschen Pavillon auf der Ausstellung Barcelona 1929 besonderes Profil erwarb, prägte Gropius neben Le Corbusier das Gesicht des modernistischen („internationalen") Stils.

Von Expressionismus war nichts mehr zu spüren, als Gropius 1923 als neues Programm des Bauhauses „Kunst und Technik – eine neue Einheit" verkündete.[18] Er forderte, dass Kunst und Technik der Gestaltung der Umwelt in gleicher Weise dienen sollten. Die Konfrontation der Werkbunddiskussion 1914 kehrte in verwandelter Form wieder. Diesmal erhielt Gropius Opposition von Künstlern, auch wenn er sie eigens als Lehrer am Bauhaus eingestellt hatte und, wie Paul Klee, Wassily Kandinsky, Lyonel Feininger, überaus schätzte. Die Einwände der Künstler erwuchsen aus dieser Gegenüberstellung: Der Wert der Technik messe sich an der Realität, während die Kunst eine ideelle Zielsetzung anstrebe. Die Kontroverse wurde im Bauhaus exemplarisch formuliert, aber keineswegs entschieden, speziell was die Architektur angeht, die erst in der zweiten Hälfte der zwanziger Jahre wirklich ins Zentrum rückte, aber auch dann zumeist in Entwürfen stecken blieb. Prägnant, und für die spätere Wirkung in den USA grundlegend, insistierte Gropius jedoch darauf, dass das Bauhauskonzept vom Zusammengehen

---

18 Peter Hahn, Kunst und Technik in der Konzeption des Bauhauses. In: Kunst und Technik in den 20er Jahren, 139–147.

Abb. 11 Ludwig Mies van der Rohe, Deutscher Pavillon auf der Weltausstellung in Barcelona 1929

der technisch-strukturellen Planung mit einem klaren, einfachen Design auch im Massenwohnungsbau „Schönheit" garantiere. So etwa in seiner Stellungnahme 1926 gegen den konservativen Kritiker Paul Schultze-Naumburg, der dann der Aussage, dass die Moderne die Gemeinsamkeit von Technik und Kunst kennzeichne, mit dem traditionellen Argument begegnete, dass Technik und Maschine dem natürlichen Kunstgefühl widersprächen.[19]

Als nach der Inflation der vom Staat subventionierte soziale Massenwohnungsbau anlief, ergab sich die Chance, die zuvor nur programmatisch angegangene, auf Rationalität und Funktionalität basierende Planung zu verwirklichen. Holland und Amerika lieferten dabei wichtige Modelle. Gropius' Interesse an amerikanischen Entwicklungen war stark, jedoch bezog er seine Inspiration als Architekt nicht von dort, sondern von dem in den Revolutionsjahren geübten sozialpolitischen Engagement sowie aus der Verpflichtung zu gesellschaftlichen Gesamtperspektiven,

---

19 Siehe Gropius' Argument „Wer hat Recht? Traditionelle Baukunst oder Bauen in neuen Formen", in: Uhu No. 7 (April 1926), 30–40, zit. nach „Who is Right? Traditional Architecture or Building in New Forms". In: The Weimar Republic Sourcebook, hg. von Anton Kaes, Martin Jay, Edward Dimendberg. Berkeley: University of California Press, 1994, 439–442. Dort auch Schultze-Naumburgs Erwiderung, 443–445.

die er zweifellos im Werkbund ausgebildet hatte. Wohl ist hinlänglich erforscht worden, dass das Bauhaus nicht, wie oft behauptet, als Fortsetzung des Werkbundes angesehen werden kann,[20] jedoch verband Gropius mit dem Werkbund als ehemaliges aktives Mitglied zweifellos das Belehrungssyndrom, das bereits, wie Riezler mit unterschwelliger Ironie anmerkt, die Werkbundaktivitäten über das bloße Entwerfen hinaus prägte. Es bestimmte Gropius' Definition des Architekten als Erzieher, in den Worten von Adelheid von Saldern:

> Gropius forderte allemal, daß das Volk zum „richtigen Wohnen" anzuleiten sei. Ein „planmäßiger Einsatz von Wohnungsfürsorgerinnen werde nötig werden". Der neue Menschentyp mit seinem rationalisierten modernen Wohnverhalten sollte durch bewußte Erziehung geschaffen werden. So heißt es einmal: Die elementaren Grundsätze des Wohnens könnten in wirksamer Weise durch den Unterricht an den Erziehungsstätten verbreitet werden: Forderungen der Reinlichkeit, Einfluß von Licht, Luft und Sonne, Grundsätze der Hygiene, praktische Anwendung des Hausgeräts.[21]

Diese lehrhafte Einweisung kennzeichnet zugleich die Differenz zur Käufererziehung des Werkbundes. Während diese sich eindeutig an den kaufkräftigen Bürgern und ihren Frauen orientierte, ging es in der Weimarer Republik darum, die Lebensbedürfnisse der Unterschichten mit besseren Wohnungen zu befriedigen und zur Linderung der sozialen Misere der Nachkriegsjahre beizutragen.

In den Planungen für den sozialen Wohnungsbau bei Ernst May in Frankfurt, Gropius in Dessau-Köthen, Mies van der Rohe in Stuttgart-Weißenhof, Bruno Taut und Martin Wagner in Berlin erhielten auch die speziellen, bisher unterbelichteten Bedürfnisse der Frau einige Beachtung, obgleich sich, wenn dabei von ihrer Nutzung der Technik die Rede war, zumeist nur die Modelle rationell ausgestatteter Küchen über die traditionellen Einschätzungen hinaushoben. Detlev Peukert erweiterte die Perspektive auf die neue Bedeutung der Frau für die modernen Sektionen der Industrie, des Handels, des öffentlichen Dienstes und der privaten Dienstleistungen, wies nach ihrem Einsatz in Männerberufen im Krieg auf ihre begrenzten Möglichkeiten hin, in Verwaltung, Wohlfahrts-, Bildungs- und Sozialberufen aufzusteigen.[22] Dass Frauen damit der Technik im Hinblick auf die Erleichterung ihrer Arbeit im Einzelnen größeres Interesse entgegenbrachten, zumal aus Amerika ermutigende Muster für die „technisierte Hausfrau" in Umlauf kamen, ist vielfach festgehalten worden. Weniger untersucht ist hingegen, dass Frauen, wenn es um

---

20 Maciuika, Before the Bauhaus.
21 Adelheid von Saldern, „Statt Kathedralen die Wohnmaschine". Paradoxien der Rationalisierung im Kontext der Moderne. In: Zivilisation und Barbarei. Die widersprüchlichen Potentale der Moderne. Detlev Peukert zum Gedenken, hg. von Frank Bajohr u. a. Hamburg: Christians, 1991, 174.
22 Peukert, Die Weimarer Republik, 101.

ideelle Einstellungen zur Technik ging, nach den bedrückenden Zerstörungstechniken des Krieges vielfach den kulturkonservativen Argumenten zuneigten, die dem technischen Fortschritt auch in der amerikanischen Einkleidung wenig Vertrauen entgegenbrachten.[23]

Wie stark das Thema Technik zur Arbeitspraxis progressiver Architekten in den zwanziger Jahren gehörte, dokumentierte Alexander Schwab (als Albert Sigrist) in der viel verbreiteten Schrift *Das Buch vom Bauen. Wohnungsnot. Neue Technik. Neue Baukunst. Städtebau aus sozialistischer Sicht* (1930). Schwab lokalisierte die erbittertsten Gegner des Neuen Bauens im Mittelstand und im Kleinbürgertum, wobei er den „völkischen Block" extra heraushob. Praktisch, wie das Buch angelegt ist, fasst er die Reihenfolge beim neuen Bauen in vier Punkten zusammen:

1. Das erste revolutionäre Element ist die Technik. 2. Ihre Wirkung setzt sich in günstiger wirtschaftlicher Situation sehr rasch durch in der Wirtschaft. 3. Sehr viel langsamer gewöhnen sich die Gedanken derjenigen Menschen, die beruflich mit der betreffenden Produktion zu tun haben, daran, nun auch in anderen Punkten, ohne zwingende Notwendigkeit, aus der neuen Technik und aus der durch sie revolutionierten Wirtschaft weitere Konsequenzen zu ziehen. 4. Noch viel langsamer geht die Umwandlung der Gedanken, der Wünsche, der Geschmacksrichtungen der breiten Masse der Verbraucher vor sich.[24]

Eine linke, technikoffene Einordnung des Neuen Bauens der Weimarer Republik. Ihr stand der Nachfolger von Gropius als Bauhausdirektor, Hannes Meyer, besonders nahe.

13.4 Die Bemühung um eine technische Kultur

Fünf Jahre liegen zwischen dem Bauhaus-Programm „Kunst und Technik" und der 1928 in Essen vom Folkwang-Museum in Zusammenarbeit mit dem Verein Deutscher Ingenieure anlässlich seiner Haupttagung organisierten Ausstellung „Kunst und Technik". In diesen von wirtschaftlicher und sozialer Erholung gekennzeichneten Jahren gewann Technik als Teil des Diskurses über die Alltagskultur angesichts der neuen Haushaltgeräte, von Radio, Grammofon und (wenigen) Autos, breitere physische Präsenz, die sich in den Vorkriegsdebatten über die Moderne erst zögernd manifestiert hatte. Dieser Unmittelbarkeit verdankte die damals von

---

23 Deutsche Naturphilosophie und Technikverständnis. Historische Wirkungen im internationalen Vergleich, hg. von Klaus Pinkau und Christina Stahlberg. Stuttgart/Leipzig: Hirzel, 1998, 81–87.

24 Alexander Schwab (Albert Siegrist), Das Buch vom Bauen. Wohnungsnot, Neue Technik, Neue Baukunst, Städtebau aus sozialistischer Sicht. Düsseldorf: Bertelsmann (Reprint: Bauwelt Fundamente, Bd. 43), 1973, 76 f.

Naumann und Muthesius geforderte „Umstellung unserer ästhetischen Anschauungen" ihre Durchschlagskraft. Sie kulminierte Ende der zwanziger Jahre in Publikationen, Reden, Fotografien, Malereien und anderen künstlerischen Zeugnissen und manifestierte sich in der Essener Ausstellung. Für den im vorliegenden Buch thematisierten Umgang mit der Technik, in dem sich die unterschiedlichen amerikanischen und deutschen Haltungen abbilden, konkretisierte sich hier für die deutsche Seite eine Art Höhepunkt der Bemühung, Technik in ihrem weiteren Sinne physisch, psychologisch und ästhetisch in die Kultur einzubetten.

Dass dies im Ruhrgebiet, der ikonischen Industrielandschaft, mit einer lokalen Initiative geschah, erscheint kaum überraschend. Trotzdem verdient besondere Beachtung, dass sich in der von Zeitgenossen kulturell als Ödland übergangenen rheinisch-westfälischen Provinz Journalisten, Ingenieure und Verleger Foren schufen, auf denen sich diese Bemühung unter zunehmender Beteiligung bekannter Schriftsteller und Kritiker zu der interessantesten, wenngleich kurzlebigen Technikdebatte Deutschlands vor der Wirtschaftskrise von 1930 entwickelte. Die Initiative war Teil des zunehmend auf Technik ausgerichteten Zeitgeistes, zielte darauf, eine die physische Erfahrung von Technik voll einbegreifende Konzeption von Kultur zu entwickeln, in der man „das Schöpferische" als das Verbindende zwischen Ingenieur und Künstler sichtbar machen wollte. Der Einbezug der Technikthematik in die Bilder neusachlicher Maler und Fotografen, von denen einige auf der Essener Ausstellung zu sehen waren, stellte dafür eine nicht nur von Ingenieuren beachtete Realisierung dar.

Bei dieser Bemühung um eine der Industriegesellschaft adäquate Kultur und Kulturdebatte kam der in Essen herausgegebenen Zeitschrift *Der Scheinwerfer* die Führung zu. Dazu lieferte der Organisator der Essener Ausstellung, Kurt Wilhelm-Kästner, das Stichwort; „Das Verdienst der neuen Sachlichkeitsbewegung [ist], hier auf das Wesen der technischen Baues hingewiesen und bei dem Ingenieur das Selbstbewußtsein geweckt zu haben."[25] Der Ingenieur müsse sich dem Architekten nicht mehr unterordnen. Statt des Naturwidrigen und Hässlichen, das man der Technik seit jeher nachgesagt habe, erkenne man ihren eigenartigen Reiz – der sie deshalb aber nicht zur Kunst mache. Die Anhimmelung der Technik sei falsch. Im Vorwort zur Ausstellung erläuterte Wilhelm-Kästner, aufgrund der Tatsache, „daß die Technik tatsächlich nicht nur eine rein materialistische Angelegenheit, sondern daß sie zur Idee geworden ist, die als neues geistiges Ferment unsere gesamte Kulturentwicklung durchdringe", könne es in dieser Zeit zu einer „neuen Einheit von Kunst und Technik" kommen, „die jene große Kluft zwischen werktätigem und

---

25 Kurt Wilhelm-Kästner, Der Ingenieurbau, in: Der Scheinwerfer 2 (1928/29), 12.

künstlerischem Schaffen überbrückt und uns der erstrebten großen Kultureinheit nahebringt".[26]

Den Hauptvertretern dieser kulturellen Sternstunde des Ruhrgebiets, Erik Reger, Hannes Küpper, Paul Krannhals und Theodor Reismann-Grone, sowie den Publikationsorganen *Hellweg* (1921–1927) und *Der Scheinwerfer* (1927–1933), die in Essen erschienen, hat Erhard Schütz Reverenz erwiesen, nicht ohne die progressiv linke und bewusst urbane Tendenz des *Scheinwerfers* von der konservativen des *Hellwegs* abzugrenzen, der „in seinen kulturkritischen und kunstvermittelten Themen, in den vorgestellten Künstlern, ob in Kritik oder Lob, ein erstaunlich breites Spektrum und ein verblüffendes Gespür für Aktualitäten" zeigte.[27] Der Journalist Erik Reger, Verfasser eines treffenden satirischen Romanporträts des Ruhrgebiets im „Wirtschaftswunder" von 1928/29, *Das wachsame Hähnchen* (1932), und des einzigen großen deutschen Industrieromans *Union der festen Hand* (1931), war der überragende Kopf dieser Gruppe. Im Bewusstsein, dass Technik, wie es im *Hellweg* geschah, in ihrer kulturellen Bedeutung von konservativer Seite häufig sensibler diskutiert wurde als auf der Linken, wo sie schnell im marxistischen Sinne instrumentalisiert wurde, artikulierte Reger seine progressive Auffassung der Harmonisierung von Kunst, Natur und Technik, die eine rationale und soziale Beherrschung der Technik anzielte. Seine Feststellung von 1931, „Je revolutionärer sich die Industrie im Technischen gebärdete, desto reaktionärer wurde sie im Politischen"[28], kennzeichnet einen Großteil der viel beschworenen Rationalisierung der zwanziger Jahre. Zum Spruch von der „Versklavung des Menschen durch die Maschine" sowohl auf der Rechten wie auf der Linken bemerkte er: „Phrasen, Phrasen, Phrasen".[29] Den Klagen von Musikern, dass ihnen die Mechanisierung der Instrumente Boden wegnähme, entgegnete er:

> Die Technik ist da, das Maschinenzeitalter schreitet fort. Wer nicht mitkommt, bleibt liegen. Die Technik tötet die Kultur nur dann, wenn die Kultur nicht versteht, sich die Technik nutzbar zu machen. Die Photographie hat nicht die Malerei, der Film nicht das

---

26 Zit. nach Ingeborg Güssow, Kunst und Technik in den 20er Jahren. Einführung. In: Kunst und Technik in den 20er Jahren, 42.

27 Erhard Schütz, ‚Synthese von technischer Lebenshaltung und Geisteskultur' oder Gesellschaftsmangel und Gemeinschaftssuche. Literarisch-publizistische Ingenieurskultur in der Weimarer Republik, in: Jahrbuch zur Literatur der Weimarer Republik, Bd. 1 (1995), 103.

28 Erik Reger, Mensch und Maschine. In: ders., Kleine Schriften, Bd.1, hg. von Erhard Schütz. Berlin: Argon, 1993, 227.

29 Reger, Die Erneuerung des Menschen durch den technischen Geist. Oder: Das genau gebohrte Loch, ebd., 63.

Theater umgebracht. Wie könnte die Schallplatte die Musik umbringen, wenn sie den Willen hat, mit ihr, an ihr lebendig zu bleiben?[30]

Dieser Auftritt von Journalisten, Ingenieuren und angesehenen Beiträgern zum *Scheinwerfer* wie Joseph Roth, Theodor Adorno, Friedrich Wolf, Bertolt Brecht, Ernst Jünger in der Berührung mit dem Industrierevier – wobei auch der Technikkult seinen Spott erhielt, etwa von Brecht in seinem Gedicht „Siebenhundert Intellektuelle beten einen Öltank an" – ist wenig gewürdigt worden. Zu ihm gehört auch die literarische Abwehr der verbreiteten Technophobie, etwa bei Reger oder in Heinrich Hausers wirkungsvollem Buch *Friede mit Maschinen* (1928).

Die Ingenieurspublizistik, die in diesen Jahren vonseiten der von Amerika ausgehenden Technokratiebewegung Impulse erhielt, fand ebenfalls kein breites Publikum. Technokratie wirkte auf Ingenieure attraktiv, wurde in Deutschland allerdings bald von rechten Gruppierungen in Anspruch genommen. Ihre Stellungnahme gegen die Weimarer Demokratie, die vom technokratischen Repräsentanten Heinrich Hardensett in der Unterscheidung zwischen dem (positiven) „technischen" gegen den (negativen) „kapitalistischen" Menschen thematisiert wurde, verschärfte sich in der Krise um 1930.[31] Jedoch verhinderte gerade die Distanz zu politischem und ökonomischem Denken, die Hardensett dem „technischen Menschen" zuschrieb, in der politisch angeheizten Sammlungspolitik der Weimarer Republik größere Wirkung. Die politikfreie Entscheidungszone rationalen Planens blieb eine Ingenieursutopie.

Demgegenüber haben sich die Zeugnisse des Technikinteresses in Design und Malerei, die in der Essener Ausstellung, wenngleich ohne großen ästhetischen Anspruch, auch die Aufmerksamkeit von Ingenieuren fanden, besser erhalten, genauer: sind mit Aufarbeitung der Weimarer Kultur spätestens seit den siebziger Jahren wieder ins Bewusstsein gerückt. Die Beschäftigung von Malern mit der Technik war seit den Futuristen und Konstruktivisten in der europäischen Kunst längst zu einem festen Thema geworden. Bereits 1922 hatte sich auf dem „Internationalen Kongreß für fortschrittliche Kunst" in Düsseldorf mit dem Holländer Theo van Doesburg und dem Russen El Lissitzky ein konstruktivistischer Flügel gebildet, dem die Kölner Gruppe progressiver Künstler mit Heinrich Hoerle und Franz Wilhelm Seiwert nahestand, zwei Malern, die ihr proletarisch-revolutionäres Engagement in die Technikdarstellung einbrachten. Hoerles Arbeiter werden zu

---

30 Reger, Reporter im Kohlenpott, ebd., 163.
31 Heinrich Hardensett, Der kapitalistische und der technische Mensch. Ein charakterologischer Beitrag zur Klärung des Verhältnisses von Technik und Wirtschaft. München/Berlin: Oldenbourg, 1932; Stefan Willeke, Die Technokratiebewegung in Deutschland zwischen den Weltkriegen, in: Technikgeschichte 62:3 (1995), 221–246.

reinen Ingenieurkonstruktionen, gesichtslosen Robotern, die, aus Maschinenteilen, Schrauben und mechanischen Gelenken bestehend, manipulierbar sind wie Maschinen.[32]

Unter den breiter beachteten Vertretern der Neuen Sachlichkeit, die mit realistischen Mitteln dem Phänomen Technik in der Industriekultur den gebührenden Rang zu schaffen versuchten, seien hier nur zwei Maler hervorgehoben, Carl Grossberg und Franz Radziwill. Grossbergs erschreckend nüchterne Präsentationen von Maschinen, Röhren, Kesseln, Schrotthaufen und Werkhallen sind ikonisch geworden, nicht zuletzt dadurch, dass er unvermittelt Traumsequenzen – eine Fledermaus, einen glotzenden Affen – einschiebt, Mystifikationen der Technik als Raum der Arbeit und des Traumes, die diese Bilder von den fanfarenhaften Mythisierungen der Maschine bei den Futuristen unterscheiden. Den surrealen Unterton bringt Radziwill mit seinen von trostlosen, nächtlichen, unheilschwangeren Stimmungen beschwerten Bildern der technisierten Welt zu noch stärkerem Effekt. Er hält sich vornehmlich an Schiffe und Flugzeuge, beispielhaft in „Inselbrücke in Wilhelmshaven" (1934), beschwört mit oft grellen Farbkombinationen das Drohende der Technik in Hafen-, Landschafts-, Städtebildern und übersteigt damit die zuvor angelegte realistische Auseinandersetzung.

Anders als zahlreiche neusachliche Maler lässt Radziwill dem Beschauer kaum einen Zweifel am bedrohlichen Charakter der Technik. Bei anderen bleibt es beim Widerspruch zwischen dem Wissen um die negativen Seiten der Technik und den Bestreben, mit dem Bild zu einer ästhetisch positiven Empfindung zu verhelfen. Die neusachliche Malerin Gerta Overbeck identifizierte den Kern des Problems:

> Man sollte meinen, daß ein Künstler sich von dem Profitgeist, der sich in einer ungeheuren Vergewaltigung und Ausbeutung von Mensch, Erde, Wasser, Luft durch die Industrie zeigt, abgestoßen fühlen müßte. Es zeigt sich aber, daß viele Versuche unternommen worden sind, einen künstlerischen Ausdruck für dieses naturfremde Gebiet zu finden.[33]

Overbecks Feststellung erklärt, weshalb diese künstlerische Bewegung nach ihrer Wiederentdeckung in den siebziger und achtziger Jahren ihre Anziehungskraft wieder verloren hat. Zudem lassen die Bilder das vermissen, was Technik als „amerikanisch" kennzeichnete: dass sie Tempo und Beschleunigung des Lebens bewirkt und symbolisiert – wie erwähnt, ein weites Feld im Verständnis Weimarer Technikeuphorie und -feindschaft.

---

32 Ursula Horn, Der Konstruktivismus und die „Gruppe progressiver Künstler, Köln". In: Realismus und Sachlichkeit. Aspekte deutscher Kunst 1919–1933. Berlin: Staatliche Museen zu Berlin, 1974, 45.

33 Zit. nach Güssow, Malerei der Neuen Sachlichkeit. In: Kunst und Technik in den 20er Jahren, 52 f.

Abb. 12 Franz Radziwill, Inselbrücke in Wilhelmshaven, 1934

Dass auch amerikanische Maler dieses Element in ihrem präzisen Realismus der Industriedarstellungen – *Precisionism* – zumeist ausließen, gibt zu denken. Das Statische überwiegt in den vergleichbaren Gemälden von Charles Sheeler und Charles Demuth oder den Fotografien von Paul Strand. Deren eindrucksvolle Objektivierungen von Fabrikanlagen, Brücken, Maschinen und Wassertürmen überzeugen auf andere Weise, lassen auf jeden Fall die Assoziation an die negativen Seiten der Technik aus. In den Jahren der Euphorie über die amerikanische Technik verkündeten sie eine andere – national erhebende – Botschaft. In den dreißiger Jahren änderte sich das.[34]

---

34 Bernhard Schulz, Made in Amerika. Technik und Dingwelt im Präzisionismus. In: Amerika. Traum und Depression 1920/40. Berlin: Neue Gesellschaft für Bildende Kunst, 1980, 72–137. Ausführlich über *Precisionism* und seine deutschen Parallelen siehe Andreas Gehlert, Zur Ästhetisierung von Fortschritt und Technik im Präzisionismus. Diss. Albert-Ludwig-Universität Freiburg, 1996.

13.5 Jüngers Arbeiter als Maschine

Schließlich das problematischste Narrativ von der Absolutsetzung der Technik, das in verschiedenen Auffassungen von der Ineinssetzung von Mensch und Maschine Ende der zwanziger Jahre formuliert wurde. Am eingängigsten steht dafür die Ineinssetzung von Mensch und Maschine im „Typus des Fliegers, der anthropomorphe Züge mit technomorphen gewinnbringend fusioniert", gemäß Hausers Äußerung im Erlebnisbericht *Ein Mann lernt fliegen*: „Mensch und Maschine sind eins."[35] Diese Fusion geschah jedoch bei Ernst Jünger keineswegs so inoffensiv, wenn er im Vorwort zu dem 1928 von ihm herausgegebenen Band *Luftfahrt tut not!* konstatierte: „Ja, der fliegende Mensch ist vielleicht die schärfste Ausprägung einer neuen Männlichkeit. Er stellt einen Typus dar, der sich bereits im Kriege angedeutet hat."[36] Jüngers Utopie von der Fusion Mensch und Maschine, die von Zeitgenossen als neue Männlichkeit gefeiert wurde, band Technik unweigerlich an den Krieg zurück.

Anders als bei der Umstellung der Kriegs- auf die Friedensproduktion, bei der die Industrie zumeist technische Kontinuitäten bewahrte, hinterließ der Krieg bei militanten Frontkämpfern eine Einstellung, die sich den Eingeweihten als Novum, als Steigerung der Technik zum Machtfaktor offenbarte: die Militarisierung der Technik. Dieser Krieg verwandelte, wie Michael Geyer prägnant beschrieben hat, den instrumentellen Gebrauch der Technik in ein Aktionsorgan des Massentötens, machte den Menschen zu einem Organ der „Kriegsmaschine", wie man die Waffe benannte. Dass dieser Übergang des Soldaten in eine Kampfmaschine als Moment der Entmenschlichung angeprangert und verurteilt worden ist, lässt sich leicht nachvollziehen. In der Antikriegsliteratur der zwanziger Jahre nahm er einen gewichtigen Platz ein. Dass er verherrlicht wurde, weil er Charakter und Männlichkeit bildete, wie es Ernst Jünger in der Schrift *Der Kampf als inneres Erlebnis* (1922) postulierte, stellte demgegenüber eine Herausforderung dar, die ihre Gefolgschaft zunächst nur unter hartgesottenen Frontkämpfern fand. Jünger und gleichgesinnte schreibende Frontkämpfer öffneten damit jedoch das Tor für die Auffassung, dass die Bestimmung der Technik letztlich die militärische Kampfmaschine darstelle.

Dieser Auffassung verschaffte Jünger in dem Buch *Der Arbeiter* (1932) die weitreichendste Formulierung, indem er sie einerseits mit einem abstrahierten Typus Arbeiter als Funktionsträger, andererseits mit dem ebenfalls im Krieg entstandenen

---

35 Viktor Otto, An der Herz-Lungen-Maschine von Avantgarde und Aviatik. Mensch-Maschine-Hybride in Literatur und Technologie 1909–1945, in: Zeitschrift für Germanistik N.F. 14:2 (2004), 353.

36 Ernst Jünger, Vorwort. In: Luftfahrt tut not! Hg. von Ernst Jünger. Berlin 1928, 12, zit. nach Otto, An der Herz-Lungen-Maschine, 352.

Konzept der totalen Mobilmachung verknüpfte. Wenn dieses Buch – eine zeitkritische Utopie – häufig als Vorgriff auf die von den Nationalsozialisten vorgenommene Militarisierung der Technik verstanden worden ist, so stimmt das zwar im Hinblick auf den Militarisierungswillen, nicht aber in der Gleichsetzung mit dem, was Hitler und seine Generäle in Krieg und Holocaust daraus gemacht haben. Bei genauer Lektüre dieses zwischen Abstraktionen und Impressionen ständig schwankenden Großessays, mit dem Jünger ein verdinglichtes Konzept der Technik wortreich umkreist, lässt sich kaum verkennen, dass dieser Frontkämpfer letztlich bei den ästhetischen Aspekten der Kampferfahrung und der unpolitischen Assoziationskraft der von ihm projizierten totalen Mobilmachung verharrt.[37]

Mit der Feststellung „Die Beschäftigung mit der Technik wird erst dort lohnend, wo man sie als das Symbol einer übergeordneten Macht erkennt"[38] wehrt Jünger zwar die Auffassung von der Eigendynamik der Technik ab und öffnet sie der Sinngebung durch militärischen Einsatz, sprich Ermächtigung, bleibt aber bei dieser Projektion stehen. Was er entwirft, ist die Fortsetzung des Weltkrieges. In seinen Worten: „Immer deutlicher beginnen sich zwei Fronten zu scheiden, die Front der Restauration, und eine andere, die mit allen Mitteln, und nicht nur mit denen des Krieges, zur Fortsetzung des Krieges entschlossen ist."[39] Dass sich von hier aus die Militarisierung der Technik in den Folgejahrzehnten verdichtet und in furchtbarer Weise konkretisiert hat, ist über Jüngers Militarisierungswillen weit hinausgegangen. Es hat Lewis Mumford, den amerikanischen Kulturkritiker und Technikexperten, in seinen späteren Schriften ganz aus dem früheren Technikenthusiasmus in eine Niedergeschlagenheit fallen lassen, die mit dem mahnenden Doppelblick auf Deutschland und Amerika im letzten Kapitel noch kurz zur Sprache kommen wird.

---

37 Eine kritische Analyse der ästhetischen Projektion bei Heinz-Dieter Kittsteiner und Helmut Lethen, „Jetzt zieht Leutnant Jünger seinen Mantel aus." Überlegungen zur „Ästhetik des Schreckens", in: Berliner Hefte H. 11 (1979), 19–50. Positiv über Jüngers Technikverständnis Harro Segeberg, Technikverwachsen. Zur Konstruktion des „Arbeiter" bei Ernst Jünger, in: Der Deutschunterricht 46 (1994), 40–49.
38 Ernst Jünger, Der Arbeiter. Herrschaft und Gestalt. Hamburg: Hanseatische Verlagsanstalt, 1932, 192.
39 Jünger, Der Arbeiter, 157.

14. *American modernism* mit und ohne Europa

Das 20. Jahrhundert sei Amerikas Sache, stellte Gertrude Stein in ihrem Erinnerungsbuch *Paris France* fest, aber Amerika müsse nach Frankreich gehen, damit es geschehe. Die These war nicht neu. Sie war anmaßend, und sie war schmerzhaft, anmaßend in der Einschätzung, dass amerikanische Schriftsteller, Künstler und Intellektuelle nach Frankreich gehen müssten, um eine gültige moderne amerikanische Kultur hervorzubringen, und schmerzhaft in der Feststellung, dass Europa nötig war, um diesem technisch und wirtschaftlich so erfolgreichen Land auch kulturell in der Welt volle Anerkennung zu verschaffen.

Die These war seit Ende des 19. Jahrhunderts von den kulturellen Eliten vertreten worden, die damit zugleich ihren Status als Vermittler und Wächter der kulturellen Identität Amerikas zu einer Zeit befestigten, als es den Ingenieuren und Architekten längst nicht mehr wichtig war, an ihre Arbeit die jeweils aktuellen europäischen Maßstäbe anzulegen. Die These hatte bei Henry James, Van Wyck Brooks und H. L. Mencken ihre verschiedenen Formulierungen gefunden, wurde in den zwanziger Jahren, dem Höhepunkt dieser transatlantischen Exilwelle, vielmals als notwendiger Schritt beschworen, um aus dem Mittelstandsdenken von Harmonie und Optimismus herauszukommen, das nach dem Ersten Weltkrieg – oftmals gegen Europa gerichtet – amerikanisches Siegesbewusstsein ins Literarische übertrug. Gegen dieses verzuckerte Denken argumentierte der Romancier Sinclair Lewis 1930 in seiner Rede als erster amerikanischer Nobelpreisträger, und der konservative Literaturkritiker Norman Foerster führte im selben Jahr in ein Symposium über Amerikas eigene Erarbeitung des Humanismus mit den Worten ein: „Es ist zweifelhaft, ob eine *echte* amerikanische Kultur jemals unseren eigenen Erfahrungen entspringen kann, sicher ist, daß sie *veranlaßt* werden könnte, unserem eigenen Erlebnis zu entspringen, wenn wir fremde Kultur richtig nutzen."[1]

Fremde Kultur richtig nutzen: Randolph Bourne sprach von *transnational America*, wobei er dem Zugriff auf zwei Kulturen und Sprachen den Schlüssel für ein modernes Amerika zuwies; Gertrude Stein sah sich als Vermittler, um diese Nutzung möglichst fruchtbar zu machen, insofern die amerikanischen Schriftsteller ihre Arbeit im Exil dazu gebrauchten, von Europa her ihr eigenes, unverwechselbares, kulturell attraktives Amerika zu schaffen. Das ließ einen Autor wie Ernest

---

1 Norman Foerster, Preface. In: Humanism and America. Essays on the Outlook of Modern Civilisation, hg. von Norman Foerster. New York: Farrar & Rinehart, 1930, XII. Übersetzung in Daniel J. Boorstin, Amerika und das Bild Europas, in: Perspektiven 14 (Winter 1956), 91.

Hemingway in seinem lapidaren Ton die Nachkriegsdesillusion treffend erfassen, lief innerhalb der amerikanischen Literatur jedoch auf eine Rebellion gegen die seichten Siegesromane hinaus. Hemingways Schreiben, karg und kriegsgeprüft, richtete sich vor allem gegen die ältere Schriftstellergeneration, die in die Nachkriegszeit weiterhin die ausgelaugten „Definitionen von Moral, Rationalität menschlicher Natur und bürgerlichem Gebrauch der Hochkultur" einzubringen versuchten.[2] Zu dieser Zeit eröffnete E. E. Cummings seinen autobiografischen Roman *The Enormous Room* (1922), indem er ihn, gegen das „vulgäre amerikanische Idiom" polemisierend, mit einer Parodie von Wilsons pathosgeschwängerter Rhetorik versah.[3]

Es waren nicht nur Schriftsteller wie Hemingway, Cummings, F. Scott Fitzgerald, Dos Passos, Henry Miller, Louis Bromfield, Langston Hughes, Hart Crane, welche die andere Kultur mit längeren oder kürzeren Aufenthalten nutzten, sondern auch Künstler wie Charles Demuth, Man Ray, Alexander Calder, Grant Wood, Musiker wie Aaron Copland and Sidney Bechet, die der amerikanischen (Hoch-)Kultur der Zwischenkriegszeit erstes Profil verschafften. Und es waren nicht nur Männer, die das intellektuelle Klima in der angelsächsischen Pariser Kolonie prägten. Autorinnen wie Djuna Barnes, Anaïs Nin, Hilda Doolittle schrieben und brachten die Prominenz zusammen, besonders erfolgreich Sylvia Beach, Natalia Clifford Barney, Peggy Guggenheim.[4] Sie trugen zu dem internationalen Flair bei, das Paris mit Aufführungen radikaler Künste von draußen kultivierte, Strawinskys „Le sacre du printemps", Djagilews Ballets Russes, die Tänzerinnen Loïe Fuller und Isadora Duncan. Nach dem Erfolg der Tänzerin Josephine Baker, die 1925 in „La Revue nègre" die französische Hauptstadt mit ihrem schwarzen Jazztanz eroberte, fanden auch Franzosen, die sonst den amerikanischen Gästen eher skeptisch oder ablehnend gegenüberstanden, Gefallen an deren Gastrolle. Sie begeisterten sich für Hollywoodfilme, zumal die mit Charlie Chaplin, fanden diesen Import aus Amerika ohnehin farbiger und wirksamer als die technischen Debatten über Taylorismus und Fordismus, die in Frankreich ebenfalls auf starkes Interesse stießen.

Das Vordringen amerikanischer Unterhaltungskultur in Film und Jazzmusik half den Exilanten, den Diskurs über Amerikas kulturelle Präsenz zu differenzieren. Es brachte den Kultur- und Musikkritiker Gilbert Seldes auf die Idee, in seinem engen Pariser Appartement eine erste Darstellung der amerikanischen Populärkultur ganz aus seinem Gedächtnis, wie er versicherte, zu schreiben, ein Durchbruch für ihre Anerkennung als substanzieller kultureller Faktor. In *The Seven Lively Arts* (1924) erklärte Seldes:

---

2 Kennedy, Over Here, 224.
3 Kennedy, Over Here, 225 f.
4 Mary Ellen Jordan Haight, Walks in Gertrude Stein's Paris. Salt Lake City: Smith, 1988.

Was Europäer über amerikanische Kunst denken, ist genau das Gegenteil von dem, was sie über amerikanisches Leben denken. Unser Leben ist voller Energie, abwechslungsreich, ständig wechselnd; unsere Kunst ist nachahmend, blutleer (mit Ausnahmen in beiden Fällen). Die Erklärung ist, dass wenige Europäer unserer Populärkultur, die nur wir beherrschen, fast wie die Mysterien eines Kults sehen. In ihr bricht die künstlerische Energie durch und findet ihren eigenen Ausdruck.[5]

Diesen Ausdruck präsentierte Seldes mit einem Panorama, in dem Chaplin die erste Geige spielt und Revuen, Musikkomödien, Comicstrips, Slapstickfilme, Songs und Vaudeville zu ihrem Recht kommen. Sie zeigen eine unerhörte Vielfalt von Talent, Erfindungsgabe, Bewegungskunst und musikalischer Qualität, sodass es beinahe überrascht, dass Seldes das letzte Kapitel des Buches unter dem Titel „Vor einem Bild von Picasso" dazu benutzte, um einen in dieser Form und Gründlichkeit bisher nicht unternommenen Vergleich von hoher und populärer Kunst zu tätigen. Hier präsentierte der amerikanische Kritiker in Paris überzeugende Argumente für die Anerkennung der Populärkunst, des Kerns amerikanischer Eigenentwicklung, als ebenbürtig zur hohen Kunst, ohne dieser ihre hohe Stellung abzusprechen. (Seine Verehrung von Picassos Malerei klingt genuin.) Sein Zorn richtete sich gegen die Unterscheidung von *highbrow* und *lowbrow* als wertsetzendes Kriterium. Seldes katalogisierte die Einwände gegen diese von der *genteel tradition* auferlegte Abwertung, die, wie er hinzufügte, doch die von der Masse der Amerikaner geliebte und geförderte Kultur betraf. Er konstatierte, dass beide Kunstformen gegen mediokre und Pseudokunst stünden. Was der Populärkunst fehle, seien professionelle Kritiker – und damit Anerkennung im eigenen Land.

Vieles spricht dafür, Gertrude Steins bonmothafter Feststellung über die Ausformung der amerikanischen Moderne via Europa zuzustimmen, solange sie nicht ausschließlich auf Frankreich bezogen wird, sondern London, Berlin, Spanien und Italien einschließt, und solange sie die wenig freundliche Einstellung der Franzosen gegenüber dem Mitgewinner des Krieges reflektiert. Erwähnt sei nur die missliebige Auseinandersetzung darüber, dass Amerika den Franzosen das Drei-Milliarden-Kriegsdarlehen nicht erließ.[6] Sie belastete die Einstellung zu Amerika auf lange Zeit. Franzosen fanden wenig Anlass, der Wertschätzung seitens amerikanischer Schriftsteller und Künstler besondere Bedeutung zuzumessen, da das Gefühl, dass die jüngst emporgekommene Weltmacht gegenüber Frankreich einen unberechtigten Hochmut und Moralismus zur Schau trage, das Bild der Amerikaner verdunkel-

---

5 Gilbert Seldes, The Seven Lively Arts. New York: Harper, 1924, 356.
6 William R. Keylor, „How They Advertised France". The French Propaganda Campaign in the United States during the Breakup of the Franco-American Entente, 1918–1923, in: Diplomatic History 17:3 (1993), 351–373.

te. Besonders reizte der „Anspruch auf universale Geltung der amerikanischen Grundsätze und der Glaube an die Mission des amerikanischen Volkes, der alten Welt neue Gesetze zu geben"[7] – gewiss in starkem Kontrast zu der von Intellektuellen betriebenen, wenngleich nach dem zerstörerischen Krieg eingeschränkten Hochschätzung europäischer Kultur. Hier liegen auch die Wurzeln für die latente Unterströmung der französischen Amerikakritik, mit der Frankreich, anders als es das Dritte Reich militärisch und rassistisch anstrengte, in späteren Jahrzehnten den Vormarsch amerikanischer Kultur in Europa mit einem kulturellen Gegenentwurf – dem französischen Modell – aufzuhalten suchte.[8]

Die anderen Zentren konnten es mit Paris nicht aufnehmen. So viele Amerikaner es auch nach London zog, dieses Weltzentrum hatte mit dem Vorurteil zu kämpfen, dass seine besten Tage vor dem Krieg lägen. Berlin erschien lange Zeit als zu unbeständig, war nur während der deutschen Inflation als spottbillig von Amerikanern aufgesucht worden. Die Stadt verfügte nur über eine amerikanische Zeitung und eine Handvoll amerikanischer Niederlassungen. Damit bot sie weniger Gelegenheiten für Jobs und entsprechenden gesellschaftlichen Verkehr.[9] Das änderte sich Ende der zwanziger Jahre, als die Weimarer Moderne zunehmend Aufmerksamkeit in den USA erregte. Der Maler Marsden Hartley hatte in Berlin Quartier genommen, um 1930 machte Sinclair Lewis die Bar des Hotels Adlon zum Treffpunkt amerikanischer und britischer Journalisten, wo er auch seine spätere Frau, die Journalistin Dorothy Thompson, kennenlernte, die mutige Artikel über den Aufstieg der Nationalsozialisten schrieb. Amerikanische Stücke eroberten Berliner Theater. Der Literaturkritiker Joseph Wood Krutch fühlte sich bei einem Berlinbesuch 1928 höchst animiert, wenn er in *The Nation* schrieb:

> Der Amerikaner, der bis vor wenigen Jahren gewohnt war, in Europa hartnäckige Indifferenz gegenüber allen Formen amerikanischer Kunst, ausgenommen vielleicht Filmen, zu finden, erfährt in Berlin eine natürliche Wiederkehr von Stolz, wenn er von der heftigen Nachfrage nach amerikanischen Stücken hört; allerdings klingt sein Stolz bald ab, wenn er merkt, dass es keineswegs die hier am meisten gesuchten Stücke sind.

---

7   Walter Sommer, Die Weltmacht USA im Urteil der französischen Publizistik 1924–1939. Tübingen: Mohr, 1967, 18.
8   Dagegen die amerikanische Perspektive: Bertram M. Gordon, The Decline of a Cultural Icon. France in American Perspective, in: French Historical Studies 22:4 (Fall 1999), 625–651.
9   Brooke L. Blower, Becoming American in Paris. Transatlantic Politics and Culture between the World Wars. Oxford: Oxford University Press, 2011, 309, Anm. 20.; Michael Wala, Amerikanisierung und Überfremdungsängste, 141. Über die kritische Aufnahme der *expatriates* bei Rückkehr nach den USA vor allem in Musik und Malerei siehe Adelheid von Saldern, Kunstnationalismus. Die USA und Deutschland in transkultureller Perspektive 1900–1945. Göttingen: Wallstein, 2021, 310–315.

Krutch geht von der Amerikanisierung der Berliner Theater zur Feststellung eines generellen Interesses über: „Wir mögen in Paris gehasst und in London verachtet werden, in Deutschland werden wir überall kommentiert und überall imitiert."[10]

Das hatte nur wenig mit der delikaten Siegerrolle zu tun, mit der die USA zu Beginn des Jahrzehnts die Beziehungen mit den Deutschen wiederaufnahmen: fünf Jahre als Besatzungsmacht im Rheinland mit dem Hauptquartier in Koblenz. Da waren Wilsons Proklamationen noch frisch. Jedoch zeigte sich, während sich Frankreich als unbeschränkte Siegermacht fühlte, dass es den Amerikanern, gemäß ihrer abgewogenen Besatzungspolitik,[11] darauf ankam, eine Art Gegengewicht zu Frankreich zu konstituieren. Ihre Intervention in der hochbrisanten Ruhrkrise bewies das 1923, im Jahr ihres Abzuges. Bald wurde deutlich, dass die Vereinigten Staaten mit der Stabilisierung Deutschlands ein ihren Interessen dienendes Gleichgewicht in Europa anzielten; allerdings bedurfte es geduldiger Diplomatie, bis die USA, die den Schlüssel zur Reparations- und Wirtschaftspolitik in den Händen hielten, zu einem ausgedehnten Engagement bereit waren.

Das lange Zögern Washingtons, das der Dawes-Plan 1924 mit seiner Ermöglichung weitreichender Kreditnahme beendete, galt nicht für die Wiederaufnahme vorwiegend privater kultureller, insbesondere wissenschaftlicher Kontakte, für welche amerikanische Philanthropen sorgten. Dabei kam es weniger auf Wissensaustausch als auf die Finanzierung wissenschaftlicher Institute an, die in Deutschland mit der von Frankreich strikt aufrechterhaltenen Blockade internationaler Assoziationen und der Inflation weitere Einschränkungen erfuhr. Die USA waren nicht das einzige der einst neutralen Länder, die den Bonus wissenschaftlicher Größe, den Deutschland vor dem Krieg – wenngleich mit schwindender Überzeugungskraft – angesammelt hatte, in dieser Notzeit honorierten, aber sie schufen in der zweiten Hälfte der zwanziger Jahre mit der wissenschaftlichen Förderung vonseiten der Rockefeller Foundation und des Carnegie Endowment eine Unterstützungspolitik für die europäische Wissenschaft, die einzigartig war und auch der Weimarer Republik zugutekam.[12] Sie gipfelte 1928 in der Feier der Heidelberger Universität zu Ehren des amerikanischen Botschafters in Deutschland, Jacob Gould Schurman, der in

---

10 Joseph Wood Krutch, Berlin Goes American, in: The Nation, vol. 126 (May 16, 1928), 564, 565 („We may be hated in Paris and despised in London, but in Germany we are everywhere talked about and everywhere imitated").

11 Dean A. Nowowiejski, The American Army in Germany, 1918–1923. Success against the Odds. Lawrence: University of Kansas Press, 2021, 46–151.

12 Heike Rausch, US-amerikanische „Scientific Philanthropy" in Frankreich, Deutschland und Großbritannien zwischen den Weltkriegen. In: Geschichte und Gesellschaft 33 (2007), 73–98. Gabriele Metzler macht jedoch darauf aufmerksam, wie abwartend arrogant sich deutsche Wissenschaftler gegenüber dieser Unterstützung verhielten: Begegnungen mit einer anderen Moderne. Deutsche Physiker und die USA von der Jahrhundertwende bis 1933. In: Technologie und Kultur, 97–120.

den USA über eine halbe Million Dollar für ein neues Hörsaalgebäude der Universität gesammelt hatte. Außenminister Gustav Stresemann, der wie sein Freund Schurman mit einem Ehrendoktorat bedacht wurde, pries Schurmans Philanthropie als Markstein deutsch-amerikanischer Freundschaft. Botschafter Schurman, einst Student in Heidelberg, ließ, in vollem Bewusstsein der nach wie vor schwelenden Spannungen, den Festakt zu einer Demonstration der Dankbarkeit seitens der Amerikaner werden, die von der deutschen Wissenschaft reichlich profitiert hätten.[13]

In der amerikanischen Politik der Unterstützung der deutschen Wissenschaft nach dem Ersten Weltkrieg klang solche Reverenz hin und wieder an, doch verstand sie sich auch als Selbsterhöhung amerikanischer Wissenschaft. Ohne direkt an Wilson und seine moralische Mission der Weltverbesserung im Verfolg der Demokratie anzuknüpfen, verschaffte sie Amerikas neuem Engagement in Europa und der Welt im Bereich von Wissenschaft und Erziehung sichtbare Beweise. Es war nicht amerikanische Kultur, die hiermit kreiert wurde, wohl aber ein Signal für die tatsächlich im internationalen Maßstab zunehmende Präsenz amerikanischer Wissenschaft. Während die literarische und künstlerische Ausformung einer amerikanischen Moderne noch im Entstehen war, fand hier im Bereich der Wissenschaft die Ablösung deutscher und europäischer Führung ihre Manifestation. „Nach dem Ersten Weltkrieg", hat Eckhardt Fuchs bilanziert, „waren es nicht die Deutschen, die die amerikanische Kultur und Wissenschaft durch ihre auswärtige Kulturpolitik zu beeinflussen versuchten, sondern die Amerikaner, die nun ihr wirtschaftliches und intellektuelles Potential nutzten, um ihre politischen Werte und Erziehungsideen in die deutsche Gesellschaft einzubringen".[14]

Dass die Bemühung um Weimar von amerikanischer Seite auch Demokratie, nicht nur Wissenschaft einschloss, hat der amerikanische Forscher Malcolm Richardson im Archiv der Rockefeller Foundation aufgedeckt, als er die Akten der in Vergessenheit geratenen, von der Rockefeller Foundation finanziell getragenen Lincoln-Stiftung fand, die von 1927 bis 1934 in Berlin bestand. Im Namen des großen amerikanischen Präsidenten sollte die Lincoln-Stiftung in der Weimarer Republik bei der Förderung einer demokratischen Elite helfen und fand in der Tat dank der Führung unter dem preußischen Kultusminister Carl Heinrich Becker eine größere Anzahl jugendlicher Talente in verschiedenen Professionen, deren ansehnliche Biografien bis weit in die Bundesrepublik reichen. Ein bemerkenswertes

---

13 Detlef Junker, Jacob Gould Schurman, die Universität Heidelberg und die deutsch-amerikanischen Beziehungen (1878–1945). In: ders., Deutschland und die USA 1871–2021. Heidelberg: Universitätsbibliothek, 2021, 43–74.
14 Eckhardt Fuchs, A Comment on Malcolm Richardson, in: Bulletin of the German Historical Institute 26 (Spring 2000), 113.

Zeugnis für die Kontinuität des erst nach dem Zweiten Weltkrieg viel gepriesenen, auf Demokratie und liberale Werte gerichteten amerikanischen Missionsdenkens.[15] Auch auf amerikanischer Seite trennen sich die Narrative in den zwanziger Jahren. Es gab die Europareisenden in vielen Ausführungen, eine den Internationalismus tragende Schicht, die vorwiegend in den amerikanischen Großstädten, zumeist an der Ostküste zu Hause war. Und es gab die nicht Reisenden, die weit überwiegende Mehrheit, für die Europa sehr weit weg war, jener unglückliche Kontinent der Kriege, der Verarmung, unzähliger Komplikationen und voller Arroganz. Um zu ermessen, wie wenig attraktiv Europa für diese große Mehrheit war, gibt der weithin anerkannte Kulturkritiker Reinhold Niebuhr einige Aufschlüsse. Im *Atlantic Monthly* schrieb er 1925:

> Es ist bezeichnend, dass jede realistische und notwendigerweise pessimistische Analyse des modernen Lebens in Amerika generell abgelehnt und wenig verstanden wird. Wir akzeptieren sie entweder mit Ungläubigkeit oder pharisäischer Distanzierung. Was immer mit Europa falsch läuft, wir glauben nicht, dass mit uns etwas ernsthaft falsch läuft. Wir merken nicht, dass die Kräfte, die sich in Deutschland und anderen europäischen Nationen so lebhaft abzeichnen, in unserem Leben ebenso wie in ihrem nach Herrschaft streben und dass wir keine geistige Eigenschaft besitzen, die ihnen abgeht. Unsere geografische Isolierung und wirtschaftliche Wohlhabenheit retten uns einige Zeit vor dem Schicksal der europäischen Zivilisation. Damit haben wir Zeit, moralisch befreiende Kräfte für das moderne Leben zu formen. Aber es gibt keinen Beweis in unserem Leben, der uns zu der Hoffnung ermutigt, dass wir Besserung erzielen.[16]

Niebuhr, deutscher Abstammung wie H. L. Mencken, ging ebenfalls mit Amerikas Provinzialismus ins Gericht, tat es jedoch in ganz anderem Sinne als der raunzige Nietzsche-Jünger, der sich von den Deutschen die Schwarzmalerei und den Stachel gegen den amerikanischen Idealismus holte. Niebuhr nahm die Deutschen in ihrer selbst verschuldeten Misere als abschreckendes Beispiel für ein Amerika, dass sich kraft Moral und technisch-wirtschaftlichen Erfolgen besser dünkte als Europa. Indem Niebuhr dies in den wirtschaftlich und technisch so erfolgreichen zwanziger Jahren artikulierte, hatte er für die so viel schwierigere Folgezeit von Krise und Depression bereits ein reiches Vokabular angesammelt, das ihn zu einem der großen geistigen Mahner der Nation machte, dem man hoch anrechnete, das er nicht wie Mencken zum Zyniker wurde.

---

15 Weimars transatlantischer Mäzen. Die Lincoln-Stiftung 1927 bis 1934. Ein Versuch demokratischer Elitenförderung in der Weimarer Republik, hg. von Malcolm Richardson, Jürgen Reulecke, Frank Trommler. Essen: Klartext, 2008.
16 Reinhold Niebuhr, Germany and Modern Civilization, in: The Atlantic Monthly 135 (June 1925), 843–849, hier 847 f.

Die Ingenieure, die die technischen Erfolge verantworteten und mit den Architekten die Bürogebäude der Großstädte zu den ikonischen Symbolen Amerikas, den Wolkenkratzern, werden ließen, reisten nicht nach Europa. Sie verstanden ihre technische Berufung als Berufung des Landes, fanden, dass sie für dessen Fortschritt mehr zu bieten hatten als die Politiker. Die von Thorstein Veblen maßgeblich geformte Technokratiebewegung war eine genuin amerikanische Schöpfung. Sie baute auf die pure Wirkungskraft rationalen Planens und Organisierens und zog mit der Verabsolutierung der Technik eine starke Gefolgschaft an. Als die Zeitschrift *The New Republic* 1938 führende Intellektuelle bat, die Bücher zu nennen, die sie geistig am stärksten geformt hätten, rangierte Veblen an erster Stelle. Mencken bemerkte, dass in den späten zehner und zwanziger Jahren jeder mit intellektuellen Ansprüchen seine Werke las. „Es gab Veblenisten, Veblen-Clubs, Veblen-Heilmittel für alle Sorgen in der Welt."[17]

Dass Veblen mit seinem komplizierten Stil den Status als *public intellectual* nicht in einem kulturellen Zusammenhang, sondern als sarkastisch-akademischer Priester des (männlichen) amerikanischen Technikkults erlangte, kennzeichnet die Erwartungshaltung, die man in diesem Land spätestens seit der Jahrhundertwende der Technik gegenüber einnahm.[18] Mit Veblens erweiterter Definition nahm *technology* eine zentrale Stellung in den Debatten über die Nation ein, schloss jedoch weiterhin die ästhetische Dimension aus, wie es bereits bei den Progressivisten der Fall gewesen war. Es wirkte geradezu schockierend, als sich nach langer Zeit schließlich eine Gruppe von Architekten, Künstlern und Freigeistern mit dem Moderneverfechter Alfred Barr zusammentat, um das Museum of Modern Art in New York 1929 als eine Institution zu gründen, die sich gegen das Metropolitan Museum of Art zum Ziel setzte, der Moderne mitsamt der Verknüpfung von Kunst und Technik unter dem Vorzeichen des Internationalismus in den Vereinigten Staaten ein Heim zu geben. Das traf auf viel Widerstand und gab Europa einen wenig willkommenen Zugang. Europa lag weit weg. Es sollte als Experimentierregion für die Desorganisation von Kultur weit wegbleiben.

Bemerkenswert ist, dass der Repräsentant des amerikanischen Ingenieurwesens, der 1928 zum Präsidenten gewählte Ingenieur Herbert Hoover, keineswegs Isolationismus oder Provinzialismus verkörperte, vielmehr das wohl eindrucksvollste Engagement für Europa organisierte und mit der Hoover-Speisung in den Nachkriegsjahren in Mittel- und Osteuropa Geschichte machte, indem er Millionen vorm Hungertod rettete. Als Handelsminister erwarb er sich spezielle Meriten mit der praktischen Anwendung des Ingenieursdenkens: den Regierungsapparat

---

17 Henry L. Mencken, Professor Veblen and the Cow, in: The Smart Set 59 (May 1919), 138–144.

18 Über Veblen als vordersten Vertreter der Männlichkeitsdoktrin der Techniker siehe Ruth Oldenziel, Making Technology Masculine. Men, Women and Modern Machines in America, 1870–1945. Amsterdam: Amsterdam University Press, 1999, 42–46.

zu rationalisieren und zu reformieren. Aber auch Hoover wusste, dass er nur mit dem Versprechen, dem amerikanischen Traum nahezukommen, die Mehrheit für sich gewinnen würde. Bei der Annahme der Nominierung als republikanischer Präsidentschaftskandidat rief er 1928 aus: „Wir in Amerika sind dem endgültigen Triumph über die Armut näher als jemals zuvor in der Geschichte unseres Landes ... Wir haben das Ziel noch nicht erreicht, aber wir werden bald mit Gottes Hilfe den Tag erleben können, an dem Armut aus dieser Nation verbannt sein wird."[19]

Solche Worte an prominenter Stelle sind nicht deshalb bemerkenswert, weil sie anzeigen, wie tief dieser Ingenieurpräsident mitsamt der *exceptional nation* wenig später abstürzte, sondern wie hoch er als Verkünder des amerikanischen Traums stehen konnte, in voller Überzeugung, dass seine Botschaft von der Mehrheit des Landes geteilt wurde. Englische Kritiker lieferten dafür vor und nach dem Schwarzen Freitag, der die Weltwirtschaftskrise zur Folge hatte, scharfsinnige Beobachtungen. Sie formulierten nicht ohne Bosheit, dass das, was die Europäer von Amerika im 20. Jahrhundert übernahmen, die Technik war, und das, was sie ablehnten, weil sie es nicht verstanden, der amerikanische Idealismus. Aus Amerika wollte man den Wirtschaftserfolg, nicht den Glauben der Amerikaner, „*the American creed*", übernehmen.[20] Ein besonders scharfsinniger Kritiker, Collinson Owen, erfasste die Mischung aus Idealismus und geistigem Isolationismus mit dem Begriff *The American Illusion* in dem gleichnamigen Reisebericht. Darin heißt es 1929:

> Es gibt unzählige Individuen in den Vereinigten Staaten, die viel zu fair und zu vernünftig sind, um sich heute noch in solch fantastischen Ideen zu verlieren. Aber die Leute insgesamt, gestützt von den Superpatrioten, einem Teil der Presse, den Politikern, den Filmen sowie dem kuriosen Glauben, dass alles in Amerika notwendigerweise das Wertvollste und Tugendhafteste ist, haben sich in die Überzeugung hineinhypnotisiert, dass Amerika all das geleistet hat, was wichtig war.[21]

Auch dies ein „*bubble*", ein selbst geformter nationaler Innenraum, der wenig später jäh zerplatzte.[22]

Dennoch eine Zeit, in der die Vereinigten Staaten weit über ihre Grenzen hinaus auf die Welt einwirkten, indem sie über den Export ihrer avancierten Produktionstechnik hinaus die Erzeugnisse und Praktiken des avancierten Konsums expor-

---

19 Zit. nach George Harmon Knoles, The Jazz Age Revisited. British Criticism of American Civilization during the 1920's. New York: AMS Press, 1968 (1955), 127.
20 Nolan, Against Exceptionalism, in: American Historical Review 102 (June 1997), 774.
21 Collinson Owen, The American Illusion. London: Ernest Benn, 1929, 238.
22 William Aylott Orton, America in Search of Culture, Boston: Little, Brown, 1933, VII–IX.

tierten – ebendie viel beschworene und viel gehasste Amerikanisierung. Insofern sich hier eine keineswegs geplante Einflussnahme auf andere Kulturen vollzog, die, wie aus deren Reaktionen ersichtlich, als amerikanischer Kulturexport interpretiert wurde, ergab sich damit unter Amerikanern einerseits ein gewisser Stolz, kulturell ernst genommen zu werden, andererseits aber auch Verblüffung, insofern man gewohnt war, die Exporterfolge fraglos der amerikanischen Technik und Wirtschaft zuzuschreiben.

Diesen Zwiespalt machte 1928 der Wirtschaftshistoriker John Carter zum Bestandteil einer ersten Gesamtübersicht über die *„Americanization of international business"* im Buch *Conquest. America's Painless Imperialism*, einer höchst aufschlussreichen Studie über die wirtschaftlichen Exporte nicht nur von Maschinen, sondern auch von Geschäftspraktiken und Filmen, denen er zuschrieb, die „Basis amerikanischer Weltmacht" darzustellen. Als einer der wichtigsten Träger des „schmerzlosen Imperialismus" fungiere der Film:

> In der Periode 1926–1928 entdeckten die Europäer plötzlich, dass der Export amerikanischer Filme direkte Beziehung zum Export amerikanischer Waren hatte. Ausschließlich zur Verlockung von bar zahlenden Kunden an der Filmkasse bestimmt, machten sie beiläufig Reklame für unsere Waren. Sie zeigten amerikanische Produkte, amerikanische Kleidung und amerikanische Methoden, von denen sich viele den ahnungslosen Zuschauern empfahlen. Sie begannen den Weltgeschmack in Kleidung, Möbeln, Autos und so weiter zu formen.[23]

Europa und seine Reaktionen spielen ein große Rolle in Carters Buch. Die Volte am Ende ist bemerkenswert, wenn Carter diesem Export – der Amerikanisierung – den unbeabsichtigten (negativen) Effekt zuschreibt, das zu zerstören, was Amerikaner an Europa schätzten und aufrechterhalten sehen wollen: das alte, pittoreske (und billige) Europa.

Zwiespalt kennzeichnet im Grunde fast jeden Versuch, die Emanzipation amerikanischer Kultur in den zwanziger Jahren im Weltmaßstab auf einen Nenner bringen zu wollen, ohne zwischen politischer Zurückhaltung, finanzpolitischem Druck, cinematografischem und wirtschaftlichen Imperialismus sowie den intensiven Bemühungen stecken zu bleiben, im Ästhetischen amerikanische Kultur angesichts der Technikideologie aufzubauen. Als Gilbert Seldes die volle Anerkennung der amerikanischen Populärkultur verlangte, korrespondierte das mit

---

23 John Carter, Conquest. America's Painless Imperialism. New York: Harcourt, Brace, 1928, 253. Diesen konsumbasierten Imperialismus hat Victoria de Grazia in einer brillanten Studie 70 Jahre später in den größeren historischen Kontext gestellt: Irresistable Empire. America's Advance Through Twentieth-Century Europe. Cambridge, MA: Belknap, 2005 (Das unwiderstehliche Imperium. Amerikas Siegeszug im Europa des 20. Jahrhunderts. Stuttgart: Steiner, 2010).

der Forderung, die Hochhausarchitektur als ureigene Schöpfung amerikanischer Technik der modernen Kultur Europas gleichzustellen. Das allerdings bewahrte nicht vor Enttäuschungen im Umgang mit der eigenen Kultur.

Dafür mag als Beispiel im Bereich des Designs das Eingeständnis stehen, die maßstabsetzende „Exposition internationale des arts décoratifs et industriels modernes" 1925 in Paris nicht beschicken zu können. „Der einzige Grund", konstatierte der Kunsthistoriker Paul Frankl 1928,

> weshalb Amerika auf der Ausstellung dekorativer industrieller Kunst in Paris 1925 nicht vertreten war, lag darin, dass wir fanden, wir hatten keine dekorative Kunst. Nicht nur gab es einen traurigen Mangel an Werken, die ausgestellt werden konnten, sondern wir entdeckten, dass nicht einmal eine ernsthafte Bewegung in dieser Richtung existierte und dass sich die breite Öffentlichkeit nicht dessen bewusst war, dass moderne Kunst in den Bereich von Geschäft und Industrie ausgedehnt worden war. Andererseits hatten wir unsere Wolkenkratzer, und zu der Zeit waren sie in so starkem Maße entwickelt worden, dass damit, wenn es möglich gewesen wäre, ein ganzes Gebäude zur Ausstellung zu schicken, ein belebenderer Beitrag auf dem Gebiet der modernen Kunst geleistet worden wäre als von allen in Europa geschaffenen Dingen zusammen.[24]

Nicht zu vergessen allerdings, dass die Wolkenkratzer in den zwanziger Jahren mit gotischem Beiwerk dekoriert waren – das Gegenteil von dem, was Frankl in Europa faszinierte.

Immerhin wurde die Bemühung der Franzosen, ihren modernen dekorativen Stil (der offenbar erst in den sechziger Jahren das Prädikat Art déco erhielt) in Ablehnung der industrierationalen Bauhausform durchzusetzen, von amerikanischen Adepten wahrgenommen: ein *American Deco* entstand, aus dem sich in den vierziger und fünfziger Jahren die für die Konsumgütergestaltung charakteristische Stromlinienästhetik entwickelte – dann auch mit den zuvor abgelehnten Bauhauselementen.[25]

Mochte das amerikanische Publikum modernes Kunstgewerbe und Design Mitte der zwanziger Jahre auch als fremd empfinden, amerikanische Künstler wollten die herrschende Konsumwelt keineswegs aus ihrer Malerei heraushalten. In der freien Kunst fand die Ablösung vom Akademismus, die zum Jahrhundertbeginn mit der Ashcan School und Alfred Stieglitz' fotografischem Realismus ihre erste Form gefunden hatte, eine neue realistische Zielrichtung, bei der sowohl deutsche

---

24 Dan Klein, Nancy A. McClelland und Malcolm Haslam, „In the Deco Style". New York: Rizzoli, 1986, 158.
25 Gert Selle, Geschichte des Designs in Deutschland. Frankfurt/New York: Campus, 2007, 138 f.

Abb. 13 Thomas Hart Benton, Instruments of Power, 1930/31

Anregungen, vor allem für sozialkritische Bilder (Grosz, Dix), als auch das französische Beispiel von Fernand Léger, dem Meister der Maschinenwelt, zum Tragen kamen. Hier formte sich eine der Neuen Sachlichkeit entsprechende Malerei aus, die sich auf Alltag, Konsum und Technik konzentrierte und daraus mehr Legitimation zog als aus der etablierten Akademiekunst.[26] Stuart Davis entwickelte seine Formen sehr bald aus Gegenständen der Konsumwelt, wie etwa einer Zigarettenpackung, einem verschnörkelten Reklameschriftzug, Charles Sheeler wandte sich Industrie- und Hafenanlagen zu, brachte Kräne, Schornsteine, Hochöfen ins Bild, Objekte, die sich ähnlich als Sujets bei Carl Grossberg finden, allerdings ohne dessen Mystifizierungen. Im Mittleren Westen emanzipierten sich Grant Wood und Thomas Hart Benton, beide mit Lehrzeit in Paris, zu eindrucksvoll kritischen Porträtisten ihrer Region, wobei Benton der Technik eine voll zustimmende, bunt ausgestattete Präsenz verschaffte, wie der Titel des Technikbildes „Instrumente der Macht" klarmacht.

Präzision, nicht immer auf Technik und Industrie bezogen, charakterisierte die Bilder von Sheeler, Charles Demuth, Ralston Crawford, Georgia O'Keeffe und anderen, die den von Kubisten beeinflussten geometrisch orientierten *Precisionism* entwickelten. Jedoch figurierte Technik als verbindende Thematik, der man bereits 1927, ein Jahr vor der Essener Ausstellung „Kunst und Technik", die „Machine-Age Exposition" in New York widmete, in welchen entsprechenden Darstellungen

---

26 Wieland Schmied, Neue Sachlichkeit und Magischer Realismus in Deutschland 1918–1933. Hannover: Fackelträger, 1969, 21–24.

von Maschinen, Fabriken und Erfindungen im Zentrum standen. Fernand Léger entwarf das Titelbild für den Ausstellungskatalog, eine aus Kreisen und geometrischen Elementen elegant konstruierte Konstellation, die er als Äquivalent zur Maschine definierte, verbunden mit seiner Auffassung, dass die Maschine zum architektonischen System gehöre.[27] Léger zählte zu den europäischen Malern dieser Jahre, die amerikanischen Künstlern aus dem Minderwertigkeitsgefühl heraushalfen, indem sie zeigten, dass die Maschinenwelt und die alltägliche Umwelt als Sujets an die Stelle der traditionellen Selbstdarstellung der Kunst zu treten und ihre eigene „Schönheit" auszustrahlen vermochten. Als Erster hatte Marcel Duchamp den Amerikanern den Gedanken nahegebracht, ihre technische Welt nicht nur zu nutzen, sondern auch zu ästhetisieren.

Im Bereich der Architektur lag der Fall der Übernahme europäischer Perspektiven komplizierter. Am Beispiel der Architekturlehre an der darin führenden Harvard University ist der bekannte Architekturhistoriker und Frank-Lloyd-Wright-Spezialist Anthony Alofsin der Geschichte europäischer Einflüsse und besonders der Wirkung des Bauhauses nachgegangen. Zwei, eigentlich drei Generationen nach Thomas Tallmadge entstand mit der Studie *The Struggle for Modernism* (2002) ein anderes Bild amerikanischer Architektur, in dem die von Tallmadge weithin ausgeklammerte, von der Gründung der Museum of Modern Art in New York und dem Zustrom europäischer Architekten in den dreißiger Jahren bestimmte Öffnung zum europäischen Modernismus unter dem Titel *International Style* ins Zentrum rückt.

Alofsin führt an, dass Anfang der zwanziger Jahre das American Institute of Architects (AIA) über die Zielvorstellung diskutierte, „amerikanische Kultur durch Architekturdesign und gleichzeitig durch Berücksichtigung der sozialen Auswirkungen rascher technischer Wandlungen" zu schaffen.[28] Man sei sich der modernen Architektur in Europa bewusst geworden und debattierte bereits 1923/24 in der AIA-Zeitschrift über die Entwicklungen, für die das Werk von Mies van der Rohe und Le Corbusier zentral stand. Die Ausbildung eines genuin amerikanischen *modernism* sei in den dreißiger und vierziger Jahren jedoch durch die Weltwirtschaftskrise, den Weltkrieg und die Beschleunigung des technischen Fortschritts untergraben worden. „In den späten dreißiger Jahren", resümiert Alofsin,

> sahen amerikanische Intellektuelle *European modernism* als eine lebendige Kraft, die dazu benutzt werden könnte, auf dem eigenen Kontinent die von der Wirtschaftskrise

---

27 Dickran Tashjian, Engineering a New Art. In: Richard Guy Wilson, Dianne H. Pilgrim und Dickran Tashjian, The Machine Age in America 1918–1941. New York: Abrams, 1986, 233.
28 Anthony Alofsin, The Struggle for Modernism. Architecture, Landscape Architecture, and City Planning at Harvard. New York/London: Norton, 2002, 10.

erschütterten Praktiken und Ideen zu verjüngen. Am Ende des Zweiten Weltkrieges war *American modernism* fast verschwunden, und die Bemühung, amerikanische Identität vermittels Architektur zu definieren, wurde durch einen Glauben ersetzt, dass europäische Ideen eine tiefe kulturelle Leere füllen würden.[29]

Alofsin hat die Anläufe zur Füllung dieser Leere ausführlich beschrieben. Dabei nimmt Harvard einen prominenten Platz ein, nicht zuletzt mit der Aufnahme von Walter Gropius, der 1934 nach England und 1937 nach Amerika emigrierte. Bei einem Besuch 1928 hatte Gropius amerikanische Architektur damit abgewertet, dass er feststellte: „Es gibt noch keine wahre amerikanische Architektur ... aber bei dem unheimlichen Tempo des amerikanischen Lebens wird sie sicher bald kommen. Die modernste Architektur, die ich hier sah, waren die River-Rouge-Fabrikanlage von Ford und die Kornspeicher Chicagos." Zu dieser Äußerung in der *New York Times* (Mai 27, 1928) merkte der Architekturforscher Winfried Nerdinger an: „Gropius' Darstellung ist reichlich unverständlich, denn schließlich sah er die Bauten [Frank Lloyd] Wrights, [Richard] Neutras und [Rudolph Michael] Schindlers!"[30] Indem Gropius auf die Industriebauten vor 1914 als modernste Architektur verweist, nimmt er ziemlich nachlässig seine damals anerkennende Reaktion wieder auf.

Umso vorsichtiger äußerte sich Gropius bei der unerwartet freundlichen Aufnahme in Harvard, mit der er seine Karriere als selbst gekrönter Lehrer der technikbezogenen Bauhauskonzepte rettete und zum Sprachrohr der in den USA ebenso geförderten wie umstrittenen *modernist architecture* aufstieg. Er lobte die vorbildliche amerikanische Bauwirtschaft, betonte aber auch, „daß er die Amerikaner nicht lehren wolle, wie amerikanische Architektur aussehen solle, und daß er schon gar nicht einen europäischen Stil einführen wolle".[31] Diese Vorsicht war auch nötig, denn er kränkte mit seiner belehrenden Art, ganz abgesehen von der Ausrichtung der Bauhausarchitektur auf Technik, viele seiner amerikanischen Kollegen und Förderer.[32] Als er 1937 Frank Lloyd Wright besuchen wollte, wurde er nicht empfangen,

---

29 Alofsin, The Struggle for Modernism, 10.
30 Nerdinger, Der Architekt Walter Gropius, 20, 27 (Anm. 108); Walter Gropius, Amerikareise 1928/ American Journey 1928, hg. von Gerda Breuer und Annemarie Jaeggi (Katalog). Berlin: Bauhaus-Archiv, 2008.
31 Nerdinger, Der Architekt Walter Gropius, 23.
32 Eine ausführliche Darlegung von Gropius' gemischt-kritischem Empfang in Boston und New York in Alofsin, The Struggle for Modernism, 134–137. Über Gropius' wichtigste Leistung, die Lehre an Harvard, siehe Klaus Herdeg, The Decorated Diagram. Harvard Architecture and the Failure of the Bauhaus Legacy. Cambridge, MA/London: MIT Press, 1983; Wolfgang Thöner, Deutschland, USA und das Bauhaus. Vom „Exportschlager" zum Medium des kulturellen Austauschs. In: Amerika und Deutschland, 155–170.

denn Wright war über den Anspruch einiger Emigranten, die moderne Architektur nach Amerika gebracht zu haben, zutiefst verbittert und rächte sich bei einer Vortragsfolge 1938 in London, in der er den Internationalen Stil von Le Corbusier und Gropius als reine Herrschaft der Maschine über den Menschen bezeichnete, gegen die er seine amerikanische Architektur als organisch und demokratisch stellte.[33]

Das klingt nicht nach dem Silberprinzen – gemäß Paul Klees Witzwort über Gropius –, wie der amerikanische Bestsellerautor Tom Wolfe 1981 Gropius in seiner Polemik *From Bauhaus to Our House* („The Silver Prince") in seiner amerikanischen Aufnahme als Halbgott hinstellte, um die unverhältnismäßig achtungsvolle Rezeption des vom Bauhaus verkörperten, technisch-funktional ausgerichteten europäischen Modernismus und seinen Verkünder zu karikieren.[34] Bereits vier Jahre zuvor hatte der Architekturforscher Wolfgang Pehnt die Bauhaus-kritische Zeitströmung der siebziger Jahre unter dem Titel „Das Bauhaus als Buhmann" in einem Artikel in der *Frankfurter Allgemeinen Zeitung* zusammengefasst, in dem er Gropius' missionarische Ausrichtung an Technik und Maschine als Basis moderner Architektur im hochtechnisierten Zeitalter für überlebt und schädlich erklärte und erläuterte: „Das Bauhaus ist zum Buhmann geworden. Als Synonym für Funktionalismus oder gar Maschine schlechthin wird es zur Rechenschaft gezogen für die gravierenden Eingriffe, die unseren Lebensraum in den letzten Jahrzehnten verkürzt haben."[35] Das vollzog dann Tom Wolfe mit großem Echo für die USA, wobei er gewichtige Argumente für die eigenständige Entwicklung amerikanischer Architektur, besonders in Bezug auf den unterschätzten Frank Lloyd Wright, vorbrachte.

Walter Gropius: kein Silberprinz, aber für das Mit- und Gegeneinander europäischer und amerikanischer Architekturkonzepte in der Mitte des 20. Jahrhunderts mit Le Corbusier und Mies van der Rohe eine wesentliche, vor allem vielmals zitierfähige Gestalt. Dass Gropius im amerikanischen Ausbildungssystem für Architekten eine so zentrale Stellung einnehmen konnte, verdankte er seiner Bauhauslehre mehr als seinen Bauten, vor allem aber auch der Tatsache, dass die in den USA entwickelten industriellen Architekturformen bereits auf die Technikorientierung des Bauhauses vorbereiteten (und er seine allzu technikbegeisterten Äußerungen abschwächte). Was Gropius ebenso wie den Bauhausmeistern Mies van der Rohe, László Moholy-Nagy und Josef Albers breite Resonanz in Amerika eintrug, waren weniger bestimmte Bau- und Designtechniken – von denen man viele bereits

---

33 Nerdinger, Der Architekt Walter Gropius, 24.
34 Tom Wolfe, From Bauhaus to Our House. New York: Washington Square Press, 1981.
35 Wolfgang Pehnt, Das Bauhaus als Buhmann. Eine Vision und ihre Folgen. Versuch einer historischen Kritik, in: Frankfurter Allgemeine Zeitung Nr. 57 (5. März 1977), „Bilder und Zeiten".

nutzte –, sondern die Selbstsicherheit, diese als Teil moderner Kultur öffentlich zu vertreten, wie es Fernand Léger im Bereich der Malerei getan hatte. Dazu brauchte man in den vierziger Jahren, salopp gesagt, Europäer.

Bereits zu Beginn des Jahrhunderts hatte Peter Behrens im Vortrag „Kunst und Technik" die Separierung der beiden Elemente abgelehnt und festgestellt, dass auch der sachlichste Zweckbau eine ästhetische Dimension besitze, die man formen könne und solle. Das erhielt in dem Technikenthusiasmus, den der Technikhistoriker Thomas Hughes bei Gropius konstatierte, seine Fortsetzung.[36] Wie im Architekturkapitel im Hinblick auf Hughes zur Sprache gebracht, liegt in der Sicherheit, mit der Gropius wie seine europäischen Kollegen die ästhetische Dimension der Technik behauptete, ein entscheidender Beitrag der Europäer zur amerikanischen Technikkultur. Es ging nicht um die Technik, sondern um die Einbettung der Technik in die nationale Kultur als eine – auch – ästhetische Kultur.

Unter dem Motto von der zweiten Entdeckung Amerikas durch die Technik, „The Second Discovery of America", in seinem Werk *American Genesis. A Century of Innovation and Technological Enthusiasm, 1870–1970* reflektierte Hughes in den achtziger Jahren die Rolle der Europäer dabei:

> Europäer suchten bei Henry Ford und in den Vereinigten Staaten moderne Technik, aber nicht moderne Hochkultur – Architektur, Kunst und Literatur. Europäische, nicht amerikanische Architekten zielten als Erste in ihren Bauten auf den Gebrauch sowohl moderner Produktionstechnik als auch auf ein ästhetisches Vokabular, um moderne technische Werte wie Effizienz, Präzision, Kontrolle und System auszudrücken. In der Architektur entwickelten Frank Lloyd Wright und Louis Sullivan einfallsreich Konstruktionstechniken und -materialien, aber die Form ihrer Gebäude wurde nicht zum dominierenden Architekturstil der ersten Jahrhunderthälfte.[37]

Hughes erklärte die Tatsache, dass ein deutscher Architekt hier weiterkam als amerikanische Architekten, obwohl oder weil er amerikanische Technikprinzipien anwendete, aus dessen Engagement im sozialen Wohnungsbau der Weimarer Republik.

Diese Umstände hatten um 1930 Lewis Mumford auf die Stadtplanungs- und Wohnungsbauprojekte der Weimarer Republik aufmerksam gemacht. 1932 nahm Mumford seinen Wohnsitz zeitweilig in München, um im Deutschen Museum

---

36 Hughes, American Genesis, 312–319. Zur Vereinigung von Technik und Ästhetik siehe Mauro F. Guillén, The Taylorized Beauty of the Mechanical Scientific Management and the Rise of Modernist Architecture. Princeton: Princeton University Press, 2006, 30 f.

37 Hughes, American Genesis, 309.

und seiner ausgedehnten Bibliothek die Grundlagen für sein großes Werk *Technics and Civilization* zu erarbeiten. Wenig informiert über die aktuelle Politik in Deutschland, entwickelte Mumford eine geradezu überschwängliche Bewunderung für die Nutzung von Technik in gesellschaftlichem Auftrag, die er in Städten wie Berlin und Frankfurt beispielhaft verwirklicht sah. Seine Schriften zur sozialverpflichteten, bereits ökologisch-organische Faktoren reflektierenden Architektur waren vom Werkbund wahrgenommen worden, sein Buch *Sticks and Stones* (1925) wurde sofort unter dem vielsagenden Titel *Vom Blockhaus zum Wolkenkratzer* ins Deutsche übersetzt. Mumford, der Oswald Spengler, Thomas Manns *Zauberberg* und die Werkbund-Zeitschrift *Die Form* auf Deutsch las, schätzte die Resonanz in Deutschland, bei der sein Interesse am kulturellen Kontext der Technik Wertschätzung erfuhr. Obwohl er – bis auf einen Besuch bei Thomas Mann – nur wenig Kontakte mit deutschen Experten hatte,[38] verstand er die in diesem Land und nicht zuletzt im Deutschen Museum gepflegte Einbettung der Technik in kulturelle und gesellschaftliche Bedingungen als Förderung seiner für Amerikaner unüblichen Fixierung auf Technik als Kulturfaktor.

Mumfords Entschluss, für seine historische Darstellung der Technik in *Technics and Civilization* nicht den Begriff *technology*, sondern das dem deutschen Wort *Technik* und das dem griechischen *techné* verwandte *technics* zu verwenden, zeigt seine Intention, damit über *technology* hinauszugehen und Können, Kunst und gesellschaftliche Bedingungen in die Definition einzubeziehen. Mumford entfernte sich damit weit von Veblens Konzentration auf *technology* (mitsamt dessen Propagierung von Technokratie), die dieser um 1900 von der allzu engen Definition als *study of industrial arts* hin zum Einbezug technischer Objekte erweitert hatte. Mit seinem umfassenderen Technikbegriff vertrat Mumford ein Verständnis von Technik, das bei amerikanischen Experten bis dahin unüblich war. Trotz der Technikbegeisterung in diesem Land war die Reflexion der Technik hinter ihrem materiellen Fortschritt zurückgeblieben. Mit *Technics and Civilization* (1934) schuf Mumford das erste Kompendium zur Geschichte der Technik als Teil allgemeiner (westlicher) Geschichte, ging damit auch über die in Deutschland angestrengte, oft zum Philosophisch-Spekulativen tendierende Reflexion hinaus.

Dieses „Hinausgehen" ist der Beachtung wert, insofern es Mumfords Herkunft aus dem amerikanischen Idealismus in den Blick bringt, die ihn wiederum deutschen Lesern fernrückte.[39] Gewiss kam er mit seiner von Karl Bücher übernommenen Hoffnung, dass man Technik und Kunst in einer höheren rhythmischen

---

38 Darüber Einzelheiten in dem grundlegenden Werk von Heinz Tschachler, Lewis Mumford's Reception in German Translation and Criticism. Lanham: University Press of America, 1994.
39 Andrew Jamison, American Anxieties. Technology and the Reshaping of Republican Values. In: The Intellectual Appropriation of Technology, 89–97.

Einheit zusammenführen könne,[40] Bauhausüberzeugungen nahe. Jedoch war der Ansatz, mit dem er Technik sowohl in ihrer Geschichtlichkeit als auch in ihrer gegenwärtigen Erscheinung als dynamischen Faktor in sein Programm moralischer Leistungsfähigkeit einer Gesellschaft platzierte, für Europäer ungewohnt. Mit dieser Platzierung, in der das demokratische Potenzial der Technik ebenso wie ihr Potenzial zur Gemeinschaftsbildung abgewogen wird, eröffnete er einen auf amerikanischem Idealismus beruhenden Diskurs. Er brach ab, sobald das idealisierende Bild des deutschen Technikumgangs mit der Machtübernahme des Nationalsozialismus nicht mehr zutraf. Man hat gemutmaßt, dass Mumford mit der überaus scharfen Verurteilung, schließlich Verdammung des Dritten Reiches die übertrieben wohlwollende Einschätzung der Technik in Weimar, die er später selbst deplatziert nannte,[41] zu kompensieren suchte.

Bei genauerem Studium seines zu dieser Zeit von Spengler beeinflussten Geschichtsprophetismus bietet sich der Schluss an, dass sich Mumford in den Folgerungen seines moralischen Absolutismus selber verfing. Das wird umso augenscheinlicher, wenn man die Desillusionierung in den Blick nimmt, mit der Mumford die Entwicklung der Technik zur Kriegstechnik in den vierziger Jahren einbezog, auch wenn das bereits über die in diesem Buch behandelte Geschichtsperiode hinausweist. Diese Desillusionierung, zunächst auf das nationalsozialistisch gewordene Deutschland bezogen, galt Amerika selbst, das von seinen Idealen des Rationalismus, der Demokratie und der Humanität abfiel, als es die Atombombe zündete und Vietnam mit Napalm überzog. Für Mumford war es der „Nazismus", dessen „Methoden die Köpfe und Pläne der Feinde durchdrang und begann, die Wissenschaft, die Technik und die Politik des sogenannten Atomzeitalters zu dominieren". „Hitler hat trotzdem den Krieg gewonnen."[42]

War das nur die Mumford'sche Version der vielmals formulierten Kritik an Amerika als Abtrünniger seiner eigenen Ideale? In der vorliegenden Untersuchung der deutschen und amerikanischen Einstellungen zu Technik, Kultur und Moderne setzt das zumindest einen dramatischen Schlusspunkt, insofern es zwei Faktoren klarer hervortreten lässt.

Da ist zum einen die Bestätigung, dass der Blick auf Technik mit ihrem unterschiedlichen Umgang den transatlantischen Rivalitäten seit dem späten 19. Jahrhundert, die im Allgemeinen anhand von Politik, Wirtschaft, Flotten- und Kriegspolitik untersucht werden, ein ungewohntes und stimulierendes Profil verschafft. Lewis

---

40 Lewis Mumford, Technics and Civilization. New York: Harcourt, 1963 (1934), 344.
41 Mumford, Values for Survival. Essays, Addresses, and Letters on Politics and Education. New York: Harcourt, 1946, zit. nach Heinz Tschachler, „Hitler Nevertheless Won the War". Lewis Mumford's ‚Germany' and American Idealism, in: Amerikastudien/American Studies 44 (1999), 95–111, hier 99.
42 Siehe Tschachlers Artikel „Hitler Nevertheless Won the War".

Mumford, der amerikanische Kulturkritiker und Technikhistoriker, schuf mit seinem globalen Zugriff auf Technik die Voraussetzungen für die von Thomas Hughes herausgehobene zweite Entdeckung Amerikas durch die Technik, verdeutlichte sie in ihrem erfinderischen Aufgang und moralischen Niedergang. Gegenüber dem skeptisch-kreativen Umgang mit Technik in Deutschland und Europa konturiert sich Amerikas Technikoptimismus in seiner vereinseitigenden Identitätsstiftung. Dem europäischen Impuls, der die Amerikaner dazu brachte, der zweiten Geburt der Nation aus der Technik auch die ästhetische Legitimation zu verleihen, schrieb Hughes die Vollendung dieser Geburt zu.

Daraus folgt zum anderen, dass diese Rivalitäten weit über die von Historikern und Amerikaexperten theoretisch und politisch ausgeschöpften Antagonismen Deutschland-Amerika, Europa-Amerika hinausreichen. Sie wurden zur Aktion, zur Realität, beförderten unterschiedliche Programme für technischen Fortschritt und den Umgang mit Technik. Diese Rivalität hat der Epoche zwischen 1880 und 1930 besondere Kreativität und Höhepunkte, besondere Wunsch- und Feindbilder verschafft. Europäer kultivierten sie im Pro- und Antiamerikanismus, Amerikaner in Nähe und Distanz zu Europa und seiner Kultur. Der Erste Weltkrieg formte ein neues Feindbild von Deutschland und orchestrierte den Auftritt der Vereinigten Staaten als Großmacht, der Zweite Weltkrieg formte ein Schreckbild von Deutschland und erhob die USA zur Weltmacht. Ein Beobachter wie Lewis Mumford, der beide Seiten des Atlantiks und ihre Technik im Blick hatte, dämpfte das Vertrauen in die Überlegenheit. Während Reinhold Niebuhr 1925 in Bezug auf Deutschland eine generelle politische und moralische Warnung aussprach, dass Amerikaner nicht glauben sollten, sie seien über die selbst verschuldeten Konflikte der Europäer erhaben, griff Mumford 20 Jahre später zu der viel schärferen Aussage, dass Amerika längst in die barbarischen Fußtapfen der Deutschen getreten sei.

Damit gewinnt das Bild transatlantischer Rivalitäten im Zeitraum zwischen 1880 und 1930 eine über Politik, Gesellschaft und Wirtschaft hinausreichende Erweiterung, die den Wettlauf um die Moderne erst voll in seiner Farbigkeit und langdauernden Wirkung auf Kunst und Leben erschließen lässt. Zwar wird diese Epoche von der Dramatik der folgenden Jahrzehnte wohl in den Schatten gestellt. Jedoch zeichnet sich ab, dass diese Rivalitäten unter den Auspizien der auf beiden Seiten des Atlantiks unterschiedlich entwickelten modernen Kultur eine später kaum erreichte Bandbreite an technischen und künstlerischen Innovationen hervorgebracht haben.

15. Auswahlbibliografie

Anthony Alofsin, The Struggle for Modernism. Architecture, Landscape Architecture, and City Planning at Harvard. New York/London: Norton, 2002.

Amerika und Deutschland. Ambivalente Begegnungen, hg. von Frank Kelleter und Wolfgang Knöbl. Göttingen: Wallstein, 2006.

Volker R. Berghahn, War Preparations and National Identity in Imperial Germany. In: Anticipating Total War. The German and American Experiences, 1871–1914, hg. von Manfred E. Boemeke, Roger Chickering und Stig Förster. Cambridge: Cambridge University Press, 1999, 307–326.

Randolph S. Bourne, War and the Intellectuals. Collected Essays, 1915–1919, hg. von Carl Resnik. Indianapolis/Cambridge: Hackett, 1999 (Reprint).

Patricia Bradley, Making American Culture. A Social History, 1900–1920. New York: Palgrave Macmillan, 2009.

Hans-Joachim Braun, Franz Reuleaux und der Technologietransfer zwischen Deutschland und Nordamerika am Ausgang des 19. Jahrhunderts, in: Technikgeschichte 48:2 (1981), 112–130.

Eric Dorn Brose, The Kaiser's Army. The Politics of Military Technology in Germany during the Machine Age, 1870–1918. Oxford: Oxford University Press, 2001.

Tilmann Buddensieg, Industriekultur. Peter Behrens und die AEG 1907–1914. Berlin: Mann, 1979.

Joan Campbell, The German Werkbund. The Politics of Reform in the Applied Arts. Princeton: Princeton University Press, 1978.

Changing Attitudes Toward American Technology, hg. von Thomas Parke Hughes. New York: Harper & Row, 1975.

Ruth Schwartz Cowan, A Social History of American Technology. New York/Oxford: Oxford University Press, 1997.

Das Neue Jahrhundert. Europäische Zeitdiagnosen und Zukunftsentwürfe um 1900, hg. von Ute Frevert. Göttingen: Vandenhoeck & Ruprecht, 2000.

Der Tod als Maschinist. Der industrialisierte Krieg 1914–1918, hg. von Rolf Spieker und Bernd Ulrich. Bramsche: Rasch, 1998 (Katalog).

European Historiography of Technology, hg. von Dan Ch. Christensen. Odense: Odense University Press, 1993.

German and American Nationalism. A Comparative Perspective, hg. von Hartmut Lehmann und Hermann Wellenreuther. Oxford/New York: Berg, 1999.

German Modernities from Wilhelm to Weimar. A Contest of Futures, hg. von Geoff Eley, Jennifer L. Jenkins und Tracie Matysik. London: Bloomsbury, 2016.

Geschichte und Vergleich. Ansätze und Ergebnisse international vergleichender Geschichtsschreibung, hg. von Heinz-Gerhard Haupt und Jürgen Kocka. Frankfurt/New York: Campus, 1996.

Sigfried Giedion, Mechanization Takes Command. A Contribution to Anonymous History. Oxford: Oxford University Press, 1948.

Jessica C. E. Gienow-Hecht, Sound Diplomacy. Music and Emotions in Transatlantic Relations, 1850–1920. Chicago: University of Chicago Press, 2009.

Mikael Hård und Andrew Jamison, Hubris and Hybrids. A Cultural History of Technology and Science. New York: Routledge, 2005.

Jeffrey Herf, Reactionary Modernism. Technology, Culture, and Politics in Weimar and the Third Reich. Cambridge: Cambridge University Press, 1984.

Gary Herrigel, Industrial Constructions. The Sources of German Industrial Power. Cambridge: Cambridge University Press, 1996.

Martina Heßler, Kulturgeschichte der Technik. Frankfurt/New York: Campus, 2012.

Thomas P. Hughes, American Genesis. A Century of Invention and Technological Enthusiasm, 1870–1970. New York: Viking Penguin, 1989.

Thomas P. Hughes, Human-Built World. How to Think about Technology and Culture. Chicago/London: University of Chicago Press, 2004.

Thomas P. Hughes, Networks of Power. Electrification in Western Society, 1880–1930. Baltimore/London: Johns Hopkins University Press, 1983.

In Context. History and the History of Technology. Essays in Honor of Melvin Kranzberg, hg. von Stephen H. Cutcliffe und Robert C. Post. Bethlehem: Lehigh University Press, 1989.

Georg Kamphausen, Die Erfindung Amerikas in der Kulturkritik der Generation von 1890. Weilerswist: Velbrück, 2002.

John F. Kasson, Civilizing the Machine. Technology and Republican Values in America, 1776–1900. New York: Grossman, 1976.

Egbert Klautke, Unbegrenzte Möglichkeiten. „Amerikanisierung" in Deutschland und Frankreich (1900–1933). Stuttgart: Steiner, 2003.

Dan Klein, Nancy A. McClelland und Malcolm Haslam, „In the Deco Style". New York: Rizzoli, 1986.

Christian Kleinschmidt, Technik und Wirtschaft im 19. und 20. Jahrhundert. München: Oldenbourg, 2007.

Wolfgang König, Der Gelehrte und der Manager. Franz Reuleaux (1829–1905) und Alois Riedler (1850–1936) in Technik, Wissenschaft und Gesellschaft. Stuttgart: Steiner, 2014

Wolfgang König, Der Kulturvergleich in der Technikgeschichte, in: Archiv für Kulturgeschichte 85 (2003), 413–435.

Wolfgang König, Künstler und Strichezieher. Konstruktions- und Technikkulturen im deutschen, britischen, amerikanischen und französischen Maschinenbau zwischen 1850 und 1930. Frankfurt: Suhrkamp, 1999.

Wolfgang König, Technikgeschichte. Eine Einführung in ihre Konzepte und Forschungsergebnisse. Stuttgart: Steiner, 2009.

Kunst und Technik in den 20er Jahren. Neue Sachlichkeit und Gegenständlicher Konstruktivismus. 2. Juli–10. August 1980. München: Städtische Galerie im Lenbachhaus, 1980 (Katalog).

William Leach, Land of Desire. Merchants, Power, and the Rise of a New American Culture. New York: Pantheon, 1993.

Jutta Locherer, Wege in die Konsumgesellschaft. Deutschland und USA im Vergleich. Saarbrücken: VDM Verlag Dr. Müller, 2007.

Karl-Heinz Ludwig, Technik und Ingenieure im Dritten Reich. Düsseldorf: Droste, 1974.

John V. Maciuika, Before the Bauhaus. Architecture, Politics, and the German State, 1890–1920. Cambridge/New York: Cambridge University Press, 2005.

Leo Marx, The Machine in the Garden. Technology and the Pastoral Ideal in America. London/New York: Oxford University Press, 1964.

Henry F. May, The End of American Innocence. A Study of the First Years of Our Own Time 1912–1917. Oxford/New York: Oxford University Press, 1979 (1959).

William H. McNeill, The Pursuit of Power. Technology, Armed Forces, and Society since A.D. 1000. Chicago: University of Chicago Press, 1982.

Carl Mitcham, Thinking through Technology. The Path between Engineering and Philosophy. Chicago: University of Chicago Press, 1994.

Modernist Culture in America, hg. von Daniel Joseph Singal. Belmont, CA: Wadsworth, 1991.

Multiple Modernities, hg. von Shmuel N. Eisenstadt. New Brunswick/London: Transaction, 2002.

Lewis Mumford, Technics and Civilization. New York: Harcourt, 1963 (1934).

Winfried Nerdinger, Der Architekt Walter Gropius. Berlin: Mann, 1996.

Mary Nolan, The Transatlantic Century. Europe and America, 1890–2010. Cambridge: Cambridge University Press, 2012.

Mary Nolan, Visions of Modernity. American Business and the Modernization of Germany. New York/Oxford: Oxford University Press, 1994.

Miles Orvell, The Real Thing. Imitation and Authenticity in American Culture, 1880–1940. Chapel Hill, NC: University of North Carolina Press, 1989.

Joachim Radkau, Technik in Deutschland. Vom 18. Jahrhundert bis zur Gegenwart. Frankfurt: Suhrkamp, 1989.

Bernhard Rieger, Technology and the Culture of Modernity in Britain and Germany, 1890–1945. Cambridge: Cambridge University Press, 2005.

Daniel T. Rogers, Atlantic Crossings. Social Politics in a Progressive Age. Cambridge, MA: Harvard University Press, 1998.

Thomas Rohkrämer, Eine andere Moderne? Zivilisationskritik, Natur und Technik in Deutschland 1880–1933. Paderborn: Schöningh, 1999.

Sache/Ding. Eine ästhetische Leitdifferenz in der Medienkultur der Weimarer Republik, hg. von Oliver Jahraus, Michaela Nicole Raß und Simon Eberle. München: edition text + kritik, 2017.

Tobias Sander, Die doppelte Defensive. Soziale Lage, Mentalitäten und Politik der Ingenieure in Deutschland 1890–1933. Wiesbaden: VS Verlag für Sozialwissenschaften, 2009.

Adelheid von Saldern, Amerikanismus. Kulturelle Abgrenzung von Europa und US-Nationalismus im frühen 20. Jahrhundert. Stuttgart: Steiner, 2013.

Adelheid von Saldern, Kunstnationalismus. Die USA und Deutschland in transkultureller Perspektive 1900–1945. Göttingen: Wallstein, 2021.

Alexander Schmidt, Reisen in die Moderne. Der Amerika-Diskurs des deutschen Bürgertums vor dem Ersten Weltkrieg im europäischen Vergleich. Berlin: Akademie, 1997.

Andreas Schüler, Erfindergeist und Technikkritik. Der Beitrag Amerikas zur Modernisierung und die Technikdebatte seit 1900. Stuttgart: Steiner, 1990.

Christian Schwaabe, Die deutsche Modernitätskrise. Politische Kultur und Mentalität von der Reichsgründung bis zur Wiedervereinigung. München: Fink, 2005.

Frederic J. Schwartz, The Werkbund. Design Theory and Mass Culture before the First World War. New Haven/London: Yale University Press, 1996.

Howard P. Segal, Technological Utopianism in American Culture. Chicago: University of Chicago Press, 1985.

William T. Spoerri, The Old World and the New. A Synopsis of Current European Views on American Civilization. Zürich/Leipzig: Niehans, 1936.

William T. Stead, The Americanization of the World or The Trend of the Twentieth Century. New York/London: Markley, 1902.

John M. Staudenmaier, S. J., Technology's Storytellers. Reweaving the Human Fabric. Cambridge, MA: MIT Press, 1985.

Thomas E. Tallmadge, The Story of Architecture in America. New York: Norton, 1936.

Technikgeschichte. Basistexte, hg. von Wolfgang König. Stuttgart: Steiner, 2010.

Technik in der Literatur. Ein Forschungsüberblick und zwölf Aufsätze, hg. von Harro Segeberg. Frankfurt: Suhrkamp, 1987.

Technik und Kultur. Bedingungs- und Beeinflussungsverhältnisse, hg. von Gerhard Banse und Armin Grunwald. Karlsruhe: KIT, 2010.

Technik und Kultur in 10 Bänden, hg. von Armin Hermann und Wilhelm Dettmering. Düsseldorf: VDI-Verlag, 1989 ff.

Technische Intelligenz und „Kulturfaktor Technik". Kulturvorstellungen von Technikern und Ingenieuren zwischen Kaiserreich und früher Bundesrepublik Deutschland, hg. von Burkhard Dietz. Münster: Waxmann, 1996.

Technologies of Power. Essays in Honor of Thomas Parke Hughes and Agatha Hughes, hg. von Michael Thad Allen und Gabrielle Hecht. Cambridge, MA: MIT Press, 2001.

Technologie und Kultur. Europas Blick auf Amerika vom 18. bis zum 20. Jahrhundert, hg. von Michael Wala und Ursula Lehmkuhl. Köln/Weimar/Wien: Böhlau, 2000.

The American Century in Europe, hg. von R. Laurence Moore und Maurizio Vaudagna. New York: Cornell University Press, 2003.

The Intellectual Appropriation of Technology. Discourses on Modernity, 1900–1939, hg. von Mikael Hård und Andrew Jamison. Cambridge, MA/London: MIT Press, 1998.

The Mechanics of Internationalism. Culture, Society, and Politics from the 1840s to the First World War, hg. von Martin H. Geyer und Johannes Paulmann. Oxford/New York: Oxford University Press, 2001.

The Social Construction of Technological Systems. New Directions in the Sociology and History of Technology, hg. von Wiebe E. Bijker, Thomas P. Hughes und Trevor Pinch. Cambridge, MA/London: Cambridge University Press, 1987.

The Technological Imagination. Theories and Fictions, hg. von Teresa de Lauretis, Andreas Huyssen und Kathleen M. Woodward. Madison, WI: Coda, 1980.

John A. Thompson, Reformers and War. American Progressive Publicists and the First World War. Cambridge: Cambridge University Press, 1987.

Cecilia Tichi, Shifting Gears. Technology, Literature, Culture in Modernist America. Chapel Hill/London: University of North Carolina Press, 1987.

Rick Tilman, The Intellectual Legacy of Thorstein Veblen. Unresolved Issues. Westport, CT: Greenwood, 1996.

Transatlantic Divide. Comparing American and European Society, hg. von Alberto Martinelli. Oxford: Oxford University Press, 2007.

Transatlantic Images and Perceptions. Germany and America since 1776, hg. von David E. Barclay und Elisabeth Glaser-Schmidt. Cambridge: Cambridge University Press, 1997.

Karsten Uhl, Technology in Modern German History. 1800 to the Present. London: Bloomsbury, 2022.

Adelheid Voskuhl, Engineering Philosophy. Theories of Technology, German Idealism, and Social Order in High-Industrial Germany, in: Technology and Culture 57 (2016), 721–752.

Carl Wege, Buchstabe und Maschine. Beschreibung einer Allianz. Frankfurt: Suhrkamp, 2001.

Wettlauf um die Moderne. Die USA und Deutschland 1890 bis heute, hg. von Christof Mauch und Kiran Klaus Patel. München: Pantheon, 2008.

Willkommen und Abschied der Maschinen. Literatur und Technik – Bestandsaufnahme eines Themas, hg. von Erhard Schütz. Essen: Klartext, 1988.

Richard Guy Wilson, Dianne H. Pilgrim und Dickran Tashjian, The Machine Age in America 1918–1941. New York: Abrams, 1986 (Katalog).

Tom Wolfe, From Bauhaus to Our House. New York: Washington Square Press, 1981.

Zur Diagnose der Moderne, hg. von Heinrich Meier. München/Zürich: Piper, 1990.

Zwei Wege in die Moderne. Aspekte der deutsch-amerikanischen Beziehungen 1900–1918, hg. von Ragnhild Fiebig-von Hase und Jürgen Heideking. Trier: Wissenschaftlicher Verlag, 1998.

16. Abbildungsnachweis

Abb. 1: © bpk / de Agostini / New Picture Library / Biblioteca Ambrosiana
Abb. 2: © akg-images / Science Source
Abb. 3: © Estate Thomas & Agatha Hughes
Abb. 4: © akg-images
Abb. 5: gemeinfrei
Abb. 6: © akg-images / Heritage Art/Heritage Images
Abb. 7: © akg-images / fine-art-images
Abb. 8: © bpk / Kunstbibliothek, SMB / Knud Petersen
Abb. 9: © Deutsches Literaturarchiv Marbach
Abb. 10: © MIK-Museum Industriekultur Osnabrück
Abb. 11: © akg-images / Erich Lessing
Abb. 12: © VG Bild-Kunst, Bonn 2024
Abb. 13: © T. H. Benton and R. P. Benton Trusts / VG Bild-Kunst, Bonn 2024

17. Personenregister

A

Adorno, Theodor W.   62, 179
Albers, Josef   199
Alofsin, Anthony   197, 198
Arnold, Matthew   37, 70, 71

B

Bacon, Raymond   147
Baker, Josephine   186
Banham, Reyner   106, 107
Barnes, Djuna   186
Barney, Natalia Clifford   186
Barr, Alfred   192
Baudelaire, Charles   52
Beach, Sylvia   186
Beard, Charles A.   41, 72, 73, 91, 127
Beard, Mary Ritter   72, 73, 91, 127
Bebel, August   43
Bechet, Sidney   186
Becker, Carl Heinrich   190
Beethoven, Ludwig van   38
Behne, Adolf   114
Behrens, Peter   106, 110, 111, 112, 113, 114, 115, 123, 200
Behring, Emil   29
Bell, Alexander Graham   49, 50
Bellamy, Edward   43
Benjamin, Walter   118
Benton, Thomas Hart   196
Benz, Carl   23
Berghoff, Hartmut   83
Bismarck, Otto von   19, 38, 59, 102, 120, 121
Bloch, Ernst   22
Bollenbeck, Georg   52, 120
Bonn, Moritz Julius   165

Bosselt, Rudolf   155
Bourne, Randolph   60, 61, 72, 92, 119, 137, 143, 144, 185
Brandeis, Louis   43
Brecht, Bertolt   179
Briand, Aristide   169
Brinkmann, Ludwig   86, 87, 89
Brooke, Rupert   96
Brooks, Van Wyck   69, 70, 71, 91, 119, 125, 127, 185
Broomfield, Louis   186
Brose, Eric Dorn   134
Buber, Martin   86. 87
Bücher, Karl   201
Burnham, Daniel   38, 39
Butler, Nicholas Murray   34

C

Calder, Alexander   186
Caprivi, Leo von   76
Carter, John   194
Cassatt, Mary   67
Cézanne, Paul   130, 160
Chaplin, Charlie   186, 187
Charpentier, Alexandre   67
Copland, Aaron   187
Crane, Hart   186
Crane, Stephen   72
Crawford, Ralston   196
Creel, George   146
Croly, Herbert   58, 66, 96, 144
Cummings, E. E.   186

D

Dana, John Cotton   95, 96 97, 98, 100
Daimler, Gottlieb   23

Davis, Stuart   196
Dawson, William Harbutt   24, 25, 50, 92, 141
Demuth, Charles   181, 186, 196
Dewey, John   60, 143, 144
Dix, Otto   195
Doesburg, Theo van   172, 179
Doolittle, Hilda   186
Dos Passos, John   119, 186
Dostojewski, Fjodor   53
Dreiser, Theodore   72
Du Bois-Reymond, Emil   29, 30
Duchamp, Marcel   128, 197
Duncan, Isadora   186

E

Edison, Thomas Alva   17, 23, 131, 132, 133, 134, 148
Ehrlich, Paul   28
Eiffel, Gustave   85
Eisenstadt, Shmuel N.   126
Elias, Norbert   79, 80, 81
Elmslie, George Grant   104
Emerson, Ralph Waldo   27, 68, 118, 119
Endell, August   155
Epstein, Jean   128

F

Feininger, Lyonel   157, 171, 173
Feldman, Gerald   167
Fitzgerald, F. Scott   130, 186
Fitzmaurice, James   168
Flaubert, Gustave   52
Flexner, Abraham   31, 36
Fluck, Winfried   166
Foerster, Norman   185
Ford, Henry   104, 164, 166, 200
Francke, Kuno   110
Frankl, Paul   195
Franklin, Benjamin   32
Friedrich der Große   110

Fritzsche, Peter   169, 170
Fuchs, Eckhardt   190
Fuller, Loie   186

G

Gauguin, Paul   128
Gay, Peter   151, 152, 162
George, David Lloyd   139, 140
George, Stefan   54
Geyer, Michael   135, 149, 182
Giedion, Sigfried   107, 171
Gilbert, Cass   104
Gilman, Daniel Coit   33
Gispen, Kees   166, 167
Goethe, Johann Wolfgang von   23, 27, 38
Grant, Ulysses   16
Gropius, Walter   103, 105, 106, 110, 111, 112, 113, 114, 155, 157, 171, 173, 174, 175, 198, 199, 200
Grossberg, Carl   180, 196
Grosz, George   195
Grote, Hermann   16, 17
Guggenheim, Peggy   186
Guimard, Hector   67
Gundolf, Friedrich   54

H

Hamann, Richard   81, 82, 86, 89, 101, 154
Harbou, Thea von   170
Hardensett, Heinrich   179
Harjes, Philipp   18
Hauser, Heinrich   179
Hartley, Marsden   188
Hauptmann, Gerhart   53, 120
Helmholtz, Hermann von   29, 30
Hemingway, Ernest   130, 185, 186
Hermand, Jost   82, 161
Herzog, Wilhelm   137, 138, 140, 141
Heuss, Theodor   156
Higginson, Thomas Wentworth   28, 29, 37, 39, 69

Hindenburg, Paul von   135
Hintze, Otto   81
Hitler, Adolf   183, 202
Hobsbaum, Eric   53
Hoerle, Heinrich   179
Hofmannsthal, Hugo von   154
Hoover, Herbert   192, 193
Horkheimer, Max   61
Howe, Frederic C.   24, 59, 60, 61
Howell, William Dean   42, 124
Hughes, Langston   186
Hughes, Thomas Parke   13, 50, 51, 52, 57, 72, 91, 112, 113, 159, 200, 203
Humboldt, Alexander von   29
Humboldt, Wilhelm von   31
Hünefeld, Günther von   168
Huret, Jules   21, 22, 23, 24, 25, 50, 91, 92, 141, 169
Husserl, Edmund   152, 153
Huxley, Thomas Henry   20, 29

I

Ibsen, Henrik   53

J

Jäckh, Ernst   156
James, Harold   20
James, Henry   68, 185
James, William   68, 72
Joyce, James   126
Jünger, Ernst   179, 181, 182, 183

K

Kahn, Albert   104, 106, 111
Kaiser, Georg   155
Kamphausen, Georg   44
Kandinsky, Wassily   173
Kant, Immanuel   101
Kasson, John F.   42
Kaulbach, Wilhelm von   66
Kelleter, Frank   42

Kennan, George F.   152
Kennedy, David M.   148
Kirkland, James Hampton   33
Klee, Paul   173, 199
Koch, Robert   29
Köhl, Hermann   168
König, Wolfgang   18, 50, 76, 77, 78, 83
Koselleck, Reinhart   54
Kragh, Helge   52
Krannhals, Paul   178
Krutch, Joseph Wood   188, 189
Küpper, Hannes   178

L

Lamprecht, Karl   36
Lamszus, Wilhelm   134, 136
Lang, Fritz   155, 168, 170
Leach, William   95, 96
Le Corbusier (Charles-Édouard Jeanneret-Gris)   91, 103, 105, 106, 110, 113, 114, 123, 172, 173, 197, 199
Léger, Fernand   195, 196, 197, 200
Lenbach, Franz von   66
Lenoir, Timothy   30, 31
Lethen, Helmut   161
Levine, Lawrence   37, 38
Lewis, Sinclair   185, 188
Lichtenberger, Henri   92
Lichtwark, Alfred   107
Liebermann, Max   120
Liliencron, Detlev von   154
Lincoln, Abraham   32
Lindbergh, Charles   168
Lippmann, Walter   68, 144
Lissitzky, El   179
Longfellow, Henry Wadsworth   27
Loos, Adolf   38, 39, 103
Lublinski, Samuel   119, 120, 121
Lüddecke, Theodor   165
Ludendorff, Erich   135

Ludwig, Carl 33
Lux, H. 139

M
Maciuika, John V. 102
Madison, James 68
Manet, Édouard 53
Mann, Heinrich 137
Mann, Thomas 54, 140, 169, 201
Marinetti, Emilio Filippo Tommaso 65, 119
Marshall, Edward 131
Martel, Gordon 158
Martinelli, Alberto 10
Matisse, Henri 96, 128, 130
Matschoß, Conrad 85
Mauch, Christof 9, 10
Marx, Karl 43, 70
Marx, Leo 42, 43
May, Ernst 175
May, Henry 124, 125, 127, 129
Mayer, Eduard von 54, 55
McNeill, William H. 134
Meidner, Ludwig 136
Mencken, Henry Louis 72, 127, 185, 191, 192
Menzel, Adolph 42
Meyer, Adolf 111
Meyer, Hannes 176
Meyer, Henry Cord 169
Michalski, Heinrich 139
Mies van der Rohe, Ludwig 106, 110, 113, 173, 175, 197, 199
Mill, John Stuart 70
Miller, Henry 186
Moholy-Nagy, László 199
Möller, Theodor 102
Morris, William 70, 108, 109
Mortane, Jacques 168, 169
Müller, Sebastian 110
Mumford, Lewis 183, 200, 201, 202, 203
Munch, Edvard 53
Münsterberg, Hugo 36
Muthesius, Hermann 93, 100, 102, 107, 108, 109, 111, 114, 121, 122, 155, 156, 177

N
Naumann, Friedrich 98, 99, 100, 101, 102, 107, 114, 123, 155, 177
Nerdinger, Winfried 198
Neutra, Richard 198
Niebuhr, Reinhold 191, 203
Nin, Anaïs 186
Nietzsche, Friedrich 52, 54, 70, 71, 72, 118, 120

O
Oberth, Hermann 168
Obrist, Hermann 155
O'Keefe, Georgia 96
Orvell, Miles 118
Opel, Fritz von 168
Ostwald, Wilhelm 36
Overbeck, Gerta 180
Owen, Collinson 193
Ozenfant, Amédée 172

P
Paletschek, Sylvia 31
Palmer, A. Mitchell 148
Patten, Simon N. 143
Patel, Kiran Klaus 9, 10
Paulsen, Friedrich 31
Pehnt, Wolfgang 199
Peukert, Detlev 161, 162, 167, 169, 175
Pevsner, Nikolaus 106, 107, 109, 171
Picasso, Pablo 128, 130, 160, 187
Piloty, Carl Theodor von 66
Platzhoff, Eduard 100
Plessner, Helmuth 79, 151, 153, 162
Poe, Edgar Allan 68

Poelzig, Hans   111, 112, 114
Posener, Julius   89, 101, 107, 155

R

Radkau, Joachim   83, 133, 148, 149, 164
Radziwill, Franz   180
Rathenau, Emil   17
Ray, Man   186
Reger, Erik   178
Reismann-Grone, Theodor   178
Renan, Ernest   70
Reuleaux, Franz   7, 15, 16, 17, 18, 19, 20, 83, 115
Richardson, Malcolm   190
Riedler, Alois   85, 149
Riezler, Walter   156
Ringer, Fritz   36, 55
Rodin, Auguste   70
Roebling, John Augustus   23
Roosevelt, Theodore   145
Ropohl, Günter   57
Ross, Dorothy   125, 127, 162
Roth, Joseph   179
Roth, Ralf   44

S

Saldern, Adelheid von   175
Santayana, George   68, 69, 71, 124
Sargent, John Singer   67
Schatzberg, Eric   41
Scheffler, Karl   87, 88, 89, 108, 137, 141
Schindler, Rudolph Michael   198
Schlemmer, Oskar   172
Schmidt, Alexander   44
Schmitz, Oskar A. H.   141
Schmoller, Gustav   41
Schönemann, Friedrich   165
Schopenhauer, Arthur   120
Schultze-Naumburg, Paul   98, 174
Schurman, Jacob Gould   189, 190
Schütz, Erhard   178

Schwab, Alexander   176
Seiwert, Franz Wilhelm   179
Seldes, Gilbert   186, 187, 194
Sheeler, Charles   181, 196
Shils, Edward   34, 35
Showalter, Dennis   132
Sigrist, Albert s. Schwab, Alexander
Simmel, Georg   41, 152
Simons, Leo   146, 147
Sinclair, Upton   58, 72
Sloterdijk, Peter   161
Sombart, Werner   36, 41, 44, 55, 56, 98, 100, 101, 123, 152
Spengler, Oswald   200, 201
Steffens, Lincoln   58, 72
Stein, Gertrude   130, 185, 186, 187
Stein, Leo   130
Stein, Lorie A.   123
Steinmetz, Willibald   161
Stephan, Heinrich von   49, 50
Stevens, Wallace   68
Stickley, Gustav   93
Stieglitz, Alfred   128, 195
Strand, Paul   181
Strawinsky, Igor   186
Strindberg, August   53
Stresemann, Gustav   190
Sullivan, Louis   39, 103, 104, 109, 200

T

Tallmadge, Thomas E.   104, 106, 109, 197
Taut, Bruno   155, 157, 172, 175
Taylor, Frederick Winslow   45, 46, 164, 166
't Hooft, Willem Visser   8, 11, 44
Thompson, Dorothy   188
Tichi, Cecilia   46
Tirpitz, Alfred von   133
Tocqueville, Alexis de   44
Toller, Ernst   154, 155
Tolstoi, Leo   63
Tönnies, Ferdinand   36

Troeltsch, Ernst   36, 158
Troy, Nancy J.   123

U
Unwind, William Cawthorne   139, 140

V
Vallentin, Berthold   54
Van de Velde, Henri   98, 155
van Gogh, Vincent   128
Veblen, Thorstein   19, 40, 41, 43, 57, 99, 109, 142, 143, 192, 201
Verneuil, Maurice   93, 94
Virchow, Rudolf   30

W
Wagner, Martin   175
Wagner, Richard   120
Wanamaker, John   86, 97, 129
Weber, Max   36, 41, 44, 69, 127, 152, 153, 154, 161, 162
Weir, John Ferguson   42
Welch, William   33
Wengenroth, Ulrich   158

Werner, Anja   33
Westheim, Paul   160, 171
White, Andrew   33
Whistler, James   67
Whitman, Walt   37, 68, 70, 119
Wilhelm II., Kaiser   23, 75, 76, 77, 78, 110, 120, 121, 122, 133, 141
Wilhelm-Kästner, Kurt   177
Wilson, Woodrow   132, 143, 144, 145, 146, 147, 148, 158, 165, 186, 189
Williams, Ernest Edwin   20, 29
Wittrock, Björn   126, 162
Wohl, Robert   152
Wolf, Friedrich   179
Wolfe, Tom   199
Wood, Grant   186, 196
Wright, Frank Lloyd   103, 104, 106, 109, 110, 113, 198, 199, 200

Z
Zobeltitz, Fedor von   80
Zola, Émile   21, 53